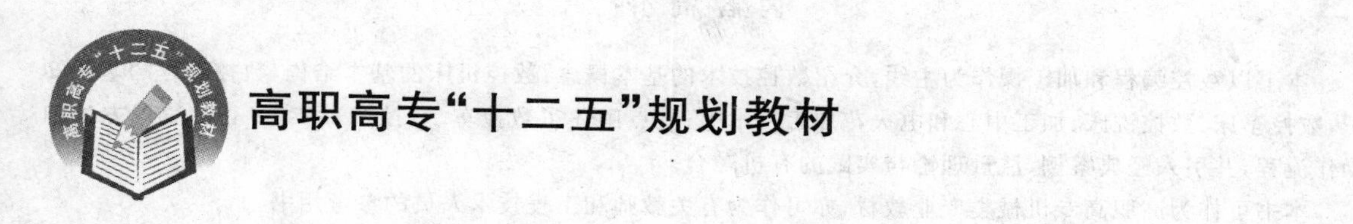

数控加工技术

主　编　张永春　唐爱武
副主编　于吉鲲　赵成喜
主　审　吴会波

北京航空航天大学出版社

内容简介

本书以数控编程和加工操作为主线，介绍数控技术的基本概念，数控机床的基本结构，数控编程的基础知识，数控车床、数控铣床、加工中心和电火花加工技术等；重点阐述了数控车、数控铣、加工中心的编程方法和操作流程，并引入经典案例，注重理论与实践的有机融合。

本书可作为高职高专机械类专业教材，亦可作为有关教师和工程技术人员的参考用书。

本书配有教学课件和习题简答供任课教师参考，有需要者可发邮件至 goodtextbook@126.com 或致电 010-82317037 申请索取。

图书在版编目(CIP)数据

数控加工技术 / 张永春，唐爱武主编. -- 北京：北京航空航天大学出版社，2013.8

ISBN 978-7-5124-1181-4

Ⅰ. ①数… Ⅱ. ①张… ②唐… Ⅲ. ①数控机床—加工—高等职业教育—教材 Ⅳ. ①TG659

中国版本图书馆 CIP 数据核字(2013)第 142090 号

数控加工技术

主　编　张永春　唐爱武

副主编　于吉鲲　赵成喜

主　审　吴会波

责任编辑　董　瑞

*

北京航空航天大学出版社出版发行

北京市海淀区学院路 37 号(邮编 100191)　http://www.buaapress.com.cn

发行部电话：(010)82317024　传真：(010)82328026

读者信箱：goodtextbook@126.com　邮购电话：(010)82316936

涿州市新华印刷有限公司印装　各地书店经销

*

开本：787×1 092　1/16　印张：13.5　字数：346 千字

2013 年 8 月第 1 版　2013 年 8 月第 1 次印刷　印数：3 000 册

ISBN 978-7-5124-1181-4　定价：26.80 元

若本书有倒页、脱页、缺页等印装质量问题，请与本社发行部联系调换。联系电话：(010)82317024

前　言

数控技术作为先进制造技术之一，在制造领域发挥着越来越重要的作用，尤其是随着我国工业化进程的加速，数控技术的发展水平有了显著提高，应用领域在不断扩大。

本书主编张永春在其主持的"数控编程与操作"省级精品课程成果的基础上，融入校企深度合作的产品项目，结合高等职业教育机械类专业人才培养的特点，总结各位编者多年的教学与实践经验，编写了这本《数控加工技术》教材。

本书按照从了解到逐渐深入的顺序组织内容，每一种数控加工方法均以"工艺分析—数控编程—操作"这样一个流程介绍，符合实际加工的顺序；选用的典型案例来自企业或学校的产学合作项目，经典实用，与理论教学相融合，突出真实性和实用性；注重能力培养，理论知识以够用为度，篇幅短小精炼，直观易懂，编写思路清晰，内容编排系统、紧凑。

在内容编排上，从实用角度出发，以数控编程和加工操作为主线，介绍了数控技术的基本概念，数控机床的基本结构，数控编程的基础知识，数控车床、数控铣床、加工中心的加工技术，以及数控电火花加工技术等；以数控车、数控铣及加工中心的编程与加工为重点，详细叙述了数控车、数控铣及加工中心的加工工艺、程序编制和实践操作。附录中列举了常用切削用量表，方便读者编程时参考。

本书由张永春（大连海洋大学职业技术学院）、唐爱武（永州职业技术学院）任主编，于吉鲲（大连海洋大学职业技术学院）、赵成喜（大连海洋大学职业技术学院）任副主编，吴会波（石家庄职业技术学院）主审。其中第 1 章、第 2 章及附录由张永春编写，第 3 章由唐爱武编写，第 4 章由张永春、唐爱武编写，第 5 章由赵成喜、李刚（大连海洋大学职业技术学院）编写，第 6 章由于吉鲲编写。全书由张永春负责统稿和定稿。

在编写过程中，参阅了国内外相关教材、资料与文献，并得到了许多同行、专家、工程技术人员的支持和帮助，在此深表感谢！

由于编者水平有限，书中难免有错误或不当之处，恳请广大读者批评指正。

编　者

2013 年 7 月

目　录

第1章 数控加工技术概述

【知识要点】

数控加工技术的基础知识:数控技术的产生与发展,数控机床的类型、基本组成及工作原理,数控加工的特点及应用。

【知识目标】

了解数控技术的产生、发展过程及未来发展趋势,理解数控技术和数控机床的概念;熟悉数控机床的分类;掌握数控机床的基本组成及工作原理;熟悉数控加工的特点及应用范围。

1.1 数控技术的产生与发展

随着科学技术的快速发展,机械制造技术发生了巨大变化,对机械产品制造精度、复杂程度以及更新速度的要求越来越高,传统的生产方式和加工技术已很难适应现代制造业的需求。为此,一种新型的数字控制机床应运而生,它有效地解决了这一系列问题,为高精度、高效率完成产品生产,特别是复杂型面零件的生产提供了自动化加工手段。

数控技术是现代工业实现自动化、柔性化、集成化生产的基础,是知识密集、资金密集的现代制造技术,也是国家重点发展的前沿技术。特别是在市场竞争日趋激烈的今天,市场需求不断变化,为满足加速开发研制新产品,改变单一大批量的生产格局,以数控加工技术为代表的现代制造技术展现出其强大的生命力。近几年,我国已呈现出以数控加工技术逐步取代传统机械制造技术的趋势。

数字控制(Numerical Control)技术,简称数控(NC)技术,是指用数字化信息对机械设备的运动及其加工过程进行控制的一门技术。目前的数控技术一般采用通用或专用计算机来实现数字程序控制,因此数控技术也称为计算机数控(Computer Numerical Control,CNC)技术。

所谓数控机床(Numerical Control Machine Tools)是指采用数控技术控制的机床,或者说是装备了数控系统的机床。

1.1.1 数控技术的产生

为了解决加工飞机螺旋桨叶片轮廓样板曲线的难题,1949 年美国飞机制造商帕森司(Parsons)与麻省理工学院合作,于 1952 年 3 月研制成功世界上第一台有信息存储和处理功能的新型机床。它是一台采用脉冲乘法器原理插补的三坐标连续控制立式铣床,其数控装置的体积比机床本体还要大,电路采用的是电子管元件。但是,它的诞生标志着数控技术及数控机床的诞生,从而使传统的机械制造技术发生了质的飞跃,是机械制造业的一次标志性技术革命。从此,数控技术随着计算机技术和微电子技术的发展而迅速发展起来,数控机床也在迅速地发展和不断地更新换代。

1.1.2 数控技术的发展

1. 数控技术的发展过程

从世界上第一台数控机床诞生之日起，随着计算机技术的发展，很多厂家和科研院所都开展了数控技术的研制开发。

1953 年，麻省理工学院开发出只需确定零件轮廓和切削路线，即可生成 NC 程序的自动编程语言。

1959 年，美国 K&T 公司研制成功带有自动换刀装置的加工中心(MC)，一次装夹即能实现铣、钻、镗和攻丝等多种加工。

20 世纪 60 年代末，出现了由一台计算机直接控制和管理多台数控机床的直接数控技术(简称 DNC)，又称群控技术。可以实现多品种、多工序的自动加工，是柔性制造技术的基础。

1968 年，英国首次将多台数控机床、无人化搬运小车和自动仓库在计算机控制下连接成自动加工系统，即柔性制造系统(FMS)。

1974 年，微处理器开始用于机床的数控系统中，从此计算机数控系统(CNC)软接线数控技术随着计算机技术的发展而快速发展。

1976 年，美国 Lockhead 公司开始使用图像编程，即采用 CAD 技术绘制零件模型，确定加工部位，输入工艺参数，计算机便自动计算刀具路径，模拟加工状态，获得 NC 程序。

20 世纪 90 年代，出现了包括生产决策、产品设计及制造和管理等全过程均由计算机集成管理和控制的计算机集成制造系统 CIMS，以实现工厂自动化(无人工厂)。

2. 我国数控技术发展简介

1958 年，清华大学和北京机床研究所合作研制了我国第一台数控机床。20 世纪 70 年代初，掀起研制数控机床的热潮，数控技术开始推广应用，其中以数控线切割机床发展最快。20 世纪 80 年代以来，通过自主研发和引进国外先进技术，我国数控技术得到快速发展，现已能批量生产和供应各类数控系统，并掌握了多轴(五轴以上)联动、螺距误差补偿、图形显示和高精度伺服系统等多项关键技术。

3. 数控技术的发展趋势

随着科学技术的发展，特别是微电子技术、计算机控制技术、通信技术的不断发展，数控技术日趋完善，应用领域不断扩大，给传统制造业带来了革命性的变化，使制造业成为工业化的象征，对关乎国计民生的一些重要行业的发展起着越来越重要的作用。当前，数控机床朝着高精度、高速度、高柔性化、复合化和模块化方向发展，而智能化、开放式、网络化则是数控技术发展的主要趋势。

1.2 数控机床的组成及工作原理

1.2.1 数控机床的组成

数控机床主要由输入/输出装置、计算机数控装置、伺服系统、测量反馈装置、辅助控制装置和机床本体六部分组成，如图 1－1 所示。

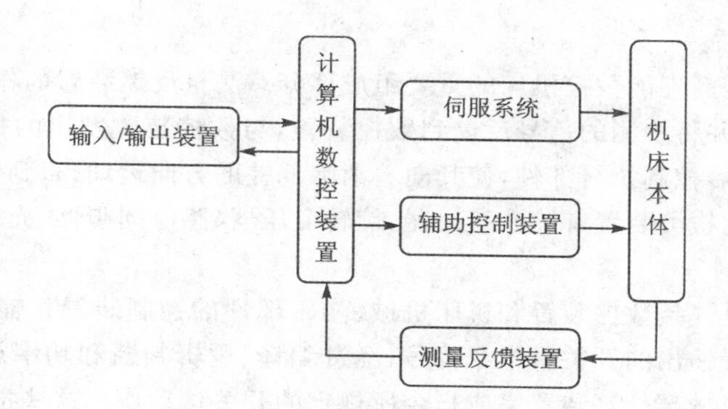

图 1-1　数控机床组成示意图

1. 输入/输出装置

输入/输出装置主要用于输入数控程序和数据、显示信息、打印数据等。简单的输入/输出装置只有键盘和发光二极管显示器。一般的输入装置还有纸带、磁带、光电复读机、磁盘输入机和人机对话编程键盘等。输出装置有 CRT 显示器或液晶显示器和打印机等。目前输入/输出装置还包括自动编程机或 CAD/CAM 系统。

2. 计算机数控装置

计算机数控装置是数控机床的核心，通常由硬件和软件组成。硬件主要由运算器、控制器(运算器和控制器构成 CPU)、存储器、输入接口和输出接口等组成；软件则主要是指主控制系统软件，如数据运算处理控制和时序逻辑控制等。

计算机数控装置的功能是接受外部输入的程序和指令，经译码、存储和计算处理，输出相应的脉冲以驱动伺服系统，进而控制机床运动。此外，输出给辅助控制装置的指令信号，完成各种辅助控制功能。计算机数控装置的基本工作流程是输入、译码、刀具补偿、插补、位置控制、I/O 处理、显示和诊断等。

3. 伺服系统

数控机床伺服系统是数控系统的执行部分，是以机床移动部件(工作台或刀架)的位置和速度作为控制量的自动控制系统，通常由伺服驱动装置、伺服电动机、机械传动机构及执行部件组成。

伺服系统的功能是接受数控装置输出的脉冲信号指令，由伺服驱动装置做一定的转换和放大后，经伺服电动机(直流、交流伺服电动机和步进电动机等)和机械传动机构，驱动机床工作台等执行部件实现工作进给或快速运动以及位置控制。每一个脉冲信号指令使机床移动部件产生的位移量称为脉冲当量，常用的脉冲当量为 0.01 mm/脉冲和 0.001 mm/脉冲，精密数控机床要求达到 0.000 1 mm/脉冲。伺服系统的精度和动态响应特性直接影响机床本体的生产率、加工精度和表面质量。

伺服系统可分为进给伺服系统和主轴伺服系统两部分。进给伺服系统是用来驱动数控机床各坐标轴的切削进给运动，以直线运动为主；主轴伺服系统是用来实现对主轴转速的调节和控制，以及主轴定向控制等功能。

数控机床的伺服系统按其控制方式可分为开环伺服系统、半闭环伺服系统、闭环伺服系统三大类。

4. 测量反馈装置

测量反馈装置是高性能数控机床的重要组成部分。测量反馈装置的作用是检测机床移动的实际位置和速度，并将检测的信号反馈到数控装置，与数控装置发出的指令信号相比较，若有偏差，经转换放大后控制执行部件，使其向着消除偏差的方向运动，直到偏差为零。

数控机床常用的检测装置有脉冲编码器、旋转变压器、感应同步器、光栅和磁尺等。

5. 辅助控制装置

辅助控制装置是连接数控装置和机床机械、液压部件的控制装置。辅助控制装置的主要作用是接受数控装置输出的开关量指令信号，经过编译、逻辑判断和功率放大后，驱动相应的电器、液压和气动、机械部件等装置完成指令所规定的开关量动作。这些指令信号包括主轴运动部件的变速、换向和启停指令，刀具选择和交换指令，冷却、润滑装置的启停指令，工件和机床部件的松开、夹紧指令，分度工作台转位分度指令等。

6. 机床本体

机床本体是数控机床的机械结构部分，构成了数控机床的骨架，包括床身、主轴箱、工作台、进给机构、辅助装置、刀架及自动换刀装置等机械部件。

与普通机床相比，数控机床在整体布局、外部造型、主传动系统、进给传动系统、刀具系统、支承系统和排屑系统等方面有很大的差异。这些差异能更好地满足数控技术的要求，并充分适应数控加工的特点。

1.2.2 数控机床的工作原理

数控机床的基本工作原理如图 1-2 所示。

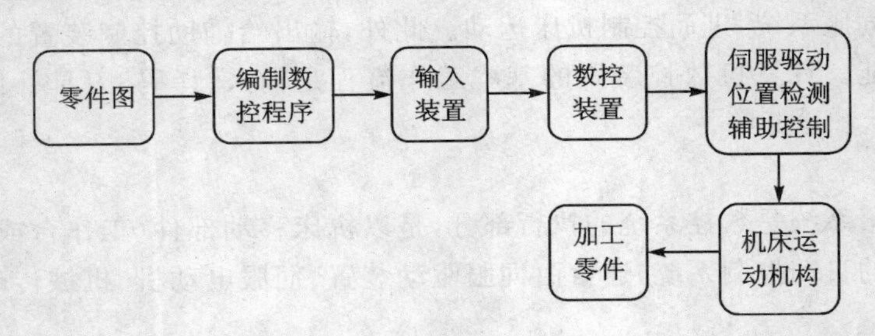

图 1-2 数控机床工作原理

首先，需要对零件图样的几何形状、尺寸、技术特征和工艺等加工要求进行系统分析，确定合理的数控加工工艺，包括零件的定位与装夹方式的确定、工序的划分、走刀路线的规划、加工刀具及其切削用量的选择、主轴转速、转向及冷却等要求。

然后，按照数控机床规定的程序格式和代码，根据加工要求编制出数控加工程序。加工程序可以记录在信息载体上，也可以通过某种方式输入到数控机床，由数控机床中的数控系统对数控加工程序进行译码和预处理；接着由插补器进行插补运算，生成控制数控机床各轴运动的脉冲信号指令，并不断地发送给伺服系统；伺服系统在接收到数控系统发来的运动指令后，经过信号放大和位置、速度比较，控制机床运动机构的驱动元件（如主轴回转电动机和进给伺服电动机）运动。机床运动机构（如主轴）的运动结果使刀具与工件产生相对运动，实现切削加工，最终加工出所需的零件。

1.3　数控机床的分类

数控机床的分类方法有很多种，但归纳起来，主要是以下几种。

1.3.1　按工艺用途分类

1. 金属切削类数控机床

金属切削类数控机床是指采用车、铣、刨、钻、铰、镗、磨等各种切削工艺的数控机床，常用的有数控车床、数控铣床、数控镗床、数控钻床、数控磨床、加工中心等。加工中心是带有自动换刀装置的数控机床。

2. 金属成形类数控机床

金属成形类数控机床是指采用挤、压、冲、拉等成形工艺的数控机床，常见的有数控压力机、数控折弯机、数控弯管机和数控冲床等。

3. 数控特种加工机床

数控特种加工机床有数控电火花成形加工机床、数控电火花线切割机和数控激光加工机床等。

1.3.2　按控制运动方式分类

1. 点位控制数控机床

点位控制数控机床只对点的位置进行控制，即只控制刀具相对于工件从某一加工点移到另一个加工点之间的精确坐标位置，而对于点与点之间的运动轨迹不进行控制，移动过程中也不做任何加工，如图 1-3(a)所示。

数控坐标镗床、数控钻床、数控冲床、数控点焊机和数控测量机等都是采用此类控制方式的数控机床。

2. 直线控制数控机床

直线控制数控机床除了控制点与点之间的准确位置外，还要求刀具由一点到另一点之间的运动轨迹为一条直线，并能控制移动的速度，因为这类数控机床的刀具在移动过程中要进行切削加工。这类数控机床刀具切削路径只沿着平行于某一坐标轴的方向运动，或者沿着与坐标轴成一定角度的斜线方向进行直线切削加工，如图 1-3(b)所示。

这种控制常应用于简易数控车床、数控镗床等，现已较少使用。

3. 轮廓控制数控机床

轮廓控制数控机床又称为连续控制数控机床。这种机床能同时对两个或两个以上的坐标轴实现连续控制。它不仅能够控制移动部件的起点和终点，而且能够控制整个加工过程中每点的位置与速度。也就是说，能连续控制加工轨迹，使之满足零件轮廓形状的要求，如图 1-3(c)所示。

轮廓控制数控机床多用于数控铣床、数控车床、数控磨床和加工中心等各种数控机床；轮廓控制主要用于加工曲面、凸轮及叶片等复杂形状的工件，基本取代了所有类型的仿形加工机床，提高了加工精度和生产率，现在的数控机床多为轮廓控制数控机床。

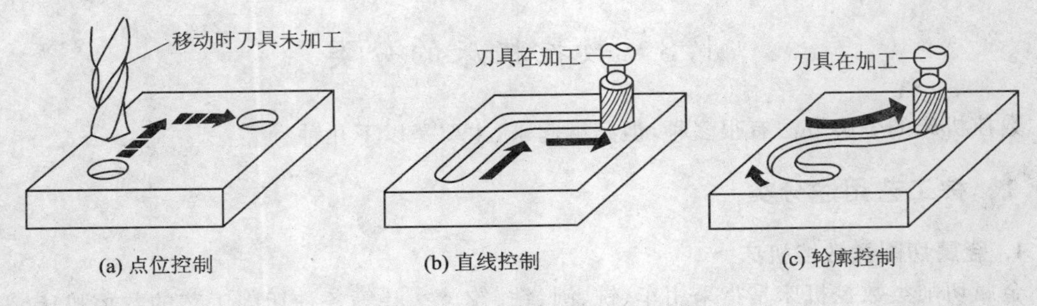

图 1-3 控制运动方式

1.3.3 按控制轴数和联动轴数分类

可控制轴数是指数控系统最多可以控制的坐标轴数目，联动轴数是指数控系统按加工要求控制同时运动的坐标轴数目。

1. 二轴联动数控机床

二轴联动数控机床可加工平面轮廓和回转体曲面，如数控车床，某些数控镗床。二轴联动可镗铣斜面。

2. 三轴联动数控机床

三轴联动可加工空间曲面，如一般的数控铣床、加工中心。

3. 二轴半联动数控机床

此类数控机床可控制轴数为三轴，联动轴数为二轴。

4. 多轴联动数控机床

四轴及四轴以上联动称为多轴联动。多轴联动可加工更加复杂的曲面。例如，五轴联动铣床，工作台除 X、Y、Z 三个方向可直线进给外，还可绕 Z 轴做旋转进给（C 轴），刀具主轴可绕 Y 轴做摆动进给（B 轴）。

1.3.4 按伺服系统控制方式分类

1. 开环控制数控机床

开环控制数控机床采用开环伺服系统。这种控制系统没有位置检测元件。输入数控装置的指令信号，经控制运算发出指令脉冲，由驱动电路功率放大后，驱动步进电动机旋转一定的角度，再经传动机构带动执行机构（如工作台）移动或转动。执行机构的移动速度和位移量是由输入脉冲的频率和脉冲数决定的，改变脉冲的数目和频率，即可控制位移量和速度。图 1-4 所示为开环控制系统示意图。这种控制方式没有来自位置测量元件的反馈信号，对执行机构的动作情况不进行检查，指令流向为单向，因此被称为开环控制系统。

由于开环伺服系统对移动部件的实际位移无检测反馈，故不能补偿位移误差，因此，伺服电动机的误差以及齿轮与滚珠丝杠的传动误差都将影响被加工零件的精度。但开环伺服系统的结构简单，成本低，调整维修方便，工作可靠，适用于对精度和速度要求不高的场合。目前，开环控制系统多用于经济型数控机床。

2. 闭环控制数控机床

闭环控制数控机床采用的是闭环伺服系统。这种控制系统是在机床移动部件上安装位置

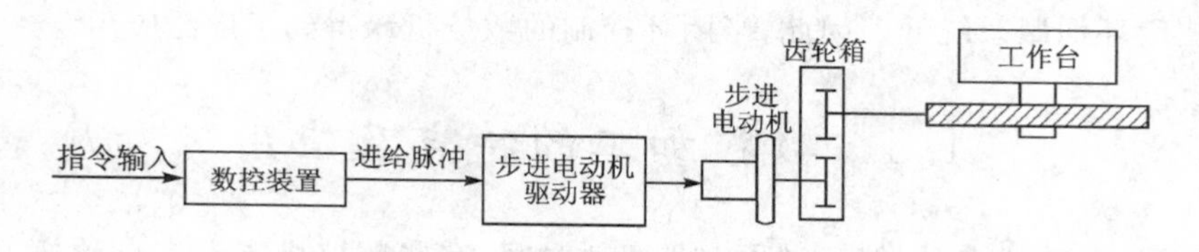

图1－4　开环控制系统示意图

检测元件。数控装置发出指令脉冲，指令值送到位置比较电路时，此时若移动部件没有移动，即没有位置反馈信号时，指令值使伺服驱动电动机转动，经过齿轮、滚珠丝杠螺母副等传动元件带动机床移动部件移动。装在移动部件上的位置测量元件，测出移动部件实际位移量后，反馈到数控装置的比较器中与指令信号进行比较，并用比较后的差值进行控制。若两者存在差值，经放大器放大后，再控制伺服驱动电动机转动，直至差值为零时，移动部件才停止移动。图1－5所示为闭环控制系统示意图。

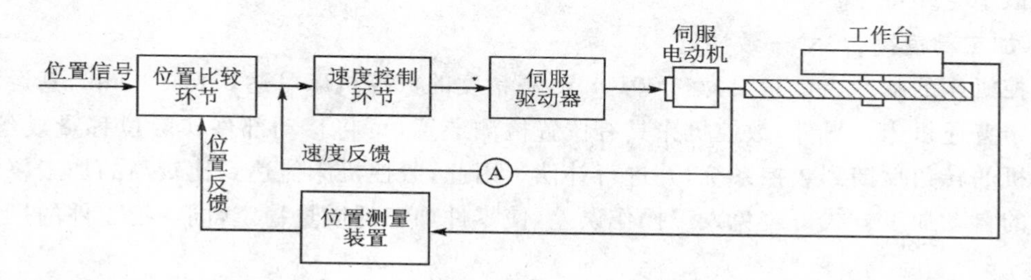

图1－5　闭环控制系统示意图

闭环伺服系统的优点是精度高、速度快。但由于系统复杂，调试和维修较困难，成本高，一般用于精度要求高的数控机床上，如数控镗铣床、数控超精车床、数控超精镗床等。

3. 半闭环控制数控机床

半闭环控制的数控机床不是直接测量移动部件的位移量，而是通过安装在丝杠或伺服电动机轴端部的角位移测量元件，测量伺服机构中电动机或丝杠的转角，来间接测量移动部件的位移。这种系统中滚珠丝杠螺母副和工作台等移动部件均在反馈回路之外，其传动误差等仍会影响工作台的位置精度，故称为半闭环控制系统。图1－6所示为半闭环控制系统示意图。

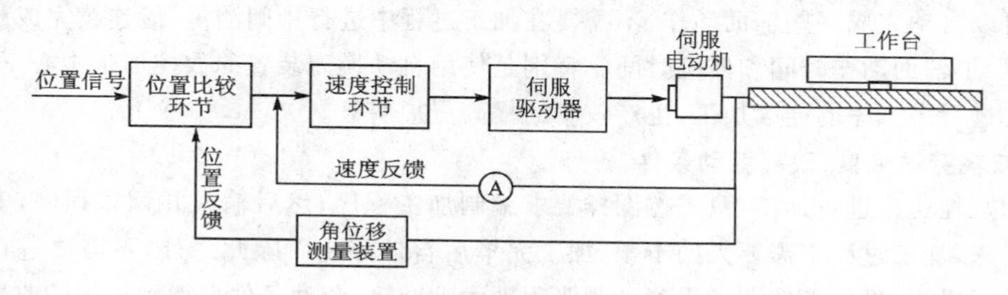

图1－6　半闭环控制系统示意图

半闭环伺服系统控制精度介于开环和闭环之间。虽然没有闭环伺服系统控制精度高，但是由于采用了滚珠丝杠螺母副和高分辨率的测量元件，且采用了可靠的消除反向运动间隙的结构，这种控制方式仍可获得良好的精度和速度。对于半闭环伺服系统，由于其角位移检测装置结构简单，安装方便，而且惯性大的移动部件不包括在闭环内，所以系统调试方便，稳定性好，成本也比闭环伺服系统低。因此，半闭环控制的数控机床得到了广泛应用。

1.4 数控加工的特点及应用

为了提高生产效率，缩短加工过程中非切削时间，有些数控机床设有自动换刀装置，能够根据工艺要求自动更换所需刀具。各类数控机床的自动换刀装置的结构取决于机床的类型、工艺范围和使用刀具的种类和数量。

1.4.1 数控加工的特点

数控加工与传统切削加工的基本加工方式是类似的。但由于数控机床和普通机床的结构、配置和操控方式不同，决定了两种加工方式也有较多差别。与传统加工方式相比，数控加工具有以下主要特点：

1. 加工精度高，尺寸一致性好

数控机床的脉冲当量一般为 0.001 mm，高精度的数控机床可达 0.000 1 mm，其运动分辨率远高于普通机床。另外，数控机床具有位置检测装置，可将移动部件实际位移量或丝杠、伺服电动机的转角反馈到数控系统，并进行补偿。因此，数控机床能达到比较高的加工精度。数控机床的自动加工方式可避免人工操作误差，使零件加工的质量稳定，同一批零件的尺寸一致性好。

2. 具有高度柔性

数控机床的刀具运动轨迹是由加工程序决定的，因此只要能编制出程序，无论多么复杂的型面都能加工。当加工工件改变时，只需要改变加工程序就可以完成工件的加工。因此，数控机床既适合于零件频繁更换的场合，也适合单件小批量的生产及产品的开发，可缩短生产准备周期，有利于机械产品的更新换代。

3. 生产效率高

数控机床能有效地减少零件的加工时间和辅助时间。数控机床主轴转速、进给速度和快速定位速度都比较高，可以合理地选择高的切削参数，充分发挥刀具的切削性能，减少切削时间。还可以自动完成一些辅助动作，不需要在加工过程中进行中间测量，能连续完成整个加工过程，减少了辅助动作时间和停机时间。特别是使用自动换刀装置的数控加工中心，可以实现一次装夹进行多工序的连续加工，生产效率的提高更加明显。

4. 减轻劳动强度，改善劳动条件

利用数控机床进行加工，只需按图样要求编制加工程序，然后输入并调试程序，安装工件和启动机床，加工过程不需要人的干预，加工完毕后自动停止。除此之外，不需要进行繁重的重复性手工操作，操作者的劳动强度和紧张程度大大减轻，劳动条件也得到相应的改善。

5. 适合复杂零件的加工

数控机床能够加工普通机床难以加工或不能加工的复杂零件。在传统的加工中，对复杂零件通常采用专用机床加工或仿形加工，生产周期和加工成本都很高，且能加工的零件有限。而采用数控加工则可完成各种复杂零件的加工，大大缩短生产周期，降低加工成本，适用范围很广。

6. 利于生产管理现代化

在数控机床上，加工所需要的时间、使用的刀具、夹具是可以进行规范化、现代化管理的。数控机床使用数字信息与标准代码处理、传递信息，易于建立与计算机间的通信联络，实现加工信息的标准化，为计算机辅助设计、制造以及实现生产过程的计算机管理与控制奠定了基础。

1.4.2 数控加工的应用

数控机床是一种可编程的自动化加工设备，具有普通机床所不具备的许多优点，应用范围也在不断扩大。但数控机床设备成本高，后续费用也高，使用、维护、维修有一定的难度，因此，目前还不能用数控加工完全替代传统加工。

根据数控加工的特点，从满足加工经济性方面考虑，数控机床最适合加工以下几类零件：

(1) 生产批量小的零件。

(2) 几何形状复杂，加工精度要求高的零件，如箱体类、复杂曲线和曲面类零件等。

(3) 需要频繁改型的零件。

(4) 在加工过程中，一次安装要完成铣、镗、铰或攻螺纹等多工序的零件。

(5) 价格昂贵，不允许报废的零件。

(6) 需全部检验的零件。

思考与练习题

1. 什么是数控技术？数控技术的主要发展趋势是什么？
2. 什么是数控机床？数控机床由哪些部分组成？各部分的基本功能是什么？
3. 简述数控机床的工作原理。
4. 数控机床有哪些类型？
5. 什么叫做点位控制、直线控制、轮廓控制数控机床？各有何特点及应用？
6. 什么是开环、闭环和半闭环伺服系统？各有何特点？
7. 数控加工有什么特点？
8. 数控机床适合加工什么样的零件？

第2章　数控机床的机械结构

【知识要点】

数控机床的机械结构:数控机床机械结构的基本组成、结构特点;数控机床主传动系统的作用和基本要求,主传动变速方式,主传动机构的各组成零部件与典型结构;数控机床进给传动系统的作用和要求,消除齿轮传动间隙方法,滚珠丝杠螺母副的工作原理、特点及消隙调整方法,导轨的类型、特点;自动换刀装置和刀库的形式、特点。

【知识目标】

了解数控机床的机械结构的基本组成及特点;了解数控机床主传动系统的作用、组成及要求,熟悉主传动系统变速方式,掌握主轴部件的结构及工作原理;了解数控机床进给传动系统的作用、组成及性能要求,了解导轨的类型,掌握消除齿轮传动间隙方法,掌握滚珠丝杠螺母副的工作原理、特点及消隙调整方法;了解自动换刀装置的形式。

数控机床是采用数字化信息对机床的运动及其加工过程进行控制,实现自动加工任务的机械设备。其机床本体是数控机床的主体部分,由它来执行数控系统的各种运动和指令,完成对零件的加工。

数控机床的机械结构与普通机床的机械结构大体相似,其零部件的设计方法也类似于普通机床。近年来,随着数字控制技术在数控机床上的应用越来越深入,对数控机床的性能提出了越来越高的要求。现今的数控机床,无论是主传动系统、进给传动系统、换刀装置以及其他辅助功能系统等部件结构,还是机床整体布局和外部造型等均已发生了很大的变化,形成了独特的机械结构。

2.1　数控机床的机械结构组成及特点

2.1.1　数控机床机械结构的主要组成

机床基础件主要包括床身、底座、横梁、立柱、滑座、工作台等,它们是整台机床的基础和框架,机床的其他零部件安装在基础件上。其他机械结构的组成则按机床的功能需要选用。

除机床基础件外,数控机床的机械结构主要由下列部分组成:

(1) 主传动系统。

(2) 进给传动系统。

(3) 实现机床某些部件动作和辅助功能的系统和装置,如液压、气动、润滑、冷却等系统,排屑、防护等装置,刀架和自动换刀装置,自动托盘交换装置。

(4) 特殊功能装置,如刀具破损监控、精度检测和监控装置等。

2.1.2　数控机床的机械结构特点

数控机床是高效率、高精度的自动化加工设备，其整个加工过程的各个环节基本上都是通过数字信息自动控制的，无法对机床本身的结构和装配的薄弱环节进行人为补偿和干预。因此，数控机床在各个方面均要比普通机床设计得更为完善合理，制造得更为精密。为了满足高效率、高精度、高自动化程度的要求，数控机床的机械结构应具有以下特点。

1. 良好的刚度

良好的刚度是数控机床保证加工精度的关键因素。数控机床在高速和重切削条件下工作，因此数控机床的床身、工作台、主轴、立柱、刀架等主要部件均应有很高的刚度，工作中不应有变形和振动。例如，床身采用双臂结构，并配置加强肋，使其具有较高的抗弯和抗扭刚度，以承受重载和重切削力；主轴在高速下运转应具有较高的径向转矩和轴向推力；工作台与拖板应具有足够的刚性，以承受工件质量，并使工作平稳；适当增加刀架底座尺寸，减少刀具的悬伸长度，以保证刀架在切削加工中平稳而无振动等。接触刚度也应受到足够重视，主轴轴承、滚动导轨、滚珠丝杠副等必须进行预紧。

2. 高灵敏度

数控机床在自动状态下工作，要求在相当大的主轴转速、进给速度范围内都能达到较高的精度，因而运动部件应具有较高的灵敏度。低速运动的平稳性也是影响运动精度的重要因素，数控机床通常采用滚动导轨、贴塑导轨、液体静压导轨等，以减少摩擦力，使其在低速运动时无爬行现象。工作台、刀架等部件的移动，由直流或交流伺服电动机驱动，经滚珠丝杠传动。主轴既要在高刚度、高速下回转，又要有高灵敏度，因而多数采用滚动轴承和静压轴承。

3. 高抗振性

数控机床的一些运动部件，在高速、重切削情况下应无振动，以保证加工工件的高精度和高的表面质量。另外，对数控机床的动态特性应有更高的要求，以避免切削时的谐振。

4. 热变形小

数控机床热变形的大小直接影响了工件加工精度。为保证各部件的运动精度，要求数控机床的主轴、工作台、刀架等运动部件的发热量小，以防止产生热变形。为此，机床结构采用热对称的原则设计，并改善丝杠螺母副、高速运动导轨副、主轴轴承的摩擦特性。

5. 高精度保持性

数控机床应具有较高的精度保持性，以保证数控机床长期具有稳定的加工精度。一方面要正确选择有关零件的材料，防止使用过程中的变形和快速磨损，另外还要采取一些工艺性措施，如淬火、磨削导轨、粘贴抗磨塑料导轨等，以提高运动部件的耐磨性。

6. 高可靠性

数控机床在自动或半自动条件下工作，要具有较高的可靠性。数控机床要最大限度地保证运动部件以及在工作中频繁动作的刀库、换刀机构、托盘等部件不出现故障，以便使数控机床能长期而可靠地工作。

7. 良好的宜人性

从数控机床的操作使用角度出发，机床结构布局应有良好的人机关系（如操作面板、操作台位置布置等），方便操作，并具有安全防护措施及较高的环保标准。

2.2 数控机床的主传动系统

2.2.1 数控机床对主传动系统的要求

数控机床的主传动系统是用来实现机床主运动的,它将主电动机的原动力转变成可供主轴刀具切削加工的切削力矩和切削速度,是数控机床的重要组成部分。数控机床主运动是机床成形运动之一,它的运动精度、转速范围、传递功率和动力特性决定了数控机床的加工精度、加工效率和加工工艺能力。因此,数控机床的主传动系统必须满足以下基本要求。

1. 传动链短

传动链越短,累计误差越小,可以有效保证机床主传动的精度。

2. 调速范围宽,且能实现无级调速

为了保证在加工时能选用合理的切削用量,充分发挥刀具的性能,适应不同的加工需要,要求数控机床主传动系统有更宽的调速范围,并能实现无级变速。

3. 具有较高的精度与刚度,传动平稳

数控机床加工精度与主轴系统精度的高低密切相关。因此,要提高传动件的制造精度与刚度,使传动平稳。

4. 具有恒线速切削功能

为了保证工件稳定的表面质量和加工效率,有时要求数控机床能实现表面恒线速切削。

5. 具有良好的抗振性和热稳定性

数控机床加工时产生的冲击力或交变力,使主轴产生振动,影响加工精度和表面粗糙度,严重时甚至破坏刀具或工件,使加工无法进行。主轴系统的发热使其零部件产生热变形,降低传动效率,破坏零部件之间的相对位置精度和运动精度,从而造成加工误差。因此,要求主轴部件要有良好的抗振性和热稳定性。

2.2.2 数控机床主轴变速方式

在主传动系统中,大多采用直流或交流伺服电动机实现主轴无级变速。在实际生产中,一般要求在中、高速段为恒功率输出,在低速段为恒转矩输出。为了确保数控机床低速时有较大的转矩和主轴的变速范围尽可能大,大中型数控机床多采用无级变速与有级变速相结合,使之成为分段无级变速。数控机床主传动系统主要有以下几种传动方式,如图 2-1 所示。

1. 带有变速齿轮的传动方式

这是大中型数控机床较常采用的一种变速方式,如图 2-1(a)所示。它通过几对齿轮传动,扩大调速范围。滑移齿轮的移动大都采用液压缸加拨叉或直接由液压缸带动齿轮来实现。

2. 通过带传动的传动方式

带传动方式主要用于转速较高、变速范围不大的数控机床,其结构简单,安装调试方便,可避免齿轮传动引起的振动和噪声,如图 2-1(b)所示。它适用于高速、低转矩特性要求的主轴。常用的传动带是多楔带和同步齿形带。

3. 用两个电动机分别驱动主轴的传动方式

这种传动方式是上述两种方式的混合传动,兼具二者的性能,如图 2-1(c)所示。高速时，由一个电动机通过皮带直接驱动主轴旋转；低速时，由另一个电动机通过齿轮传动驱动主轴旋转，其中齿轮起降速和扩大变速范围的作用。这样就使恒功率区增大，克服了低速时转矩不够且电动机功率不能充分利用的缺陷。

4. 内装电动机主轴传动方式

这种传动是电动机直接驱动主轴旋转，大大简化了主轴箱体与主轴的结构，有效地提高了主轴部件的刚度，如图 2-1(d)所示。但主轴的调速及转矩的输出和电动机的输出特性一致，输出的转矩小，电动机发热对主轴的精度影响较大。

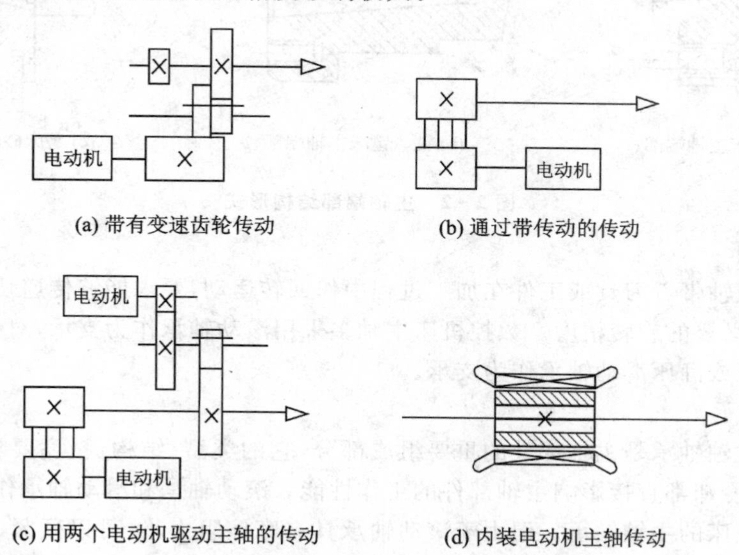

(a) 带有变速齿轮传动　(b) 通过带传动的传动

(c) 用两个电动机驱动主轴的传动　(d) 内装电动机主轴传动

图 2-1　数控机床主轴传动方式

2.2.3　数控机床主轴部件

主轴部件是数控机床的重要部件之一，包括主轴、主轴支承和装在主轴上的传动件等。对于具有自动换刀装置的数控机床，为实现刀具在主轴上的自动装卸，还必须有刀具的自动装夹装置、主轴准停装置和主轴孔的切屑消除装置等结构。

1. 主　轴

主轴是主轴部件中最关键的部分。它的结构尺寸和形状、制造精度、材料及其热处理对数控机床精度及工作性能起着至关重要的作用。主轴结构随主轴系统设计要求的不同而有各种形式。

(1) 主轴的主要尺寸参数

主轴的主要尺寸参数包括：主轴直径、内孔直径、悬伸长度和支承跨距。设计主轴的主要尺寸参数的依据是主轴的刚度、结构工艺性和主轴部件的工艺适用范围。

(2) 主轴端部结构

主轴的端部用于安装刀具或者夹持工件的夹具。要求夹具或刀具在轴端定位精度高，连接牢固，装卸方便并能传递足够的扭矩。主轴端部的结构形状都已标准化，图 2-2 所示为常用的几种数控机床主轴端部的结构形式。图 2-2(a)所示为车床主轴端部，卡盘依靠前端的短圆锥面和凸缘端面定位，用拔销传递扭矩，主轴为空心，前端有莫氏锥孔，用于安装顶尖或心轴；图 2－2(b)所示为铣、镗床的主轴端部，主轴前端有 7∶24 的锥孔对铣刀或刀杆进行定位，并用拉杆从主轴后端拉紧；图 2－2(c)所示则为磨床砂轮主轴端部。

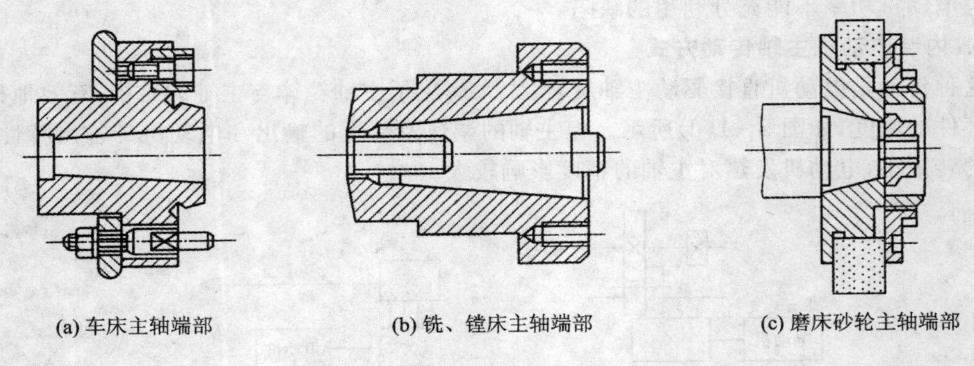

(a) 车床主轴端部　　(b) 铣、镗床主轴端部　　(c) 磨床砂轮主轴端部

图 2－2　主轴端部结构形式

2. 主轴支承

数控机床主轴带着刀具或工件在加工过程中作回转运动，要求能够传递切削扭矩、承受切削抗力，并保证必要的旋转精度。数控机床主轴多采用滚动轴承作为支承，对于精度要求高的主轴则采用动压或静压滑动轴承作为支承。

(1) 主轴轴承

数控机床主轴轴承是主轴部件的重要组成部分，它的类型、结构、精度要求、支承形式、安装方式、润滑和冷却都直接影响主轴部件的工作性能。滚动轴承和滑动轴承作为两大类轴承，均可用于数控机床的主轴轴承。但由于滚动轴承具有摩擦阻力小、可以预紧、润滑维修方便、选购容易等诸多优点，一般情况下，数控机床应尽量采用滚动轴承。只有当要求加工表面质量很高，主轴又是水平的机床时，才用滑动轴承。在数控机床上最常用的滑动轴承是静压滑动轴承。

(2) 主轴轴承的配置

数控机床主轴轴承结构配置形式主要有以下几种。

1) 前支承采用双列圆柱滚子轴承和双向推力角接触球轴承组合，后支承采用调心双列圆柱滚子轴承或两个角接触球轴承，如图 2－3(a)所示。该配置形式使主轴的综合刚度得到大幅度提高，可满足强力切削的要求，普遍应用于各类数控机床主轴的支承。

2) 前支承采用高精度双列(或三列)角接触球轴承，后支承采用单列(或双列)角接触球轴承，如图 2－3(b)所示。角接触球轴承具有较好的高速性能，主轴最高转速达 4 000 r/min，但这种配置形式的

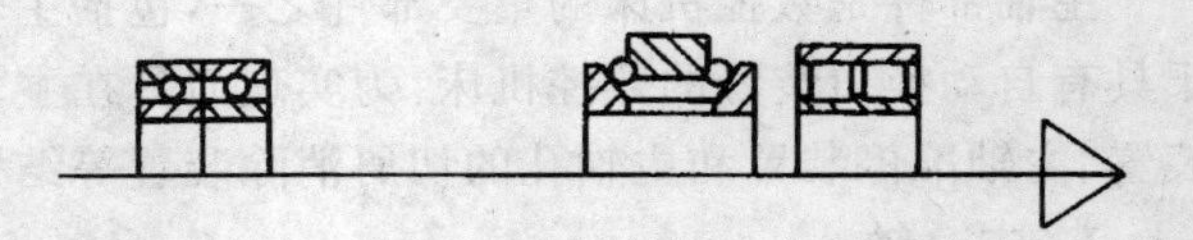

(a) 前支承采用双列圆柱滚子轴承和双向推力角接触球轴承

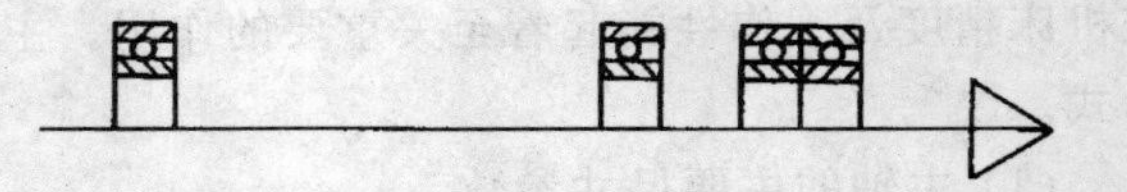

(b) 前支承采用高精度双列角接触球轴承

(c) 前支承采用双列圆锥滚子轴承

图 2－3　主轴轴承的配置形式

轴承承载能力小，适用于高速、轻载和精密的数控机床主轴的支承。

3）前支承采用双列圆锥滚子轴承，后支承采用单列圆锥滚子轴承，如图2-3(c)所示。该配置形式承载能力强，安装和调整性能好；但这种配置方式限制了主轴的最高转速和精度，仅适用于中等精度、低速与重载的数控机床主轴。

3. 刀具的自动装夹和切屑清除装置

在带有刀库的自动换刀数控机床中，为实现刀具在机床主轴上的自动装卸，主轴必须设有刀具的自动装夹装置。

图2-4所示为立式加工中心的主轴部件结构。主轴前端采用7∶24的锥孔，用于装夹刀具的刀柄。端面键14既为刀柄定位，又可传递转矩。为了实现刀具的自动装卸，主轴内设有刀具自动装夹装置。夹紧刀柄时，液压缸上腔接通回油，弹簧9推动活塞10上移，处于图示位置，拉杆7在碟形弹簧8的作用下向上移动。钢球3被迫收拢，卡紧在拉钉2的环槽中。通过钢球，拉杆把拉钉2向上拉紧，使刀柄的外锥面与主轴锥孔的内锥面相互压紧，同时，主轴前端面上的端面键14嵌入刀柄的端面键槽中。换刀前需将刀柄松开，液压油进入液压缸的上腔，油压使活塞10下移，推动拉杆7向下移。此时，叠形弹片被压缩，钢球3随拉杆一起向下移动，当钢球移至主轴孔径较大处，便松开拉钉2，刀柄连同拉钉2被机械手取下。当机械手将刀具从主轴中拔出后，在活塞杆孔的上端有压缩空气，压缩空气通过活塞杆和拉杆的中心孔把主轴孔吹净。当机械手把新刀装入后，活塞10上端液压油卸压，重复刀具夹紧过程。采用碟形弹簧拉紧刀柄，可保证在工作中突然停电时，刀具不会自行松脱。行程开关13和12分别用于发出卡紧和放松刀杆的信号。

及时清除主轴孔内的切屑或脏物是换刀操作中的一个重要环节。如果在主轴孔中有切屑或其他脏物，在拉紧刀柄时，主轴锥孔表面和刀柄就会被划伤，使刀柄发生偏斜，破坏刀具的正确位置，影响加工质量。图2-4中活塞10的中心有空气通道，当活塞向下移动时，压缩空气经拉杆7吹出，将锥孔清理干净。

4. 主轴准停装置

在数控铣床、数控镗床和以镗铣为主的加工中心上，主轴部件设有准停装置，作用是使主轴每次停止转动都能准确地停在固定的周向位置上，以保证换刀时主轴上的端面能对准刀夹上的键槽，同时使每次装刀时刀夹与主轴的相对位置保持不变，提高刀具的重复安装精度，从而提高加工时孔径的一致性。主轴的准停装置主要有机械式和电气式两种。

V形槽轮定位盘准停装置是机械准停装置中较典型的一种形式，如图2-5所示。工作原理为：安装在主轴上定位盘的V形槽与主轴上的端面键保持一定的相对位置关系，以实现定位。当接收到准停控制指令时，首先使主轴降速至某一可以设定的低速转动，当主轴转到图示位置，即V形槽轮定位盘3上的感应块2与无触点开关1相接触后发出信号，使主轴电动机停转。此时主轴电动机与主传动件依惯性继续空转，同时定位液压缸4的左腔进油，带动定向活塞6上的定向滚轮5压向定位盘。当定向滚轮5顶入定位盘V形槽内时，行程开关LS2发出信号，主轴准停动作完成。当定位活塞6向右移到位时，行程开关LS1发出定向滚轮5退出定位盘V形槽的信号，此时主轴可启动工作。

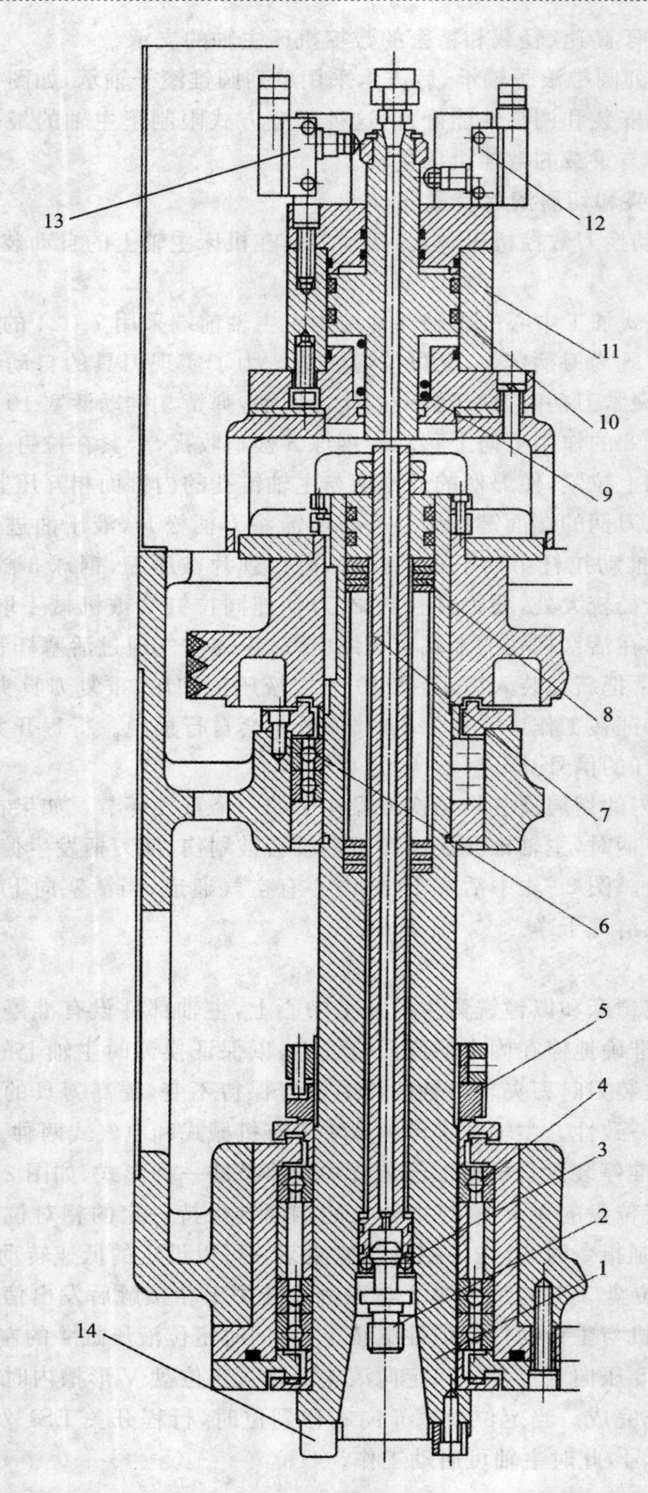

1—主轴；2—拉钉；3—钢球；4、6—角接触球轴承；5—螺母；7—拉杆；8—碟形弹簧；9—弹簧；10—活塞；11—液压缸；12、13—行程开关；14—端面键

图 2-4　加工中心的主轴部件

磁传感器主轴准停装置是较常用的电气式准停装置，如图 2－6 所示。工作原理为：在带动主轴旋转的多楔带轮 1 的端面上装有一个厚垫片 4，垫片上装有一个体积很小的永久磁铁 3，在主轴箱箱体主轴准停的位置上装有磁传感器 2。当机床需要停车换刀时，数控系统发出主轴停转指令，主轴电动机立即降速；当主轴以最低转速慢转几转，永久磁铁 3 对准磁传感器 2 时，磁传感器 2 发出准停信号。此信号经放大后，由定向电路控制主轴电动机准确地停在规定的周向位置上，可以保证主轴准停的重复精度在±1°范围内。

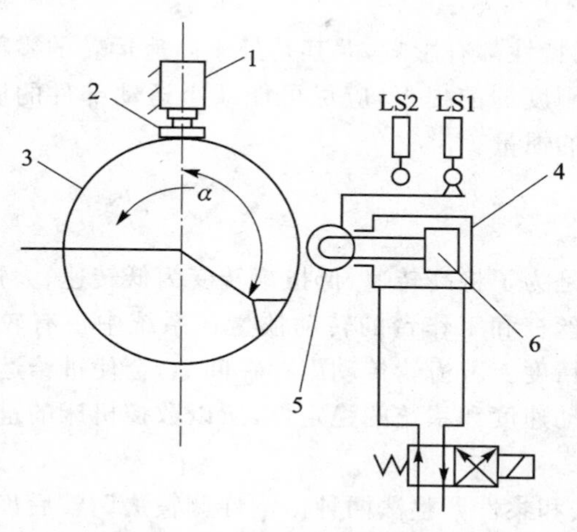

1—无触点开关；2—感应块；3—V 形槽轮定位盘；
4—定位液压缸；5—定向滚轮；6—定向活塞

图 2－5　V 形槽轮定位盘准停装置

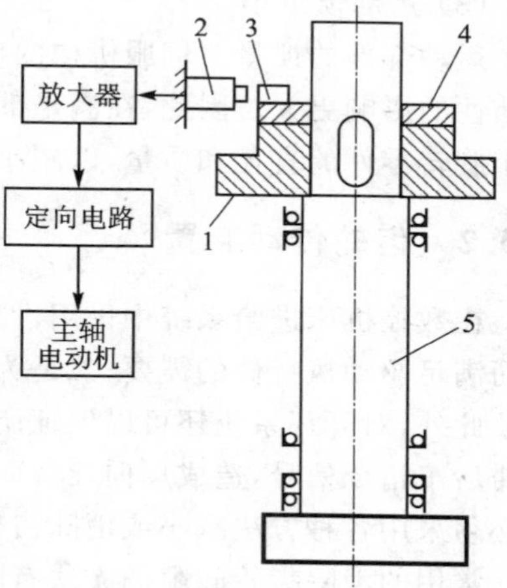

放大器
定向电路
主轴
电动机

1—多楔带轮；2—磁传感器；
3—永久磁铁；4—垫片；5—主轴

图 2－6　电气式主轴准停装置

机械式准停装置比较准确可靠，但结构较复杂。现代数控机床一般都采用电气式主轴准停装置，只要数控系统发出指令信号，主轴就可以准确地定向。

2.3　数控机床的进给传动系统

数控机床进给传动系统的作用是接受数控系统发出的脉冲指令，经放大和转换后，驱动机床运动执行件实现预期的运动。其中，数控机床的机械进给传动机构是将驱动源的旋转运动变为工作台或刀架直线进给运动的整个机械传动链，主要包括减速装置、丝杠螺母副、导向部件及其支承件等。

2.3.1　数控机床对进给传动系统的要求

数控机床的加工精度均受进给传动系统传动精度、灵敏度和稳定性的影响。为此，进给传动系统中的传动装置和元件应满足下列要求：

(1) 传动精度和刚度高

从机械结构方面考虑，进给传动系统的传动精度和刚度主要取决于传动间隙，以及丝杠螺母副或蜗轮蜗杆副及其支承结构的精度和刚度。传动间隙主要来自于传动齿轮副、蜗轮蜗杆副、滚珠丝杠副及其支承部件之间，可通过施加预紧力或采取其他措施来消除间隙。缩短传动链及采用高精度的传动装置，可提高传动精度；加大丝杠直径，以及对丝杠螺母副、支承部件等施加预紧力，是提高传动刚度的有效途径。刚度不足将导致工作台产生爬行、振动以至造成反向死区，影响传动精度。

(2) 摩擦阻力小

为满足数控机床进给系统响应快、运动精度高的要求，必须减少运动件之间的摩擦阻力和动静摩擦力之差。在数控机床的进给系统中，普遍采用滚珠丝杠螺母副、滚动导轨、塑料导轨和静压导轨，以降低传动摩擦。

(3) 运动惯量小

运动部件的惯量对伺服机构的启动和制动特性都有影响，尤其是处于高速运转的零部件，其惯性的影响更大。因此，在满足部件强度和刚度的前提下，应尽可能减小运动部件的质量，减小旋转零件的直径和质量，以减小运动部件的惯量。

2.3.2 齿轮传动装置

在数控机床进给系统中采用齿轮传动，一是为了将高转速、低扭矩转变为低转速、大扭矩，从而满足驱动执行件的需要；二是为了使滚珠丝杠和工作台的转动惯量在系统中占有较小比率。此外，对开环系统还可以保证所需的运动精度。若齿轮传动副存在间隙，会使进给运动反向滞后于指令信号，造成反向死区而影响其传动速度和系统的稳定性，所以数控机床的进给系统必须采用各种方法减小或消除齿轮传动间隙。

常用的消除齿轮间隙的方法有刚性调整法和柔性调整法两种。刚性调整法调整后齿侧间隙不能自动补偿。因此，要求严格控制齿轮的周节公差和齿厚，否则会影响传动的灵活性。这种调整法结构比较简单，具有较好的传动刚度，但调整较麻烦。柔性调整法调整后的齿侧间隙可以自动补偿。这种方法一般采用调整弹簧的弹力来消除齿侧间隙，并在齿轮的齿厚和周节发生变化的情况下，也能保持无间隙啮合，但这种方法结构较复杂，轴向尺寸大，传动刚度低，传动平稳性也较差。以直齿圆柱齿轮传动为例，介绍几种常用的减小或消除齿轮传动间隙的方法。

1. 偏心套调整法

如图 2-7 所示，将相互啮合的一对齿轮中的一个装在电动机输出轴上，并将电动机 1 安装在偏心套 2(或偏心轴)上，通过转动偏心套，就可以调整两啮合齿轮的中心距，从而消除齿轮正、反转时的齿侧间隙。这种方法的特点是结构简单，但其侧隙不能自动补偿，属于刚性调整法。

2. 轴向垫片调整法

如图 2-8 所示，齿轮 1 和齿轮 2 相啮合，其分度圆柱面沿轴线方向形成带有小锥度的圆锥面。调整时，只要改变垫片 3 的厚度使齿轮 2 做轴向移动，调整两齿轮的轴向相对位置从而消除齿侧间隙。装配时垫片 3 的厚度应既使齿轮 1 和齿轮 2 之间的齿侧间隙小，又使齿轮运转灵活。这种调整方法的特点也是结构简单，能传递较大转矩，传动刚度好，其侧隙也不能自动补偿，属于刚性调整法。

3. 双片齿轮错齿调整法

图 2-9 所示是双片齿轮周向可调弹簧错齿消隙结构。两个相同齿数的薄齿轮 1 和 2 与另一个宽齿轮相啮合，齿轮 1 空套在齿轮 2 上，可相对回转。在两个薄齿轮 1 和 2 的端面上均匀分布着 4 个螺孔，用于安装凸耳 4 和 8。齿轮 1 的端面还有另外 4 个通孔，凸耳 8 可以穿过。

弹簧 3 的两端分别钩在凸耳 4 和调节螺钉 5 上，通过螺母 6 调节弹簧 3 的拉力，调节完毕后用螺母 7 锁紧。弹簧的拉力使薄齿轮错位，即两个薄齿轮的左、右齿面分别贴在宽齿轮齿槽的左、右齿面上，从而消除了齿侧间隙。双片齿轮错齿法调整间隙结构能自动消除齿侧间隙，可始终保持无间隙啮合，属于柔性调整法。

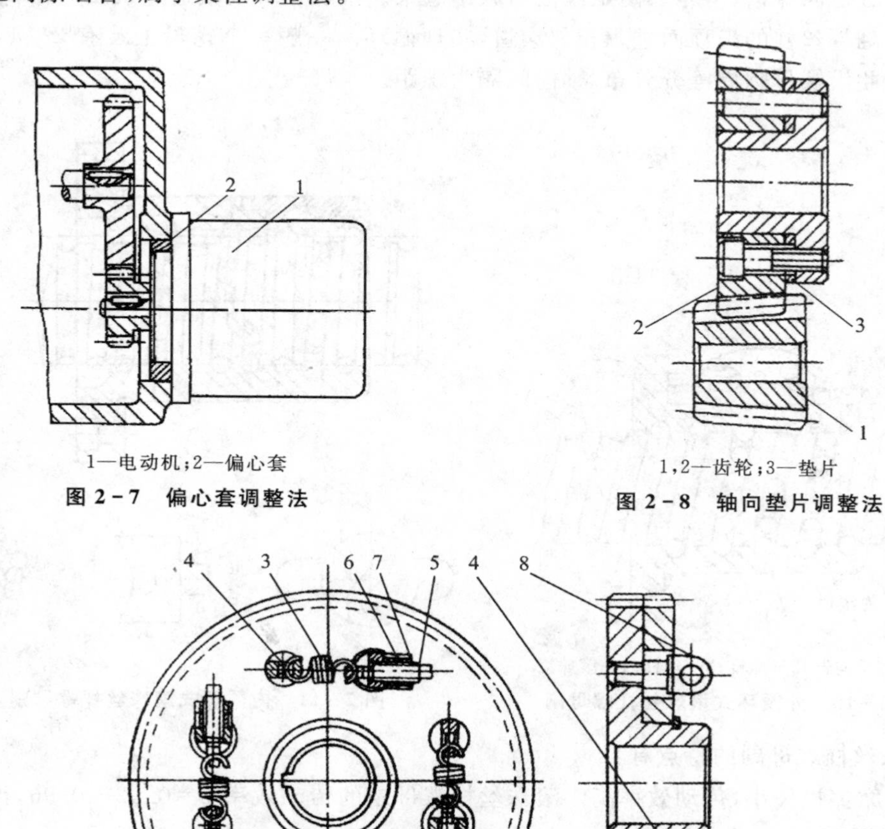

1—电动机；2—偏心套

图 2－7　偏心套调整法

1，2—齿轮；3—垫片

图 2－8　轴向垫片调整法

1、2—薄齿轮；3—弹簧；4、8—凸耳或短柱；5—调节螺钉；6、7—螺母

图 2－9　双片齿轮错齿调整法

2.3.3　滚珠丝杠螺母副

丝杠螺母副是将旋转运动与直线运动相互转换的传动装置。在数控机床的进给传动链中，将旋转运动转换为直线运动的方法很多，常用的是滚珠丝杠螺母副。

1. 滚珠丝杠螺母副的工作原理及特点

滚珠丝杠螺母副按滚珠的循环方式分为外循环和内循环两种方式。图 2－10 所示为外循环式，它主要由反向器 1、螺母 2、丝杠 3 和滚珠 4 组成。在丝杠 3 和螺母 2 上各加工有半圆弧形的螺旋槽，将它们套装在一起便形成滚珠的螺旋滚道，在滚道内装满滚珠 4。当丝杠相对于螺母旋转时，带动滚珠在滚道内既自转又沿螺纹滚道滚动，从而使螺母（或丝杠）轴向移动。为防止滚珠从滚道端面掉出，在螺母的螺旋槽上设有滚珠回程反向器1，从而形成滚珠流动的闭合循环回路滚道，使滚珠能够返回循环滚动。

图2－11所示为内循环式，在螺母外侧孔中装有接通相邻滚道的圆柱凸轮式反向器，反向器上铣有S形回珠槽，将相邻两螺纹滚道联结起来。滚珠从螺纹滚道进入反向器，借助反向器迫使滚珠翻越丝杠的齿顶而进入相邻滚道，实现循环。一般一个螺母上装有2～4个反向器，反向器彼此沿螺母圆周等分分布，轴向间隔为螺距。

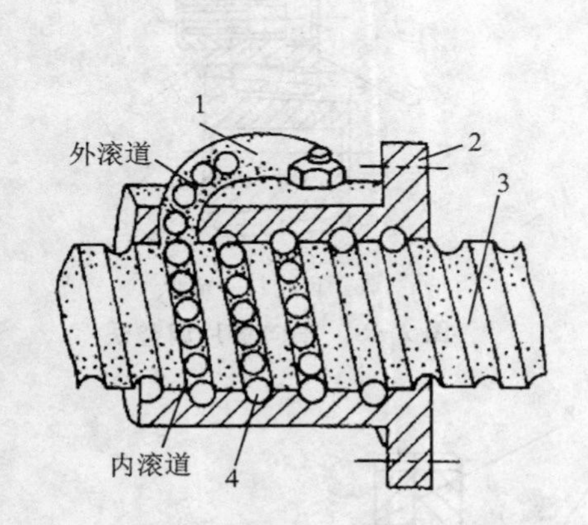

1—反向器；2—螺母；3—丝杠；4—滚珠

图2－10　外循环式滚珠丝杠螺母副

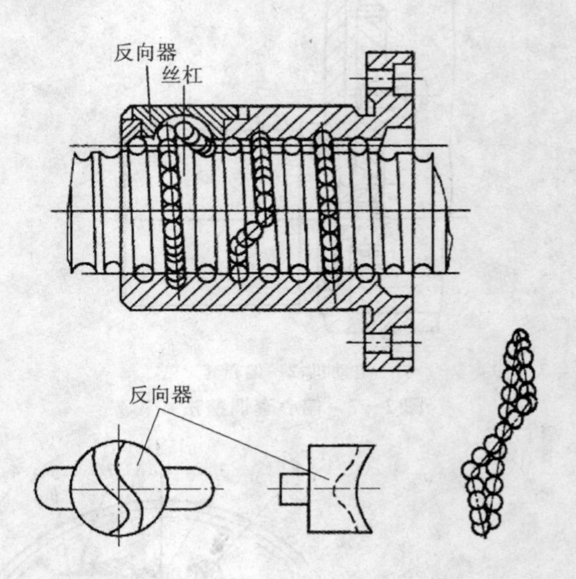

图2－11　内循环式滚珠丝杆螺母副

滚珠丝杠螺母副的特点有：

(1) 摩擦损失小，传动效率高。滚珠丝杠螺母副的传动效率$\eta=0.92\sim0.96$，比常规的丝杠螺母副提高3～4倍。

(2) 丝杠螺母适当预紧，便可消除间隙；反向时可消除空程死区。定位精度高，刚度好。

(3) 传动平稳性好，不易产生低速爬行现象。

(4) 磨损小，使用寿命长，精度保持性好。

(5) 有可逆性，可以从旋转运动转换为直线运动，也可从直线运动转换为旋转运动。

(6) 制造工艺复杂。滚珠丝杠和螺母等元件的加工精度和表面质量要求高，故制造成本也高。

(7) 不能自锁，运动可逆。特别是丝杠垂直使用时，由于自重的作用，下降时当传动切断后，不能立即停止运动，需增加平衡或制动装置。

2. 滚珠丝杠螺母副轴向间隙的调整方法

滚珠丝杠螺母副除了对本身单一方向的进给运动精度有要求外，对其轴向间隙也有严格的要求，以保证反向传动精度和轴向刚度。为此，必须消除滚珠丝杠螺母副的轴向间隙。滚珠丝杠螺母副轴向间隙是负载在滚珠与滚道型面接触点的弹性变形所引起的螺母位移量和螺母原有轴向间隙的总和。消除间隙的方法通常采用双螺母结构，其原理是利用两个螺母的相对轴向位移，使两个螺母中的滚珠分别贴紧在螺旋滚道的两个相反侧面上，达到消除间隙的目的。用这种方法预紧消除轴向间隙时，应注意预紧力不宜过大，否则会使摩擦力增大，从而降低传动效率，缩短使用寿命。

常用的双螺母消除轴向间隙的结构形式有以下三种。

(1) 垫片调整间隙法

由螺钉来连接滚珠丝杠两个螺母的凸缘，并在凸缘间加垫片，调整垫片 4 的厚度，使螺母产生轴向位移，即可消除间隙和产生预紧力，如图 2－12 所示。这种方法结构简单、可靠，刚性好，但调整费时，且不能在使用中随时调整。

(2) 螺纹调整间隙法

两个螺母以平键 3 与螺母座相连，其中左螺母 1 的外端有凸缘，而右螺母 2 的外端有螺纹，在套筒外用两个圆螺母 4、5 固定。当旋转圆螺母 4 时，即可消除间隙，并产生预紧力，调整好后再用圆螺母 5 锁紧，如图 2－13 所示。这种结构调整方便，且在使用过程中可随时调整，但预紧力大小不易准确控制。

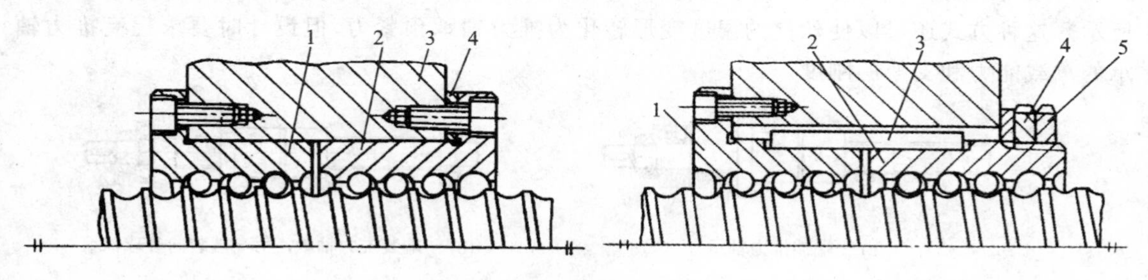

1、2—单螺母；3—螺母座；4—调整垫片

图 2－12　垫片调整间隙法

1、2—单螺母；3—平键；4—调整螺母；5—锁紧螺母

图 2－13　螺纹调整间隙法

(3) 齿差调整间隙法

在两个螺母的凸缘上各制有齿数为 z_1、z_2 的圆柱外齿轮，且齿数相差一个齿，分别与紧固在螺母座上的内齿轮相啮合，如图 2－14 所示。调整时，先取下两端的内齿轮 3、4，根据间隙的大小，将两个螺母分别向相同方向转过 1 个或几个齿，然后再合上内齿轮，则两个螺母便产生相对角位移，从而使螺母在轴向相对移近距离达到消除间隙的目的。这种调整方法能精确调整预紧量，调整方便可靠，但结构复杂，尺寸较大，多用于高精度传动。

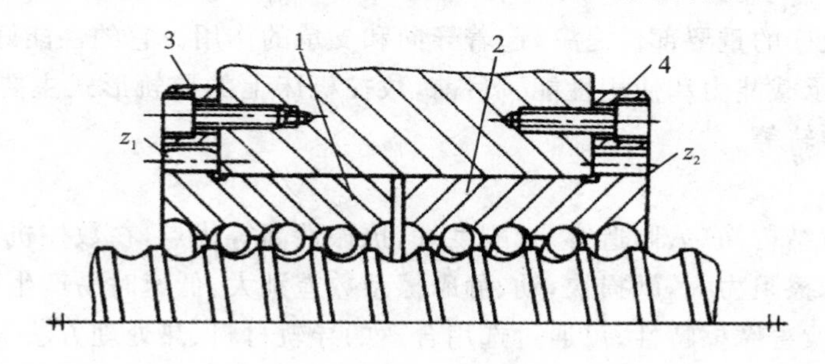

1、2—单螺母；3、4—内齿轮

图 2－14　齿差调整间隙法

3. 滚珠丝杠的支撑方式

滚珠丝杠在数控机床上常用的支承方式有以下几种。

(1) 一端装推力轴承

这种安装方式的承载能力小，轴向刚度低，仅适用于短丝杠，如图 2－15(a)所示。一般用于数控机床的调节环节或升降台式数控铣床的垂直坐标中。

(2) 一端装推力轴承，另一端装向心球轴承

这种方式用于丝杠较长的情况，如图 2－15(b)所示。轴向刚度小，只适用于对刚度和位移精度要求不高的场合。

(3) 两端装推力轴承

把推力轴承装在滚珠丝杠的两端，并施加预紧力，这样有助于提高刚度，如图 2－15(c)所示。这种安装方式对丝杠的热变形较为敏感，适用于对刚度和位移精度要求较高和较长的丝杠的场合。

(4) 两端装推力轴承及向心球轴承

两端均采用一对角接触球轴承支承，并施加预紧力，使丝杠具有最大的刚度，如图 2－15(d)所示。这种方式还可以使丝杠的温度变形转化为推力轴承预紧力，但设计时要求提高推力轴承的承载能力和支架的刚度。

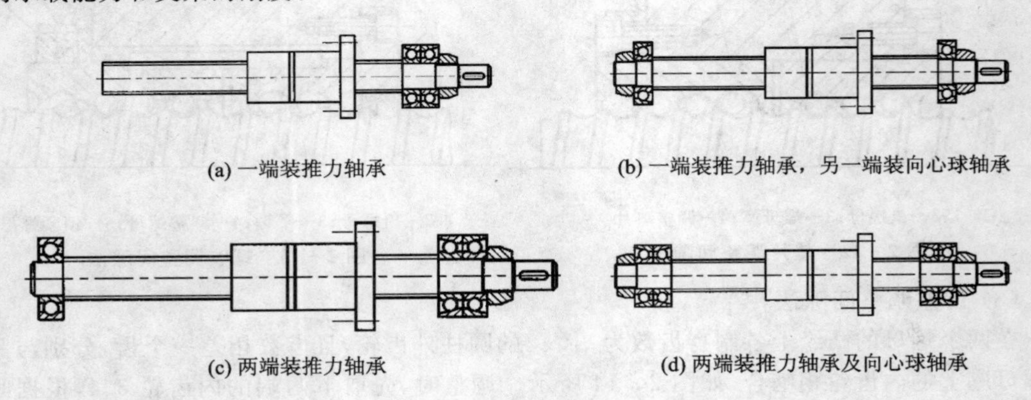

图 2－15　滚珠丝杠在机床上的支承方式

2.3.4　数控机床常用导轨

导轨是数控机床的重要部件之一，起着导向和支承的作用。它的性能好坏，直接影响数控机床的加工精度、承载能力和使用性能。目前，数控机床上的导轨形式主要有滑动导轨、滚动导轨和液体静压导轨等。

1. 滑动导轨

滑动导轨具有结构简单、制造容易、刚度好、抗振性高等优点，在数控机床上应用广泛。但传统的滑动导轨摩擦阻力大，磨损快，动、静摩擦系数差别大，低速时易产生爬行现象。为了提高导轨的耐磨性，改善摩擦特性，可通过选用合适的导轨材料、热处理方法等来实现。例如，导轨材料可选用优质铸铁、耐磨铸铁，对导轨采用表面滚压强化、表面淬硬、镀铬等热处理方法。目前数控机床还广泛使用贴塑导轨、涂塑导轨等塑料滑动导轨。

2. 滚动导轨

滚动导轨是在导轨面之间放置滚珠、滚柱或滚针等滚动体，使导轨面之间为滚动摩擦而不是滑动摩擦。滚动导轨与滑动导轨相比，灵敏度高，摩擦系数小，动、静摩擦系数接近，运动轻

便灵活，低速移动时不易出现爬行现象，移动精度和定位精度高，磨损小，精度保持性好，使用寿命长。但滚动导轨抗振性差，结构复杂，制造较困难，成本高，对脏物较敏感，必须有良好的防护装置。

直线滚动导轨由一根长导轨条和一个或几个滑块组成，滑块内有滚珠或滚柱，如图 2-16 所示。当滑块相对导轨条移动时，每一组滚珠（或滚柱）都在各自滚道内循环运动，其所受载荷形式与滚动轴承类似。这种导轨摩擦系数小，精度高，安装和维修都很方便。由于直线导轨是一个独立的部件，对机床支承导轨部分的要求不高，既不需要淬硬也不需要磨削或刮研，只需精铣或精刨。

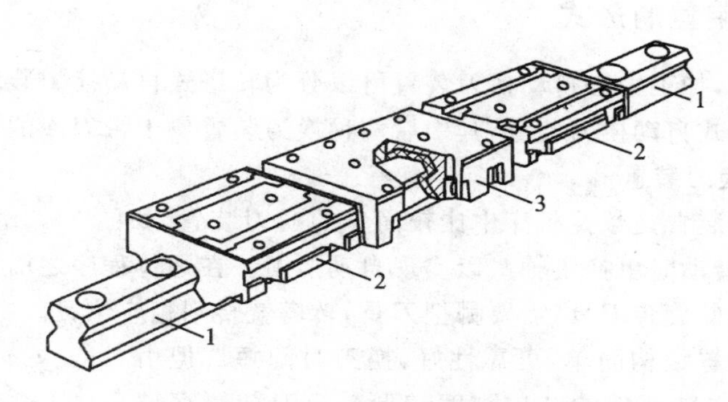

1—导轨条；2—循环滚柱滑座；3—抗振阻尼滑座

图 2-16　直线滚动导轨

3. 液体静压导轨

液体静压导轨是静压导轨常用的一种形式，是在导轨工作面间通入具有一定压强的润滑油，形成压力油膜，浮起运动部件，使导轨工作面处于纯液体摩擦状态。因此，液体静压导轨工作时摩擦系数极低，功率消耗少；导轨面不易磨损，精度保持性好，工作寿命长；承载能力大，刚性好；由于液体具有吸振作用，因而导轨的抗振性好；低速时运行平稳，无爬行现象。但液体静压导轨的结构复杂，多了一套液压系统，成本高，制造和调整都比较困难，油膜厚度难以保持恒定不变。故液体静压导轨主要用于高精度的大型、重型数控机床。

液体静压导轨的结构形式可分为开式和闭式两种。图 2-17 所示为开式静压导轨。开式静压导轨是指不能限制工作台从导轨上分离的静压导轨，它只能承受垂直于支承导轨方向的载荷，不能承受相反方向的载荷，并且不容易达到很高的刚性，主要用于运动速度比较低的重型数控机床。

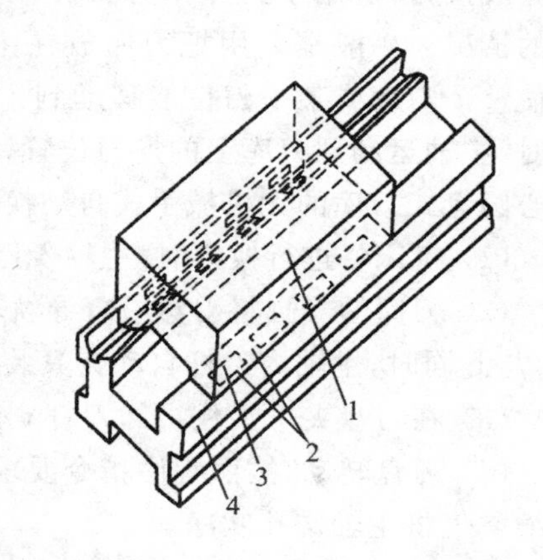

1—工作台；2—油封面；3—油腔；4—导轨座

图 2-17　开式静压导轨

2.4　自动换刀装置

为了提高生产效率，缩短加工过程中非切削时间，有些数控机床设有自动换刀装置。自动换刀装置需具备换刀时间短、刀具重复定位精度高、刀库容量充足、占地面积小和安全可靠等特性,并能够根据工艺要求自动更换所需刀具。

数控机床的自动换刀装置的结构取决于机床的类型、工艺范围和使用刀具的种类和数量。数控车床常用的自动换刀装置有四方回转刀架、盘形自动回转刀架,以及全功能数控车和车削中心用的动力转塔刀架;加工中心采用的自动换刀装置有转塔式自动换刀装置、带刀库自动换刀装置等多种形式。

本节主要介绍加工中心自动换刀装置。

2.4.1 自动换刀装置的形式

根据其组成结构,加工中心自动换刀装置可以分为转塔式自动换刀装置、无机械手式自动换刀装置和有机械手式自动换刀装置,其中后两种换刀装置属于带刀库的自动换刀装置。

1. 转塔式自动换刀装置

转塔式自动换刀装置是数控机床中比较简单的换刀装置,如图 2-18 所示。转塔动力头上装有主轴头,转塔转动时更换主轴头以实现自动换刀。在运行程序之前,将转塔各个主轴头上安装各工序所需要的旋转刀具,需要哪把刀具,转塔就转到相应位置。

这种自动换刀装置结构简单,可靠性好,换刀时间短。但由于空间位置的限制,主轴部件的结构刚度较低。换刀装置存储的刀具数量较少,适用于加工工序较少、精度要求不太高的数控机床。

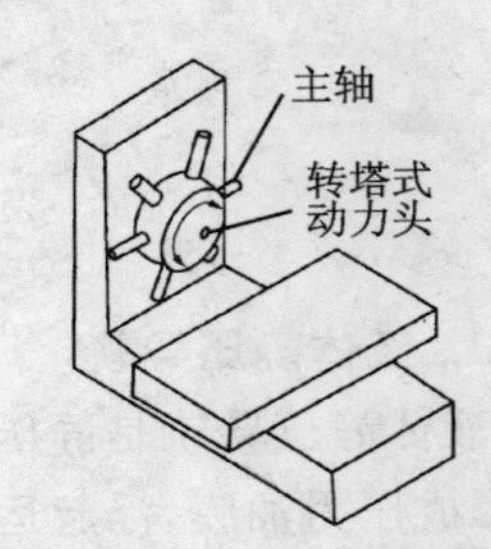

图 2-18 转塔式换刀装置

2. 无机械手式自动换刀装置

无机械手式自动换刀方式是通过刀库和主轴箱的配合动作来完成换刀,适用于刀库中刀具存放位置与主轴上刀具位置一致的情况。一般是采用把刀库放在主轴箱可以运动到的位置,或使整个刀库或某一刀位能移动到主轴箱可以到达的位置。换刀时,主轴运动到刀库上的换刀位置,由主轴直接取走或放回刀具。图 2-19 所示为立式加工中心圆盘式刀库的无机械手式自动换刀装置的换刀过程。

(1) 机床将进行换刀时,主轴 4 停在换刀位置等候。

(2) 刀库的气缸将刀盘沿着导轨轴 1 推往主轴中心的位置,刀库 3 的夹爪松开夹住刀杆 5。与此同时,主轴内刀杆自动夹紧装置放松刀具。

(3) 在刀盘夹爪夹住被卸刀杆 5 后,主轴上升。

(4) 刀盘转动,按照程序指令要求将选好的待装刀具 2 转到主轴中心的下方位置。同时,压缩空气将主轴锥孔吹净。

(5) 主轴 4 下降使待装刀具 2 插入主轴锥孔。主轴内有夹紧装置将刀杆拉紧。

(6) 机床将要进行退刀时,主轴 4 静止不动,气缸则再次把刀库 3 沿着导轨轴 1 退回原来的第一位置。完成换刀动作,开始下一步的加工。

无机械手式自动换刀装置结构简单、紧凑,成本较低,可靠性好。其缺点是刀库的容量不大,且换刀时间较长,一般需要 10～20 s,因此多用于刀柄为 40 号以下的中小型加工中心。

3. 机械手式自动换刀装置

机械手式自动换刀装置由刀库选刀,再由机械手完成换刀动作。其刀库的配置、位置及数

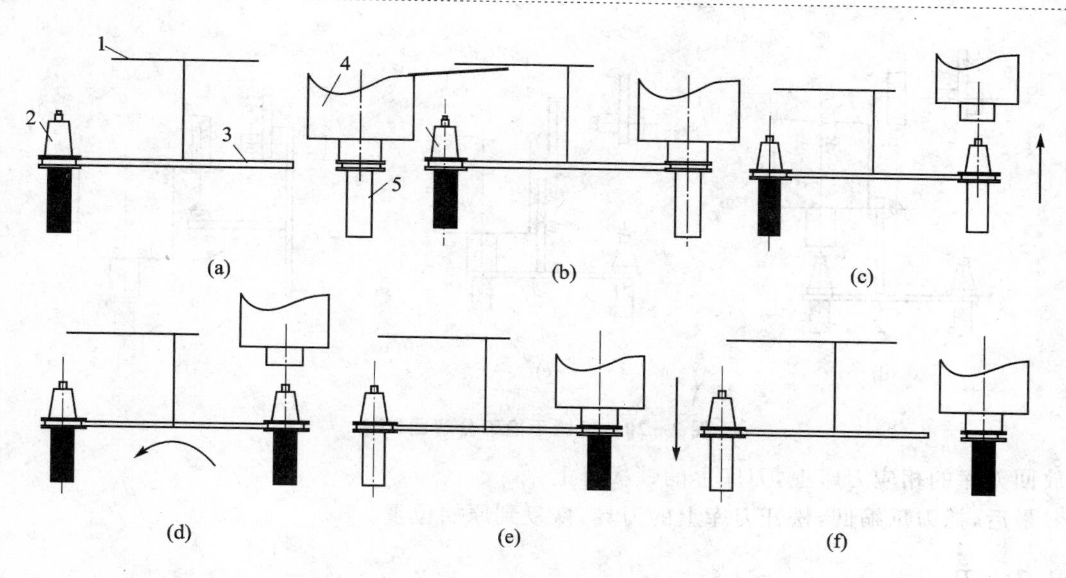

1—导轨轴;2—待装刀具;3—刀库;4—主轴;5—待卸刀具

图 2-19　无机械手换刀分解图

量的选用要比无机械手式换刀装置灵活得多。它的刀库能够配备多达数百把刀具,换刀时间可缩短至几秒甚至零点几秒。下面以卧式镗铣加工中心为例说明采用机械手式的换刀过程。

该机床采用的是链式刀库,位于机床立柱左侧。由于刀库中存放刀具的轴线与主轴的轴线垂直,故而机械手需要三个自由度。机械手沿主轴轴线的插拔刀动作由液压缸来实现。90°的摆动送刀运动及 180°的换刀动作分别由液压马达实现。其换刀动作过程如图 2-20 所示。

如图 2-20(a)所示,抓刀爪伸出,抓住刀库上的待换刀具,刀库刀座上的锁板拉开。

如图 2-20(b)所示,机械手带着待换刀具绕竖直轴逆时针转 90°,与主轴轴线平行,另一个抓刀爪抓住主轴上的刀具,主轴将刀杆松开。

如图 2-20(c)所示,机械手前移,将刀具从主轴锥孔内拔出。

如图 2-20(d)所示,机械手绕自身水平轴转 180°,将两把刀具交换位置。

如图 2-20(e)所示,机械手后退,将新刀具装入主轴,主轴将刀具锁住。

如图 2-20(f)所示,抓刀爪缩回,松开主轴上的刀具。机械手绕竖直轴顺时针转 90°,将刀

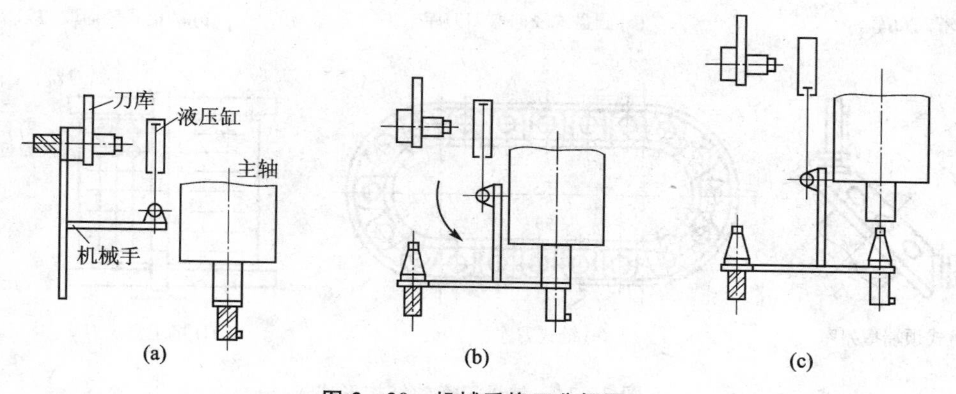

图 2-20　机械手换刀分解图

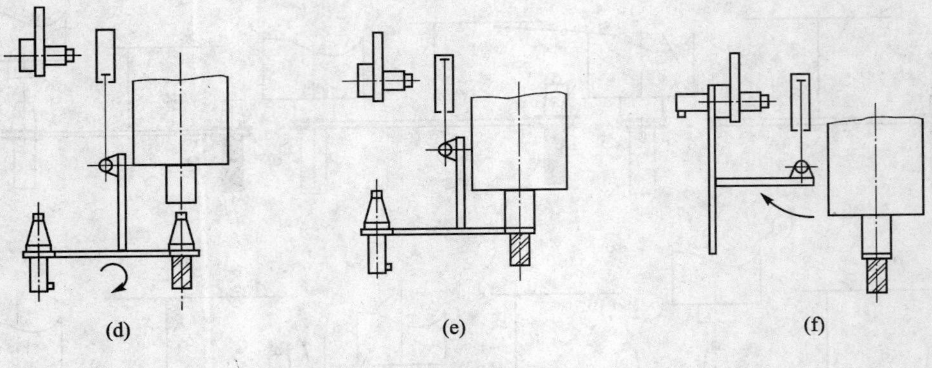

图 2－20　机械手换刀分解图(续)

具放回刀库的相应刀座上，刀库上的锁板合上。

最后，抓刀爪缩回，松开刀库上的刀具，恢复到原始位置。

2.4.2　刀　库

刀库的作用是存储加工所需的各种刀具，并按程序指令把将要用到的刀具迅速准确地送到换刀位置，接受从主轴送来的已用刀具。刀库的容量一般在 8～64 把，多的可达 100～200 把。一般的中小型加工中心配有 12～30 把刀具的刀库，便可满足绝大多数零件的加工需要。

刀库的形式很多，结构也各不相同，常见刀库的结构形式有转塔式刀库、圆盘式刀库、链式刀库、格子盒式刀库等，如图 2－21 所示。

图 2－21(a)所示为转塔式刀库，主要用于小型车削加工中心，用伺服电动机带动转位或机械方式转位。

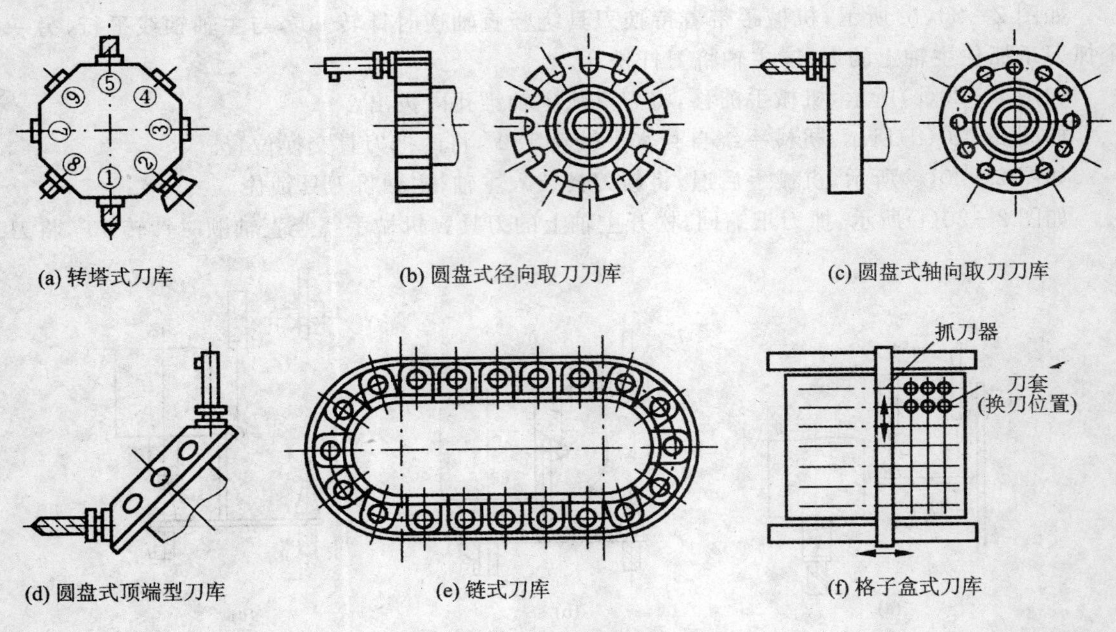

图 2－21　常见刀库的结构形式

图 2－21(b)、(c)分别为圆盘式径向取刀、圆盘式轴向取刀刀库，这种刀库结构简单，应用较多，适用于刀库容量较少的情况。

图 2－21(d)为圆盘式顶端型刀库，这种圆盘式刀库占用空间较大，使刀库安装位置及刀库容量受到限制，故应用较少。

图 2－21(e)为链式刀库，可以安装几十把甚至上百把刀具，占用空间大，选刀时间较长，一般用在多通道控制的加工中心上，通常加工过程和选刀过程可以同时进行。

图 2－21(f)为格子盒式刀库，刀库容量大，结构紧凑，空间利用率高，但布局不灵活，通常将刀库安放在工作台上，适用于作为 FMS 或 FMC 使用的加工中心。

2.4.3　换刀机械手

在机械手式自动换刀装置中，不同类型的数控机床所采用的机械手的形式也是多种多样的。可以根据不同的要求配置不同形式的机械手，可以是单臂的、双臂的，也可以是配置一个主机械手和一个辅助机械手的形式。图 2－22 所示为常用的几种换刀机械手，它们都是单臂回转机械手，能同时抓取和装卸刀库及主轴上的刀具，动作简单，换刀时间短。

图 1－22(a)所示为钩手，抓刀运动为旋转运动，回转 180°。

图 1－22(b)所示为抱手，抓刀运动亦为两个手爪旋转，但在抓取刀具或将刀具送入刀库及主轴时，两臂可伸缩。

图 1－22(c)所示为杈手，抓刀运动为直线运动。

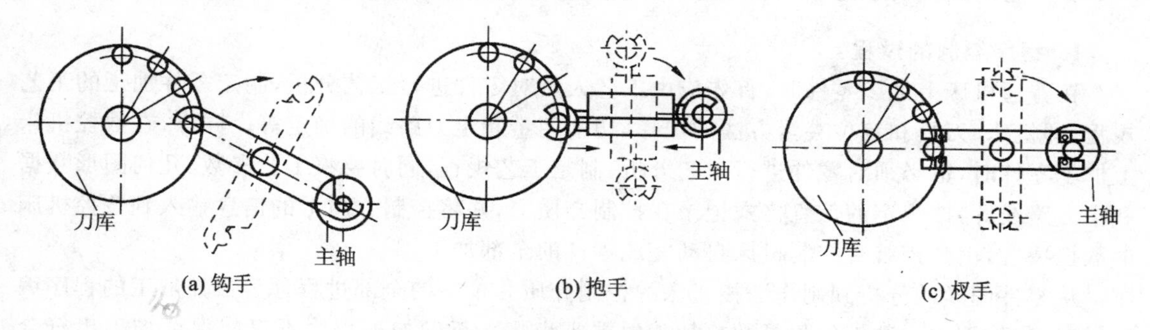

图 2－22　几种常用换刀机械手的形式

思考与练习题

1. 数控机床的机械结构主要由哪几部分组成？
2. 数控机床对主传动系统有哪些基本要求？
3. 数控机床主轴变速方式有哪几种？各有什么特点？
4. 数控机床主轴轴承配置形式有几种？各适用什么场合？
5. 数控机床的进给传动齿轮为什么要消除间隙？消除间隙的方法有哪些？
6. 滚珠丝杠螺母副的工作原理及特点是什么？何谓内循环式和外循环式？
7. 试述滚珠丝杠螺母副轴向间隙的调整方法。
8. 常见导轨主要有哪几种形式？各有何特点？
9. 自动换刀装置有哪几种形式？各有何特点？

第3章 数控编程基础

【知识要点】

数控机床的编程基础知识;数控机床程序编制的过程及方法、程序的组成结构与格式、程序编制的基本代码,编程中的基点、节点的数值计算方法,数控机床各坐标系的确定与建立,数控加工中各特殊点的概念及相对关系。

【知识目标】

熟悉数控机床编程的基本过程与方法;掌握数控机床各坐标系的建立方法,理解各坐标系的相互关系与作用;理解数控加工中各特殊点的含义;熟悉数控程序的基本代码,掌握数控程序的结构与程序段的格式;了解数控编程中的基点和节点坐标计算方法。

3.1 程序编制的基本知识

3.1.1 程序编制的过程与方法

1. 程序编制的过程

在普通机床上加工零件时,首先应由工艺人员对零件进行工艺分析,制定零件加工的工艺规程,即机床、刀具和定位夹紧方法的选择,切削用量和走刀路线的确定等。同样,在数控机床上加工零件时,也必须对零件进行工艺分析,制定工艺规程,同时要将工艺参数、几何图形数据和走刀路线等,按规定的信息格式记录在控制介质上,并将控制介质上的信息输入到数控机床的数控装置,由数控装置控制机床自动完成零件的全部加工。

从零件图样的分析到制作数控机床的控制介质并校核的全部过程称为数控加工的程序编制,简称数控编程。数控编程是数控加工的重要步骤。正确加工程序不仅应保证加工出符合图样要求的合格零件,同时应能使数控机床的功能得到合理的利用与充分的发挥,使数控机床能安全、可靠、高效地工作。

一般来讲,数控编程过程的主要内容包括:分析零件图样、工艺处理、数值计算、编写加工程序、输入程序、程序校验和首件试加工,如图 3-1 所示。

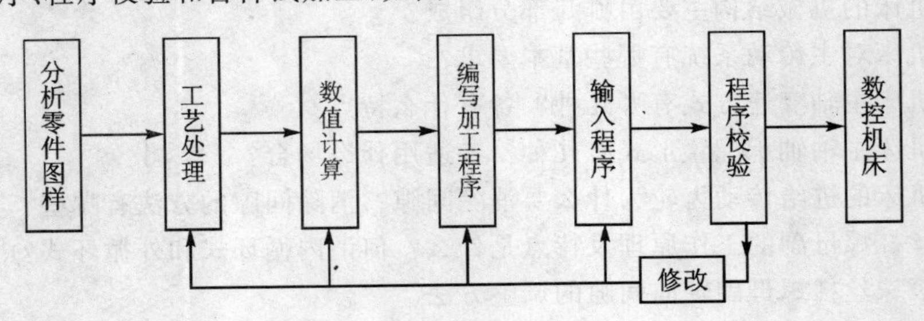

图 3-1 数控程序编制过程

数控编程的具体步骤与要求如下：

(1) 分析零件图样

首先要分析零件的批量、材料、形状、尺寸精度、表面粗糙度和热处理等要求，确定该零件是否适合在数控机床上加工，或适合在哪种数控机床上加工，同时要明确加工的内容和要求。

(2) 工艺处理

在分析零件图的基础上，进行工艺分析，确定零件的加工方法(如采用的工装夹具、装夹定位方法等)、加工路线(如对刀点、换刀点、进给路线)及切削用量(如主轴转速、进给速度和背吃刀量)等工艺参数。数控加工工艺分析与处理是数控编程的前提和依据，而数控编程就是将数控加工工艺内容程序化。制定数控加工工艺时，要合理地选择加工方案，确定加工顺序、加工路线、装夹方式、刀具及切削参数等；同时还要考虑所用数控机床的指令功能，充分发挥机床的效能；尽量缩短加工路线，正确地选择对刀点、换刀点，减少换刀次数，并使数值计算方便；合理选取起刀点、切入点和切入、切出方式，保证切入过程平稳；避免刀具与非加工面的干涉，保证加工过程安全可靠等。

(3) 数值计算

主要是计算零件加工轨迹的尺寸，即计算零件加工轮廓的基点和节点坐标，以便编制加工程序。对于形状比较简单的零件(如由直线和圆弧组成的零件)的轮廓加工，要计算出几何元素的起点、终点、圆弧的圆心、两几何元素的交点或切点等基点坐标值；对于形状比较复杂的零件(如由非圆曲线、曲面组成的零件)，需要用直线段或圆弧段逼近，根据加工精度的要求计算出节点坐标值。

(4) 编写加工程序单

根据加工路线、切削用量、刀具号码、刀具补偿量、机床辅助动作及刀具运动轨迹，按照数控系统使用的指令代码和程序段的格式编写零件加工的程序单，并校核上述两个步骤的内容，纠正其中的错误。

(5) 输入程序

将编制好的程序作为数控装置的输入信息，通过程序的手工输入或通信接口传输送入数控系统。常用的数据通信传输方法有通过 RS－232 异步传输或通过 CF 卡、U 盘等进行数据备份。

(6) 程序校验与首件试切

编写的程序必须经过程序校验和首件试切后才能正式使用。程序校验是直接将控制介质上的内容输入到数控系统中，让机床空运转，以检查机床的运动轨迹是否正确。在有 CRT 图形显示的数控机床上，用模拟刀具与工件切削过程的方法进行检验，但这些方法只能检验运动是否正确，不能检验被加工零件的加工精度。如果想检验零件的尺寸精度和表面粗糙度等，必须要进行零件的首件试切。当发现有加工误差时，分析误差产生的原因，找出问题所在，加以修正，直至达到零件图纸的要求。

从上述程序编制的内容和步骤来看，要求编程人员具有一定的专业知识，对数控机床、加工工艺、机械加工标准及规范、工装夹具、编程指令等都应很熟悉，只有对工件的加工过程进行全盘考虑，仔细研究，才能正确合理地编制出加工程序。

2. 程序编制的方法

数控编程一般分为手工编程和自动编程两种。

(1) 手工编程

手工编程就是从分析零件图样、确定加工工艺过程、数值计算、编写零件加工程序单、输入程序到程序校验都是人工完成。它要求编程人员不仅要熟悉数控指令及编程规则,而且还要具备数控加工工艺知识和数值计算能力。对于加工形状简单、计算量小、程序段不多的零件,采用手工编程较容易,而且经济、及时。因此,在点位加工或直线与圆弧组成的轮廓加工中,手工编程仍广泛应用。对于形状复杂的零件,特别是具有非圆曲线、列表曲线及曲面组成的零件,用手工编程就有一定困难,出错的概率增大,有时甚至无法编出程序,必须用自动编程的方法编制程序。

(2) 自动编程

自动编程是利用计算机专用软件来编制数控加工程序。编程人员使用自动编程软件,根据零件图样的要求,规划走刀路线,由计算机自动地进行数值计算及后置处理,生成零件加工程序单。自动编程生成的加工程序一般较长,可以通过数据传输的方式送入数控机床后,执行该程序控制机床加工零件。自动编程使得一些计算繁琐、手工编程困难或无法编出的程序能够顺利地完成。

3.1.2 数控机床的坐标系

为了确定数控机床上刀具的位置和运动方向,就要在机床上设定一个坐标系,该坐标系就叫做机床坐标系。标准的机床坐标系采用右手笛卡儿直角坐标系,正确理解数控机床坐标轴的命名和运动方向的规定十分重要。目前我国执行的 JB/T 3051—82《数控机床坐标和运动方向的命名》数控标准。

1. 坐标系建立的原则

为了使编程人员在编程时不必考虑机床各进给坐标轴的运动是刀具在动还是工件在动,规定了坐标系的建立原则:无论刀具移动还是工件移动,永远假定刀具是相对于静止工件而运动的。

2. 标准坐标系及正方向的规定

根据 ISO 标准和我国的 JB/T 3051—82 部颁标准,标准坐标系采用右手笛卡儿直角坐标系,如图 3-2 所示。规定直角坐标轴用 X、Y、Z 表示,大拇指为 X 轴,食指为 Y 轴,中指为 Z 轴,指尖指向各坐标轴的正方向;规定增大刀具和工件距离的方向为各直角坐标轴的正方向。规定旋转坐标轴用 A、B、C 表示,分别绕 X、Y、Z 轴旋转,正方向由右手螺旋法则判定。

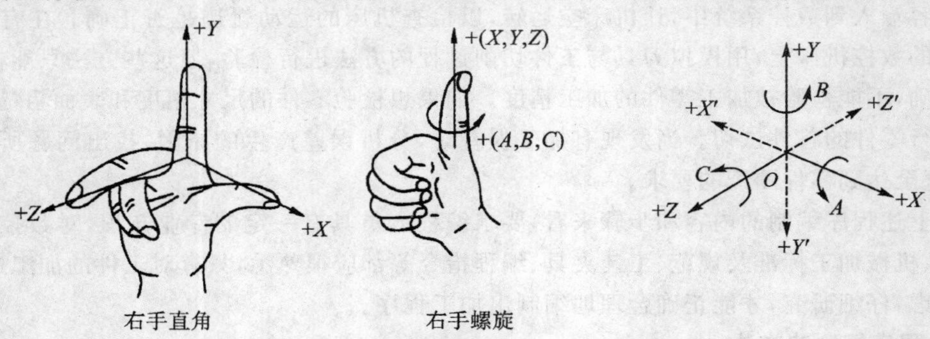

图 3-2 数控机床标准坐标系

(1) Z 轴

Z 轴一般与主轴轴线平行。如车床、磨床等带动工件高速旋转的轴为主轴，即为 Z 轴，如铣床、镗床等带动刀具高速旋转的轴为主轴，即为 Z 轴。如果没有主轴，Z 轴垂直于工件装夹面。Z 轴的正方向规定为刀具远离工件的方向。

(2) X 轴

与工件装夹面平行的轴为 X 轴，一般是水平的。对于工件旋转的机床(如车床、磨床等)，如图 3－3(a)所示，X 轴在工件的径向且平行于横向滑板，X 轴正方向规定为刀具远离卡盘中心的方向；对于刀具旋转的机床(如铣床、钻床等)，若 Z 轴是垂直的，如图 3－3(b)所示，面对机床，从主轴看向工件，X 轴运动的正方向指向右方；若 Z 轴是水平的，如图 3－3(c)所示，面对机床，从主轴看向工件看，X 轴的正方向指向左方。

(3) Y 轴

确定 X 轴和 Z 轴的方向后，按照右手笛卡儿直角坐标系即可确定 Y 轴方向。

(4) 旋转运动坐标轴 A、B、C

A、B、C 表示其轴线平行于 X、Y、Z 轴的旋转轴，其正方向按照右手螺旋定则进行判断。

(5) 附加坐标轴

在机床中，除标准坐标轴 X、Y、Z 外，如果还有平行它们的坐标轴均为附加轴，第二组指定为 U、V、W，第三组为 P、Q、R。

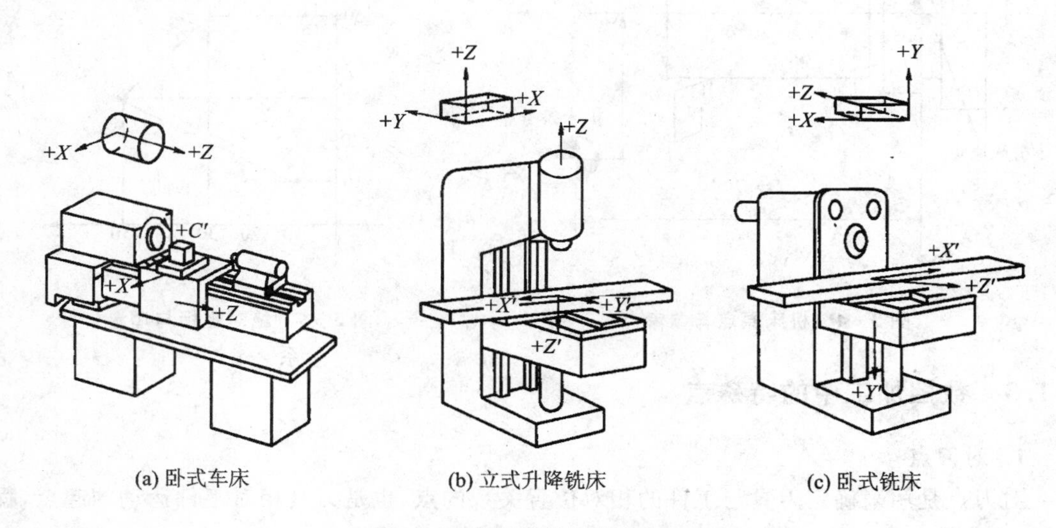

图 3－3　部分数控机床坐标系

3. 机床坐标系、机床原点与机床参考点

机床坐标系是机床上的固有坐标系，其位置由机床设计和制造单位确定，通常不允许用户改变。其原点为机床原点，是工件坐标系、机床参考点的基准点。数控车床的机床原点一般设在卡盘前端面或后端面的中心。数控铣床一般设在工作台的中心位置或进给行程终点。

机床参考点是机床坐标系中一个固定不变的位置点，通常由机床制造厂家在机床上用行程开关设置一个位置。机床参考点与机床原点之间的相对位置是一个已知值，在机床出厂前由机床制造厂家精密测量确定。机床开机后返回参考点操作，即回零，其目的是在机床上建立准确的机床坐标系位置，也可以说是对基准的重新核定，消除由于种种原因所产生的基准偏差。机床原点与参考点如图 3－4 所示。

4. 工件坐标系和工件原点

为了编程方便，编程人员在工件图样上自行设定的坐标系叫做工件坐标系，其原点称为工件原点或工件零点。在选取工件原点时，必须考虑要有利于编程、保证加工精度、便于测量和检验。数控车床上工件原点一般设在主轴中心线与工件右端面（或左端面）的交点处，数控铣床上设在工件外轮廓表面的对称中心或某个角上。

5. 绝对坐标与增量(相对)坐标

以机床原点或工件原点为基准点进行标注或计量的坐标为绝对坐标。坐标尺寸是相对于前一点进行标注或计量的坐标为增量坐标。在数控程序中，绝对坐标和增量坐标可单独使用，也可在不同的程序段中交叉使用。

图 3－5 中，A 点的绝对坐标为(10,10)，B 点的绝对坐标为(50,30)，C 点的绝对坐标为(30,50)。由 A 点到 B 点增量坐标为 B 点的绝对坐标减去 A 点的绝对坐标，即为(40,20)；同理 B 点到 C 点增量坐标为(－20,20)。

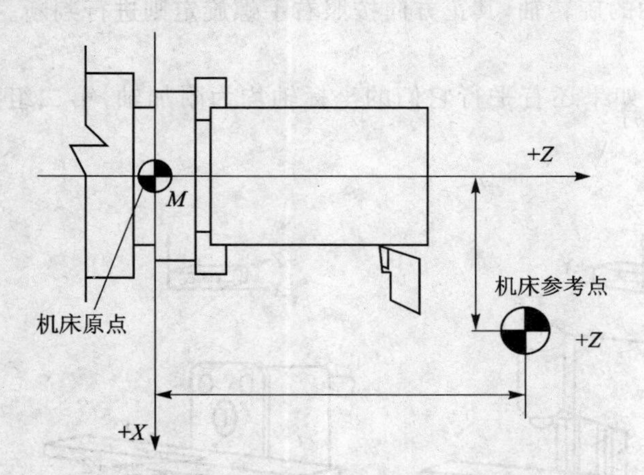

图 3－4　机床原点与参考点

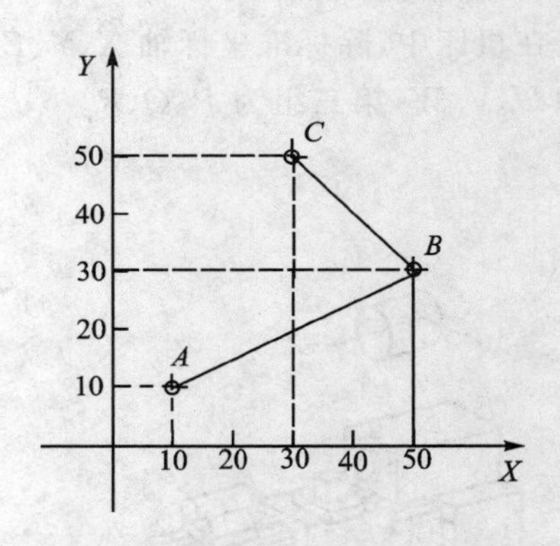

图 3－5　绝对坐标与增量坐标

3.1.3　数控加工中的特殊点

1. 对刀点

对刀点是用来确定刀具与工件的相对位置关系的点，也是刀具相对工件运动的起点，程序就是从这一点开始的，故又叫做程序起点或起刀点，如图 3－6 所示的 A 点。其选择原则是：

(1) 应尽量选在零件的设计基准或工艺基准上，或与基准有准确的位置关系上。

(2) 应选在对刀方便的位置，便于观察和检测。

(3) 应便于坐标值的计算，如工件坐标系原点或已知坐标值的点上。

(4) 使加工程序中刀具引入(或返回)路线短并便于换刀。

对刀点可选在零件上，也可选在夹具或机床上，若选在夹具或机床上，则必须与工件的定位基准有一定的尺寸联系，如图 3－6 所示。

2. 对刀基准点

对刀基准点是对刀时确定对刀点位置所依据的基准，可以是点、线或面。对刀基准点一般设置在工件上(如定位基准或测量基准)、夹具上(如夹具元件设置的起始点)或机床上。如图 3-6所示,O_1 为对刀基准点,O 为工件坐标系原点,A 为对刀点,也是起刀点和终刀点。

3. 对刀参考点

对刀参考点是代表刀架、刀台或刀盘在机床坐标系内位置的参考点,即 CRT 显示的机床坐标系中坐标值的点,也叫做刀架中心或刀具参考点,如图 3-6 中的 B 点。可以利用此坐标值进行对刀操作(如 T0101)。数控加工中回参考点时应该使刀架中心与机床参考点重合。

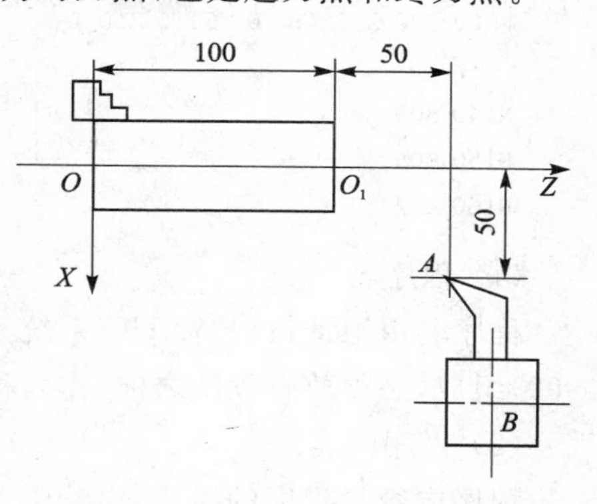

图 3-6 对刀点的关系图

4. 刀位点

刀位点是刀具的基准点,一般是刀具上能反应刀具位置的一点。如图 3-7(a)所示为铣削刀具刀位点,如平底立铣刀的刀位点为端面中心,钻头的刀位点为钻尖,球头铣刀的刀位点为球心或球顶。图 3-7(b)所示为车削刀具刀位点,尖形车刀的刀位点为假想刀尖点,圆弧形车刀的刀位点是圆心。数控系统控制刀具的运动轨迹,就是控制刀位点的运动轨迹。刀具的轨迹是由一系列有序的刀位点位置和连接这些位置点的直线或圆弧组成的。

对刀时,应使刀位点与对刀点重合,对刀的准确程度直接影响加工精度。

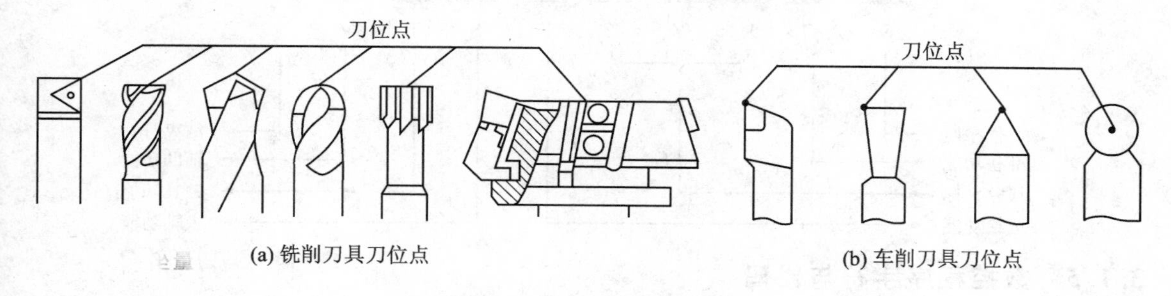

(a) 铣削刀具刀位点 (b) 车削刀具刀位点

图 3-7 不同刀具的刀位点

5. 换刀点的选择

加工过程中需要换刀时,应规定换刀点。所谓换刀点是指刀架转位换刀时的位置。该点可以是某一固定点(如加工中心机床,其换刀机械手的位置是固定的),也可以是任意的一点(如车床)。换刀点应设在工件或夹具的外部,以刀架转位时不碰工件及其他部件为准。其设定值可实际测量或通过计算确定。

3.1.4 程序结构与格式

一个完整的程序是由若干个程序段组成,每个程序段是由若干个功能字组成,每个字由表示地址的字母和数字等组成。

1. 程序结构

数控程序一般由程序名、程序内容、程序结束三部分组成。如 FANUC 0i 系统程序:

```
O 0001;                              程序名
N010 G92 X0 Y0 Z50.0;
N020 G90 G00 X50.0 Y60.0 Z10.0;
…;                                   程序内容
N140 M09
N150 M05;
N160 M02;                            程序结束
```

(1) 程序名

程序名由地址符(FANUC 系统是"O",SIEMENS 和华中系统是"%")和后面数字(1～9999)组成,必须放在程序之前,作为程序的开始标记,如 O1010。

(2) 程序内容

程序内容是程序的主干,由若干个程序段组成,每个程序段又包括若干个地址字,而地址字又由地址码和数字组成。

(3) 程序结束

用 M02(程序结束)或 M30(程序结束并返回程序头)表示。

2. 程序段格式

程序段由程序段号、地址字、程序段结束符等组成。

例如:

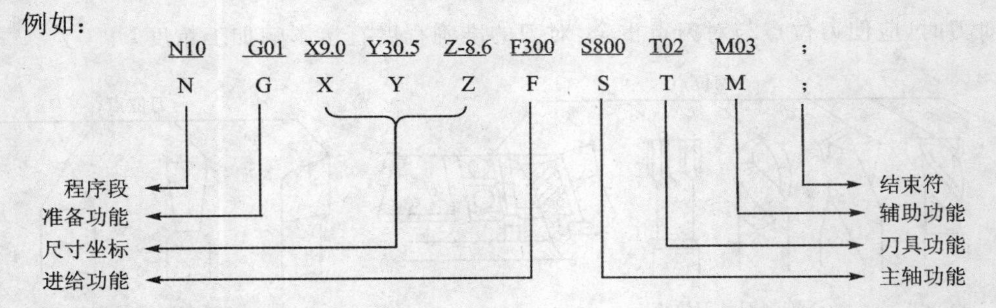

3.1.5 数控程序字符与代码

数控程序的字符由 26 个大写英文字母、0～9 共 10 个阿拉伯数字、标点符号、正号(+)和负号(-)等组成,是机床进行存储或传送的记号。

不同的数控系统,由于所使用的程序代码、编程格式不同,导致同一零件的加工程序在不同的数控系统中是不能通用的。为了统一标准,目前国际上采用比较通用的数控标准代码,即 ISO(International Standardization Organization)国际标准化组织标准和 EIA(Electronic Industries Association)美国电子工业协会标准。我国统一采用 ISO 代码,并根据 ISO 标准,制定了 JB3208—1983《准备功能和辅助功能的代码》。

1. 辅助功能 M 代码

由地址符 M 及其后面的两位数字构成辅助功能指令,又称 M 功能或 M 代码,从 M00～M99 共 100 种。它是控制机床辅助动作的指令,如主轴的正、反转,冷却液的开、关,换刀,程序结束等。我国 JB3208—1983 标准中的常用辅助功能代码见表 3-1。

表 3-1　常用的辅助功能 M 代码

功　能	含　义	用　途
M00	程序停止	当执行有 M00 的程序段后，主轴旋转、进给、冷却液送进都将停止。如果重新按下控制面板上的循环启动按钮，继续执行下一程序段
M01	选择停止	与 M00 的功能基本相似，只有在按下"选择停止"后，M01 才有效，否则机床继续执行后面的程序段；按"启动"键，继续执行后面的程序
M02	程序结束	程序结束时使用该指令，使主轴进给、冷却液停止，并使机床复位
M03	主轴正转	用于主轴顺时针方向转动
M04	主轴反转	用于主轴逆时针方向转动
M05	主轴停转	用于主轴停止转动
M06	换刀	用于加工中心的自动换刀动作
M08	冷却液开	用于切削液开
M09	冷却液关	用于切削液关
M30	程序结束	M30 和 M02 功能基本相同，只是 M30 指令还兼有控制返回到零件程序头的作用。若要重新执行该程序只需再次按操作面板上的循环启动键
M98	子程序调用	用于调用子程序
M99	子程序返回	用于子程序结束及返回

2. 准备功能 G 代码

准备功能 G 代码又称 G 功能或 G 指令，它用来规定刀具和工件的相对运动轨迹、机床坐标系、坐标平面、刀具补偿和坐标偏置等多种加工操作的准备工作。G 代码由地址码 G 和后面的两位数字组成，从 G00～G99 共 100 种代码。

FANUC 0i 数控系统有三种 G 代码系统，即 A、B 和 C。一般情况下，数控车床使用 G 代码系统 A，数控铣床或加工中心使用代码系统 B 或 C。详见 FANUC 0i 系统数控车床常用 G 指令表(表 4-4)和数控铣床常用 G 指令表(表 5-3)。

3.2　数控编程中的数值计算

数控编程中的数值计算就是根据零件图样的要求，按照已确定的加工路线和允许的编程误差，计算出数控系统所需输入的数据。数值计算主要用于手工编程。

数控编程中的数值计算主要包括基点坐标的计算、节点坐标的计算及一些辅助计算等内容。

由于 CAD/CAM 技术在实际生产中的应用越来越普及，为一些由特殊曲线、曲面构成的结构复杂的零件的加工编程提供了高效、可靠的技术手段。因此，本节只简单介绍有关基点和节点坐标的计算方法。

3.2.1　基点的坐标计算

构成零件轮廓的各相邻几何元素间的连接点称为基点。如两直线的交点、直线与圆弧的交点或切点、圆弧与圆弧的交点或切点、圆弧与二次曲线的切点或交点等，均属于基点。

基点坐标的计算比较简单，根据图样给定的尺寸，利用一般的解析几何或三角函数关系便可求得。

图 3-8 所示零件中，A、B、C、D、E 为基点。A、B、E 的坐标值从图中很容易找出，C、D 点是直线与圆弧的切点，要联立方程求解，先求出 C 点坐标，再得到 D 点坐标。以 A 点为计算坐标系原点，得到 C 点坐标方程：

$x_c=24-(5\sin\alpha+5)$

$y_c=10+x_c\tan\alpha$

$\alpha=30°$，则求得 C 点坐标（x_c，y_c）值为（16.5，19.526）。根据 C 点坐标，得到 D 点的 Y 轴坐标y_d为

$y_d= y_c-5\cos\alpha$

最后得到 D 点坐标（x_d，y_d）值为（24，15.196）。

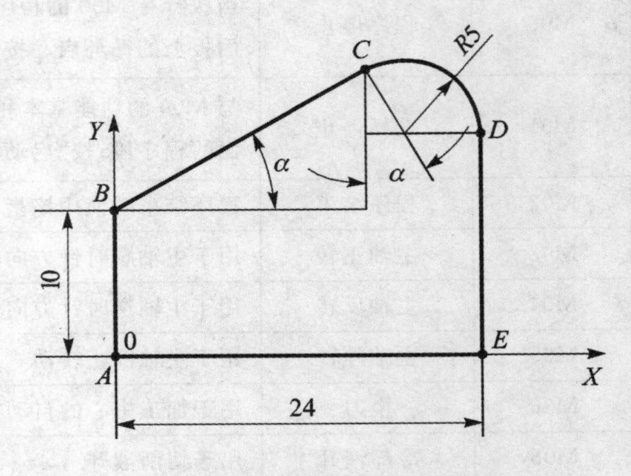

图 3-8　零件轮廓基点计算

3.2.2　节点的坐标计算

在满足允许编程误差的条件下，用若干插补线段（如直线段或圆弧段）去逼近实际轮廓曲线时，相邻直线段或圆弧段的交点或切点称为节点。

节点坐标的计算方法很多，一般可根据轮廓曲线的特性、数控系统的插补功能及加工要求的精度而定。常用的计算方法有等间距法、等步长法、等误差法和圆弧插补法等。这里只简单介绍等间距法和等步长法的节点坐标计算。

1. 等间距法直线逼近节点计算

等间距法直线逼近节点的特点是使每个程序段的某一个坐标增量相等，然后根据曲线的表达式求出另一个坐标值，即可得到节点的坐标。在直角坐标系中，可使相邻节点的 x 坐标增量或 y 坐标增量相等。在极坐标系中，可使相邻节点间的转角坐标增量或径向坐标增量相等 。计算方法如图 3-9 所示，由起点开始，每次增加一个坐标增量 ΔX，得到一个 x_i，将 x_i代入轮廓曲线方程 $y=f(x)$中，即可求出节点 A_i的 y_i坐标值。如此反复，可求出一系列节点的坐标值，并以此进行编程。

2. 等步长法直线逼近节点计算

等步长法直线逼近节点的特点是使所有逼近线段的长度相等，亦即每个程序段的长度相等，如图 3-10 所示。由于轮廓曲线各处的曲率不等，因而各程序段的插补误差 δ 不等。所以在计算插补节点时，必须使产生的最大插补误差 δ_{max}小于允许的插补误差 $\delta_{允}$，以满足加工精度的要求。用直线逼近时，一般认为误差的方向是在曲线的法向方向上。同时，误差的最大值产生在曲线的曲率最小处。

等步长插补法计算过程比较简单，但因步长取决于最小曲率半径，致使曲率半径较大处的节点过多、过密，所以等步长法只对曲率半径变化不太大的曲线加工较为有利。

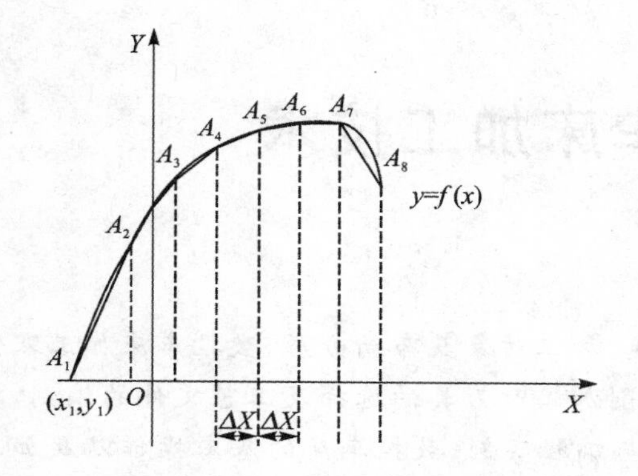

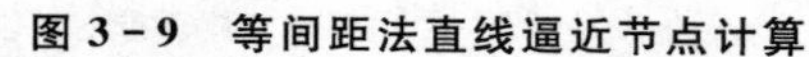
图 3－9　等间距法直线逼近节点计算

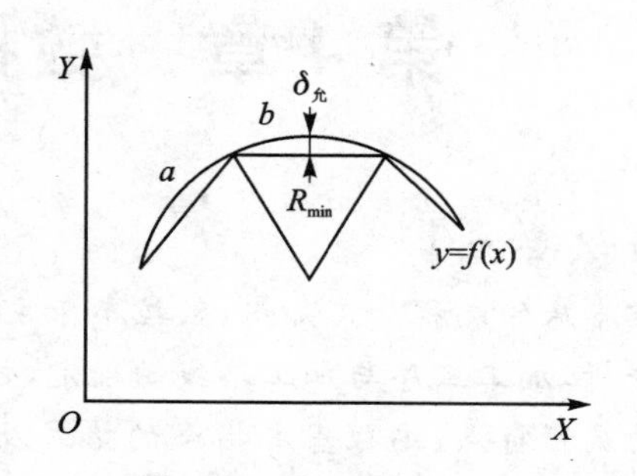

图 3－10　等步长法直线逼近节点计算

思考与练习题

1. 简述数控程序编制的内容和步骤？
2. 数控机床坐标系及运动方向是如何规定的？
3. 工件坐标系、工件原点的含义是什么？与机床坐标系和机床原点及参考点有何关系？
4. 绝对坐标编程与增量坐标编程有何区别？试举例说明。
5. 如何确定对刀点和换刀点？
6. 什么是基点？基点的坐标如何计算？
7. 节点坐标的计算方法有哪些？试举例说明。

第4章　数控车床加工技术

【知识要点】

数控车床的编程加工知识：数控车床主要功能、加工对象及布局分类，数控车床加工零件的工艺分析，加工工序与加工路线的确定，数控车削加工时刀具的选择及工艺文件的编制，数控车床的编程特点、编程基本指令的格式及用法与编程实例，数控车床的基本操作以及加工示例。

【知识目标】

了解数控车床主要功能、加工对象及布局分类；掌握数控车床加工时零件的工艺分析，加工工序与加工路线的确定，数控车削加工时刀具的选择及工艺文件的编制；掌握数控车床编程基本指令的格式及用法，熟练运用车削加工编程指令编制加工程序；懂得数控车床的操作加工。

4.1　概　述

数控车床是目前应用较为广泛的数控机床之一，它主要完成轴类、套类、盘类等回转体零件的加工。数控车床的外形与普通车床相似，由床身、主轴箱、刀架、进给系统、冷却和润滑系统等部分组成。但数控车床与普通车床也有质的区别，主要表现在主传动和进给运动系统上。数控车床主传动系统是由直流或交流调速电动机，通过带传动，驱动主轴旋转；进给传动系统采用交、直流伺服电动机，通过滚珠丝杠螺母机构驱动溜板和刀架实现进给运动，因而使机械传动结构得到简化。为了车削螺纹，在主传动系统里装有主轴脉冲发生器，以检测主轴的转速，保证车削螺纹时，主轴（工件）每转一转，刀具移动一个加工螺纹的导程。

4.1.1　数控车床主要功能

不同数控车床的功能也不尽相同，各有特点，但都应具备以下主要功能。

(1) 直线插补功能。控制刀具沿直线进行切削，在加工过程中利用该功能可加工圆柱面、圆锥面和倒角。

(2) 圆弧插补功能。控制刀具沿圆弧进行切削，在加工过程中利用该功能可加工圆弧面和曲面。

(3) 固定循环功能。固化了机床常用的一些固定循环，如粗加工、切螺纹、切槽、钻孔等固定循环，可以简化编程。

(4) 恒线速度车削。通过控制主轴转速保持切削点处的切削速度恒定，可获得一致的加工表面质量。

(5) 刀尖半径自动补偿功能。可对刀具运动轨迹进行刀尖半径补偿，使用该功能在编程时可不考虑刀尖圆弧半径的影响，直接按零件轮廓进行编程，从而方便编程。

4.1.2　数控车床主要加工对象

数控车床主要用于切削加工轴类或盘类零件的内/外圆柱面、任意角度的内/外圆锥面、复杂回转内/外曲面和圆柱、圆锥螺纹等，并能进行切槽、钻孔、扩孔、铰孔及镗孔等，特别适合加工形状复杂的零件。

与普通车床相比，数控车床比较适合车削具有以下要求和特点的回转体零件。

(1) 精度要求高的零件

由于数控车床的刚性好，制造精度和对刀精度高，以及能方便和精确地进行人工补偿甚至自动补偿，所以它能够加工尺寸精度要求高的零件。

(2) 表面粗糙度要求高的回转体零件

由于机床的刚性好和制造精度高，还具有恒线速度切削功能，因此数控车床能加工出表面粗糙度要求较高的零件。在材质、精车留量和刀具已定的情况下，表面粗糙度取决于进给速度和切削速度。使用数控车床的恒线速度切削功能，就可选用最佳线速度来切削零件各加工表面，进而获得较高的表面质量。

(3) 轮廓形状复杂的零件

数控车床具有圆弧插补功能，所以可直接使用圆弧指令来加工圆弧轮廓；也可利用宏程序加工由任意平面曲线(方程描述的曲线或列表曲线)所组成的轮廓回转零件。如果说车削圆柱零件和圆锥零件既可选用传统车床也可选用数控车床，那么车削复杂曲线的转体零件就只能使用数控车床。

(4) 带一些特殊类型螺纹的零件

数控车床不但能加工等节距圆柱螺纹、锥面螺纹和端面螺纹，而且能加工增节距、减节距，以及要求等节距、变节距之间平滑过渡的螺纹。

(5) 超精密、超低表面粗糙度的零件

采用高精度、高功能的数控车床能够加工出如磁盘、录像机磁头、激光打印机的多面反射体、复印机的回转鼓、照相机等光学设备的透镜及其模具，以及隐形眼镜等要求超高的轮廓精度和超低的表面粗糙度值的零件。超精加工的轮廓精度可达到 0.1 μm，表面粗糙度可达 0.02 μm。超精车削零件的材质以前主要是金属，现已扩大到塑料和陶瓷。

4.1.3　数控车床的分类

数控车床品种繁多，规格不一，可按如下方法进行分类。

1. 按车床主轴的配置形式分类

(1) 立式数控车床

立式数控车床简称为数控立车，如图 4-1 所示。该车床主轴轴线垂直于水平面，大直径的圆形工作台用来装夹工件。这类机床主要用于回转直径较大的盘类零件的车削加工。

(2) 卧式数控车床

卧式数控车床主轴轴线处于水平位置，是应用最广泛的数控车床。根据床身和导轨布局形式的不同，可分为平床身平导轨、斜床身斜导轨和平床身斜导轨等。根据刀架在前在后，又可分为前置刀架和后置刀架两种。档次较高的卧式数控车床一般都采用倾斜导轨和后置刀架，如图 4-2 所示。倾斜导轨结构可以使车床具有更大的刚性，并易于排除切屑，后置刀架可以方便操作者观察和测量工件。这类机床主要用于轴向尺寸较大或小型盘类零件的车削加工。

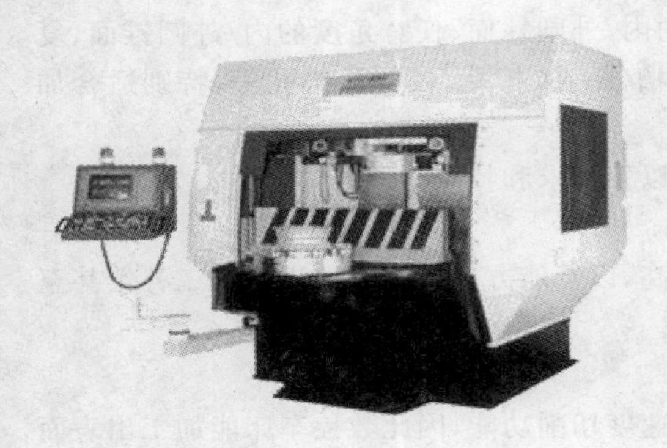

图 4-1　立式数控车床

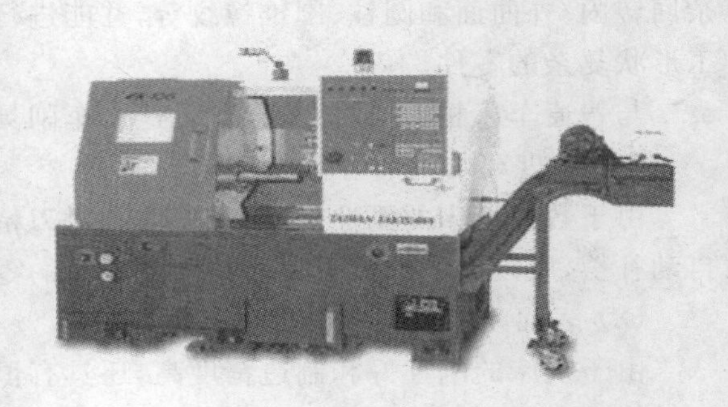

图 4-2　卧式数控车床

2. 按加工零件的基本类型分类

(1) 卡盘式数控车床

这类车床没有尾座，适合车削盘类(含短轴类)零件。夹紧方式多为电动或液动控制，卡盘结构多具有可调卡爪或不淬火卡爪(即软卡爪)。

(2) 顶尖式数控车床

这类车床配有普通尾座或数控尾座，适合车削较长的零件及直径不太大的盘类零件。

3. 按刀架数量分类

(1) 单刀架数控车床

数控车床一般都配置有各种形式的单刀架，有四工位卧动转位刀架或多工位转塔式自动转位刀架，一般是两坐标联动控制，如图 4-3 所示。

(2) 双刀架数控车床

这类车床的双刀架配置可平行分布，也可以是相互垂直分布。一般是四坐标两联动控制。双刀架卧车多数采用倾斜导轨，如图 4-4 所示。

图 4-3　单刀架数控车床

图 4-4　双刀架数控车床

4. 按功能分类

(1) 经济型数控车床

经济型数控车床多采用步进电动机作为驱动元件的开环控制系统，没有检测反馈装置，因此结构简单，制造成本较低，自动化程度和功能都比较差，车削加工精度也不高，且噪声较大，适用于加工精度要求不高的回转类零件。经济型数控车床属于低档数控车床，目前在我国有一定的市场占有率。该类车床一般为中小型数控车床，如图 4－5 所示。

(2) 全功能型数控车床

全功能型数控车床的伺服系统多采用交流或直流伺服电动机作为驱动元件的半闭环或闭环控制，有检测反馈元件。除此以外，该机床的数控系统功能、自动化程度和加工精度都比经济型数控车床要高得多，一般配备有自动排屑装置和对刀仪，防护为全防护，卡盘为液压自动卡盘，如图 4－6 所示。

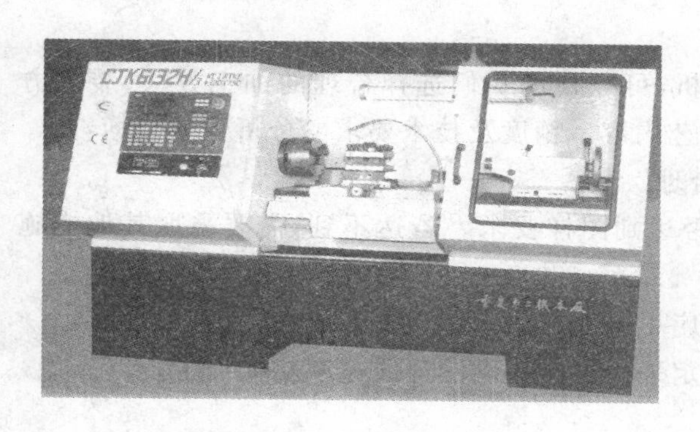

图 4－5　经济型数控车床

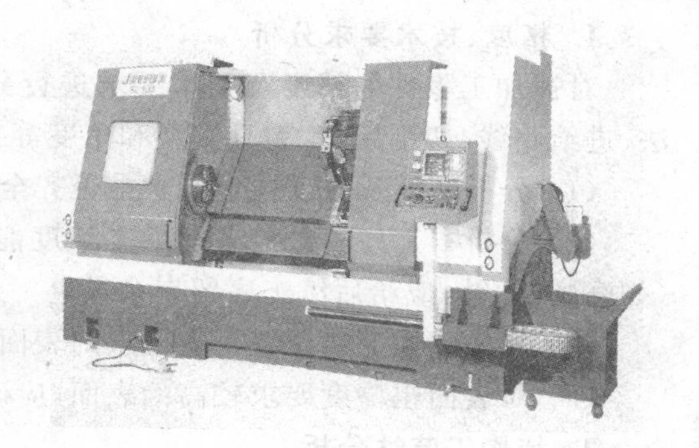

图 4－6　全功能型数控车床

(3) 车削加工中心

在普通数控车床的基础上，车削中心增加了 C 轴控制和自驱动刀具动力头，可控制 X、Z 和 C 三个坐标轴，联动控制轴可以是 X 轴和 Z 轴联动，X 轴和 C 轴联动，或 Z 轴和 C 轴联动。由于增加了 C 轴和自驱动刀具动力头，这种数控车床的加工功能大大增强，除可以进行一般车削外，还可以进行径向和轴向铣削、曲面铣削、中心线不在零件回转中心的孔和径向孔的钻削等加工，功能全，但其价格远高于前两种数控车床，如图 4－7 所示。

(4) FMC 车床

它是由数控车床加上机器人构成的柔性加工单元。除了具备车削中心的功能外，还能实现加工工件的搬运、自动装卸和加工调整准备的自动化等，如图 4－8 所示。

图 4－7　车削中心

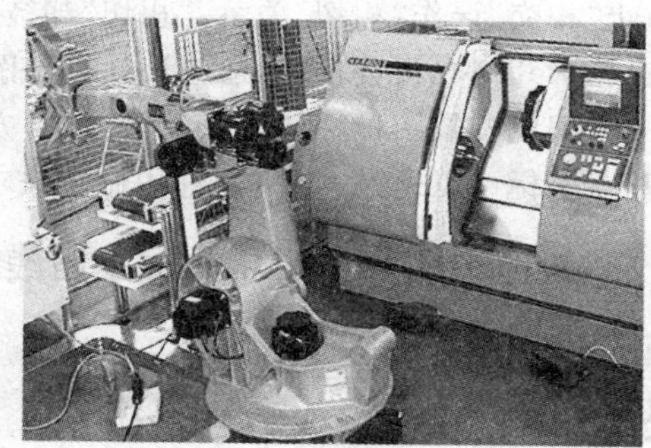

图 4－8　带工件装卸机器人的数控车床

5. 其他分类方法

按数控系统控制方式的不同，数控车床可以分很多种类，如直线控制数控车床、两主轴控制数控车床等;按特殊或专门工艺性能可分为螺纹数控车床、活塞数控车床、曲轴数控车床等。

4.2 数控车床加工工艺分析

4.2.1 数控车床加工零件的工艺性分析

适合数控车床加工的零件或工序内容选定后,首要工作是分析零件结构工艺性、轮廓几何要素和技术要求。

1. 精度、技术要求分析

对被加工零件的精度及技术要求进行分析,可以帮助我们选择合理的加工方法、装夹方法、进给路线、切削用量、刀具类型和角度等工艺内容。精度及技术要求的分析主要包括:

(1) 分析精度及各项技术要求是否齐全合理。

(2) 分析本工序的数控车削加工精度能否达到图样要求。若达不到,需要采取其他措施(如磨削)弥补,应给后续工序留有余量。

(3) 找出图样上有位置精度要求的表面,应尽可能在一次装夹下完成加工。

(4) 对表面粗糙度要求较高的表面,应确定采用机床提供的恒线速度功能加工。

2. 结构工艺性分析

零件的结构工艺性是指零件对加工方法的适应性,即所设计的零件结构应便于加工成型,且成本低,效率高。在数控车床上加工零件时,应根据数控车削的特点,认真审视零件结构的合理性。在结构分析时,若发现问题,一般应向设计人员或有关部门请示并提出修改意见。数控车床车削零件时,刀具仅做平面运动,其成型运动形式比较简单,刀具轨迹不会太复杂。结构工艺性分析过程中对于像小深孔、薄壁件、窄深槽等允许刀具运动的空间狭小、结构刚性差的零件,安排工序时要特别考虑刀具路径、刀具类型、刀具角度、切削用量、装夹方式等因素,以降低刀具损耗,提高加工精度、表面质量和生产效率。

3. 轮廓几何要素分析

在分析零件图形的轮廓几何要素时,主要工作是运用机械制图的基本知识分清零件图中给定的几何元素的定形尺寸、定位尺寸,确定几何元素(直线、圆弧、曲线等)之间的相对位置关系,防止“相交”误作“相切”关系,“相切”却被当做“相交”来对待。

在轮廓几何要素分析时,还应该计算出图样中未直接给出,而编程时又必须知道的基点坐标。一方面以校核图样标注的正确性,另一方面为后续的编程工作做好铺垫。对于复杂的零件的基点坐标可以通过 CAD 软件用做图法求得。

4.2.2 数控车床加工工序与加工路线的确定

1. 加工工序的确定

(1) 工序的划分

在数控车床上对待加工零件工序的划分,可用如下四种方法。

1) 按装夹次数划分工序。把一次安装完成的那一部分工艺内容划为一道工序。该方法一般适合于加工内容不多的工件,加工完毕就能达到待检状态。

2) 按所用刀具划分工序。把同一把刀具完成的那一部分工艺内容划为一道工序。这种方法适用于工件的待加工表面较多，机床连续工作时间过长，加工程序的编制和检查难度较大等情况。专用数控机床和加工中心常用这种方法。

3）按粗、精加工划分工序。考虑工件的加工精度要求、刚度和热变形等因素的影响，可按粗、精加工分开的原则来划分工序，即把粗加工中完成的工艺内容划为一道工序，把精加工中完成的工艺内容划为另一道工序。一般来说，在一次安装中不允许将工件的某一表面粗、精不分地加工至精度要求后，再加工工件的其他表面。

4）按加工部位划分工序。把完成相同型面的那一部分工艺内容划为一道工序。有些零件加工表面多而复杂，构成零件轮廓的表面结构差异较大，可按其结构特点（如内型、外形、曲面或平面等）划分成多道工序。

综上所述，在划分工序时，一定要视零件的结构与工艺性、机床的功能、数控加工内容的多少、安装次数以及生产组织等实际情况灵活掌握。

（2）加工顺序的安排

加工顺序安排得合理与否，将直接影响到零件的加工质量、生产效率和加工成本。应根据零件的结构和毛坯状况，结合定位及夹紧的需要综合考虑，重点应保证工件的刚度不被破坏，尽量减少变形。加工顺序的安排可参考下列原则：

1）尽量使工件的装夹次数、工作台转动次数、刀具更换次数及所有空行程时间减至最少，提高加工精度和生产效率。

2）先内后外原则，即先进行内型内腔加工，后进行外形加工。

3）先主后次原则，即为了及时发现毛坯的内在缺陷，精度要求较高的主要表面粗加工一般应安排在次要表面粗加工之前；大表面加工时，因内应力和热变形对工件影响较大，一般也需先加工。

4）在同一次安装中进行的多个工步，应先安排对工件刚性破坏较小的工步。

5）为了提高机床的使用效率，在保证加工质量的前提下，可将粗加工和半精加工合为一道工序。

6）加工中容易损伤的表面（如螺纹等），应放在后面加工。

2. 加工路线的确定

在数控加工中，刀具相对于工件的运动轨迹和方向称为加工路线，即刀具从对刀点开始运动起，直至结束加工程序所经过的路径，包括切削加工的路径及刀具引入、返回等非切削空行程。

加工路线的确定必须保持被加工零件的尺寸精度和表面质量，考虑刀具的进、退刀路线，选择使工件在加工后变形小的路线。下面将具体分析数控车床的几种加工路径确定原则。

（1）最短的切削加工路线

图 4－9 所示为粗车几种不同切削进给路线的安排示意图。在同等条件下，图 4－9(c)所示其切削所需时间（不含空行程）最短，刀具的损耗最少。

（2）大余量毛坯的阶梯切削加工路线

图 4－10 所示为车削大余量工件的两种加工路线。图 4－10(a)所示是自下向上切削，每次切削所留余量不均匀，是不合理的阶梯切削路线。图 4－10(b)所示是按 1～5 的顺序切削，每次切削所留余量相等，是合理的阶梯切削路线。

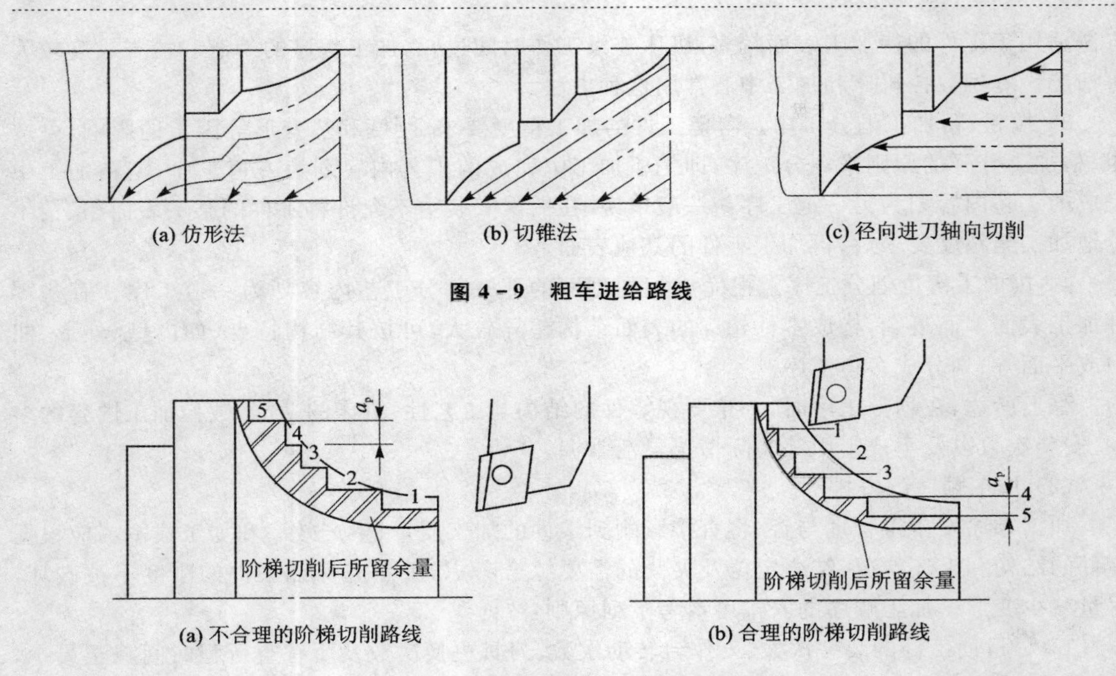

(a) 仿形法　(b) 切锥法　(c) 径向进刀轴向切削

图 4－9　粗车进给路线

(a) 不合理的阶梯切削路线　(b) 合理的阶梯切削路线

图 4－10　大余量毛坯的阶梯切削路线

(3) 完整轮廓的连续切削进给路线

零件精加工时，其完整轮廓应由最后一刀连续加工而成，加工刀具的进、退刀位置要考虑妥当，尽量不要在连续的轮廓中安排切入、切出或换刀及停顿，以免因切削力突然变化而造成弹性变形，致使光滑连接轮廓上产生表面划伤、形状突变或滞留刀痕等缺陷。

(4) 特殊的加工路线

当采用尖形车刀加工大圆弧内表面时，安排两种不同的进给方法，其结果是不相同的，如图 4－11 所示。图 4－11(a)有嵌刀现象，图 4－11(b)不会产生嵌刀现象，进给方案是较合理的。

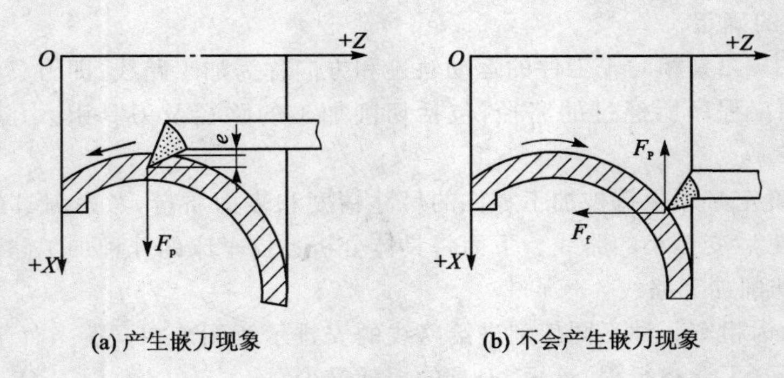

(a) 产生嵌刀现象　(b) 不会产生嵌刀现象

图 4－11　特殊加工路线

(5) 车削螺纹加工路线

在车螺纹时，沿螺距方向的进给要有升速进刀段 δ_1 和降速进刀段 δ_2，如图 4－12 所示。一般 δ_1 为 2～5 mm，对大螺距和高精度的螺纹取大值；δ_2 一般取 δ_1 的 1/4 左右。若螺纹收尾处没有退刀槽，收尾处的形状与数控系统有关，一般按 45°退刀收尾。

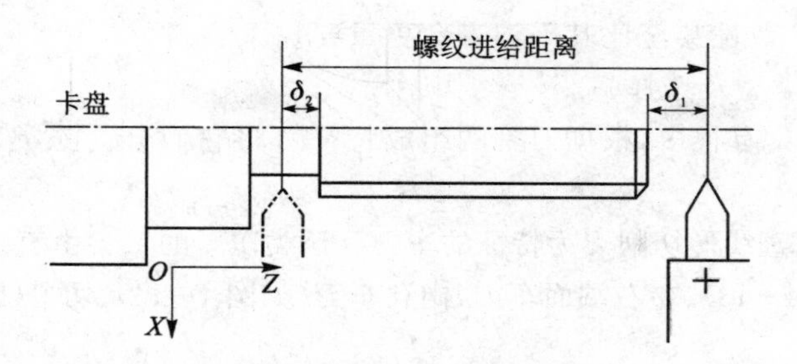

图 4-12　螺纹车削时引入距离

3. 数控车床切削用量的选择

背吃刀量(或切削深度)、切削速度(或主轴转速)、进给速度(或进给量)称为切削用量三要素。切削用量的选用原则与普通机床相似,粗加工时,以提高生产效率为主,可选用较大的切削量;半精加工和精加工时,选用较小的切削量,以保证工件的加工质量。

(1) 背吃刀量 a_p

在工艺系统参数和机床功率允许的条件下,可选取较大的切削深度,以减少进给次数。当工件的精度要求较高时,则应考虑留有精加工余量,一般为 0.1～0.5 mm。但精加工余量不能太小,否则会影响精加工后的表面质量。

(2) 切削速度 v_c

切削速度由工件材料、刀具材料及加工性质等因素确定,可查表。

切削速度计算公式为

$$v_c = \pi Dn/1\,000(\mathrm{m/min})$$

式中:D——待加工工件表面外圆直径,单位 mm;n——主轴转速,单位 r/min。

车螺纹时,推荐主轴转速为

$$n \leqslant \frac{1\,200}{P} - K$$

式中:n——主轴转速,单位 r/min;P——螺纹导程,单位 mm;K——常数,取 80。

(3) 进给速度 V_f

进给速度是指单位时间内刀具沿进给方向移动的距离,单位为 mm/min,也可表示为主轴旋转一周刀具的进给量,单位为 mm/r。进给速度 V_f的计算公式为

$$V_f = nf$$

式中:n——主轴转速,单位 r/min;f——刀具的每转进给量,单位 mm/r。

4.2.3　数控车床的刀具和工艺装备

1. 数控车床的刀具

(1) 数控车床对刀具的要求

数控车床能兼做粗、精加工。为使粗加工能以较大地切削深度、进给速度加工,要求粗车刀具强度高、耐用度好。精车首先是保证加工精度,所以要求刀具的精度高、耐用度好。为减少换刀时间和方便对刀,应尽可能采用机夹刀。

数控车床还要求刀片耐用度的一致性好,以便于使用刀具寿命管理功能。在使用刀具寿命管理时,刀片耐用度的设定原则是以该批刀片中耐用度最低的刀片作为依据的。在这种情

况下，刀片耐用度的一致性甚至比其平均寿命更重要。

(2) 数控车刀的类型及选择

数控车削用的刀具有很多，根据刀具的组成特征可将它们分为三类，即尖形车刀、圆弧形车刀和成型车刀。

1) 尖形车刀是以直线形切削刃为特征的车刀。这类车刀的刀尖由直线形的主、副切削刃构成，如外圆车刀(见图 4－13)、左右端面车刀、内孔车刀(见图 4－14)、切槽(断)车刀(见图 4－15)。

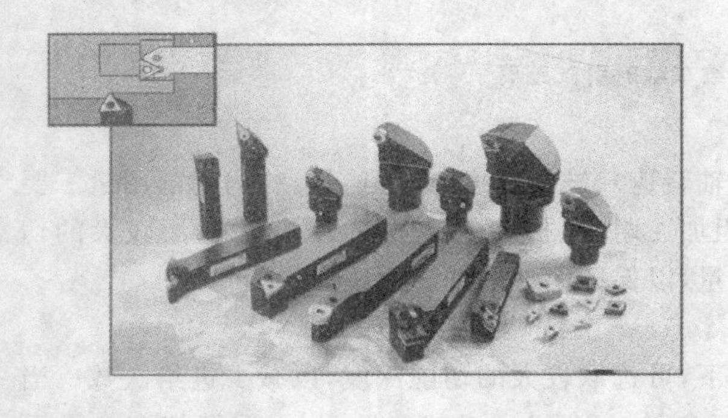

图 4－13　外圆车刀

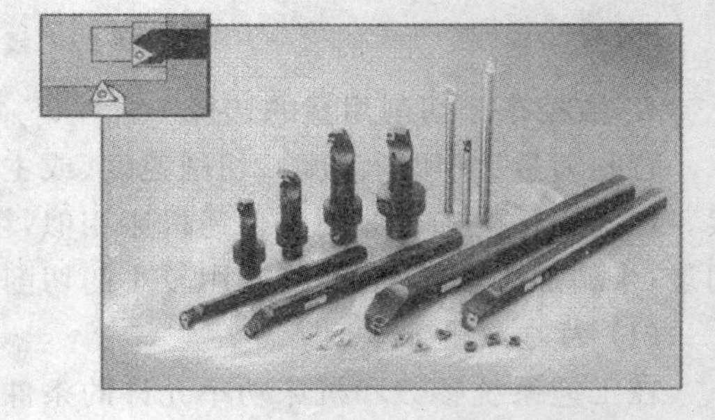

图 4－14　内孔车刀

2) 圆弧形车刀是较为特殊的数控加工用车刀。其特征是，主切削刃的刀刃形状为一圆度误差或线轮廓度误差很小的圆弧。圆弧形车刀可以用于车削内、外表面，特别适宜车削各种光滑连接(凹形)的成型面。

3) 成型车刀俗称样板车刀，其加工零件的轮廓形状完全由车刀刀刃的形状和尺寸决定。数控车削加工中，常见的成型车刀有小半径圆弧车刀、非矩形车槽刀和螺纹车刀(见图 4－16)等。在数控加工中，应尽量少用或不用成型车刀。

图 4－15　切槽或切断车刀

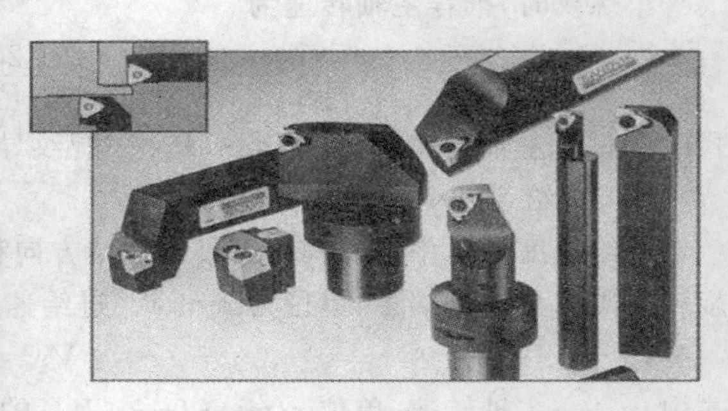

图 4－16　螺纹车刀

图 4－17 所示为数控车削刀具常见的种类、形状和用途。

为了适应数控机床自动化加工的需要(如刀具的对刀或预调、自动换刀或转刀、自动检测及管理工作等)，不断提高产品的加工质量和生产效率，节省刀具费用，应多使用模块化和标准化刀具。

2. 数控车床的夹具

液压卡盘是数控车削加工时夹紧工件的重要附件，对一般回转类零件可采用普通液压卡盘；对零件被夹持部位不是圆柱形的零件，则需要采用专用卡盘；用棒料直接加工零件时需要采用弹簧卡盘。液压卡盘如图 4－18 所示。

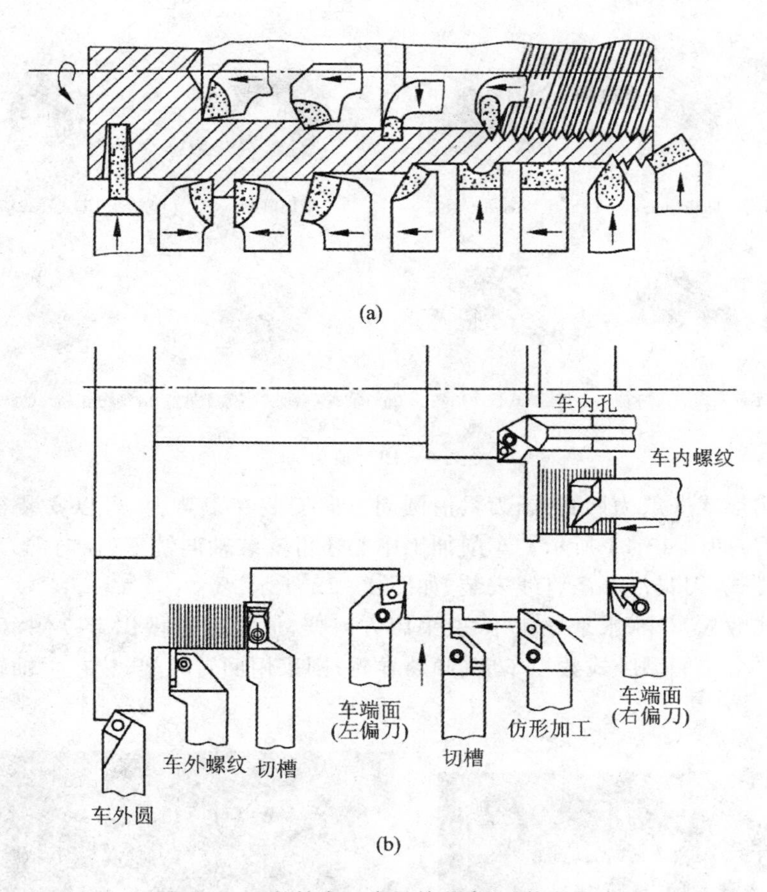

图 4 - 17　数控车刀常见的种类、形状和用途

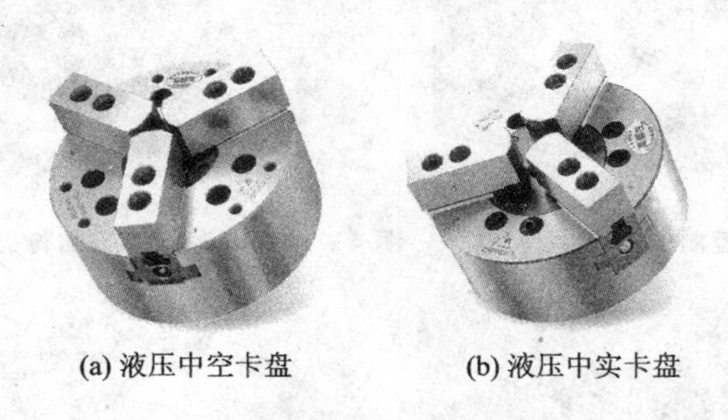

(a) 液压中空卡盘　　(b) 液压中实卡盘

图 4 - 18　液压卡盘

数控车床常用的夹具还有顶尖,图 4 - 19 所示为各种类型的顶尖。

3. 数控车床的尾座

对轴向尺寸和径向尺寸比值较大的零件,需要采用安装在液压尾座上的活顶尖对零件尾端进行支撑,才能保证对零件进行正确的加工。尾座有普通液压尾座和可编程液压尾座。可编程液压尾座如图 4 - 20 所示。

4. 数控车床的刀架

刀架是数控车床非常重要的部件。数控车床根据其功能,刀架上可安装的刀具数量一般为 4 把、8 把、10 把、12 把或 16 把,有些数控车床可以安装更多的刀具。

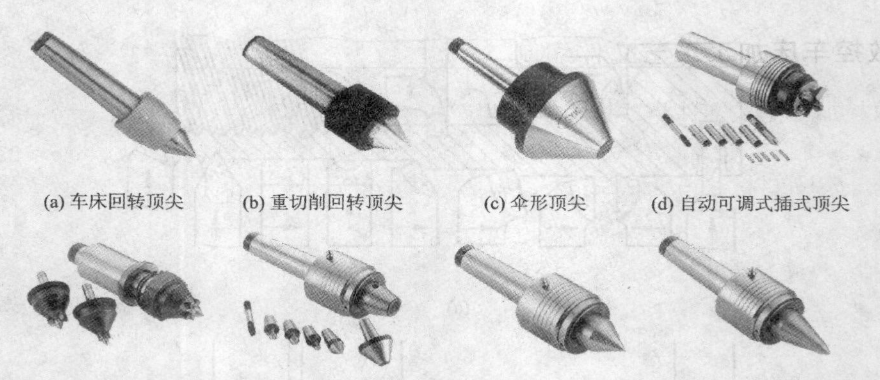

(a) 车床回转顶尖　(b) 重切削回转顶尖　(c) 伞形顶尖　(d) 自动可调式插式顶尖

(e) 固定替换式插式顶尖　(f) 注油式替换顶尖　(g) 注油式架转顶尖(中切削型)　(h) 细物用注油式回转顶尖

图 4－19　顶尖

刀架的结构形式一般为回转式，刀具沿圆周方向安装在刀架上，可以安装径向车刀、轴向车刀、钻头、镗刀，如图 4－21 所示。车削加工中心还可安装轴向铣刀、径向铣刀。少数数控车床的刀架为直排式，刀具沿一条直线安装，如图 4－22 所示。

经济型卧式数控车床(水平导轨)一般采用方刀架，放在靠近操作者一侧，称前置刀架，如图 4－23 所示。全功能型卧式数控车床(倾斜导轨)则采用回转刀架，放在主轴轴线的后侧，称后置刀架。

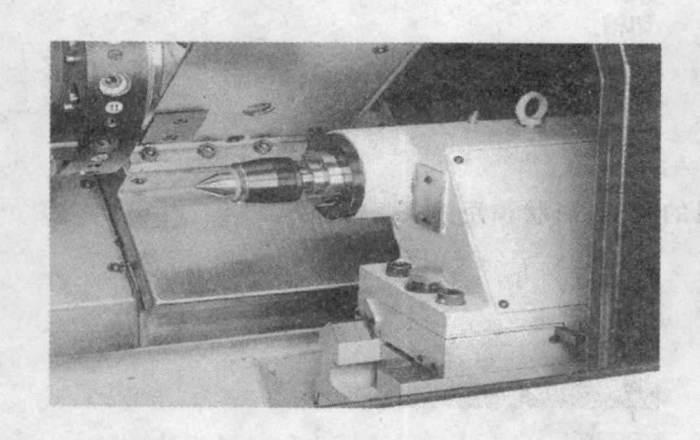

图 4－20　可编程控制的液压尾座

图 4－21　电动或液压回转刀架(斜床身、后置刀架)

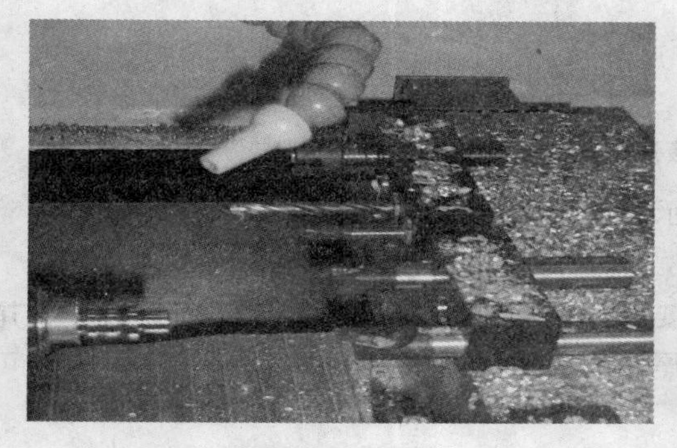

图 4－22　排式刀架

图 4－23　方刀架(平床身、前置刀架)

4.2.4　数控车床加工工艺文件编制

编写数控加工工艺文件是数控加工工艺设计的内容之一。该文件既是数控加工和产品验收的依据,也是操作者要遵守和执行的规程,同时还是以后产品零件加工生产的工艺资料的积累和储备。不同的数控机床和加工要求,工艺文件的内容和格式有所不同,目前尚无统一的国家标准,各企业可根据自身特点制定出相应的工艺文件。下面介绍常用的主要工艺文件。表 4-1所列为数控加工工序卡,表 4-2 所列为数控加工刀具卡。

表 4-1　数控加工工序卡

单位名称				零件名称		零件图号	
程序号	夹具名称		使用设备	数控系统		场地	
工步号	工步内容		刀具号	主轴转速/(r·min^{-1})	进给量/(mm·r^{-1})	背吃刀量/mm	备注
编制		审核		批准	日期	共　页	第　页

表 4-2　数控加工刀具卡

零件名称		零件图号					
序号	刀具号	刀具名称	数量	加工表面	刀尖半径 R/mm	刀尖方位 T	备注
编制		审核		批准	日期	共　页	第　页

4.3　数控车床的程序编制

本节以配置 FANUC 0i mate-TC 系统的数控车床为例,介绍数控车床的常用的编程指令。该数控系统主要用于数控车床,可控制两个运动轴和一个回转轴,中央控制单元 CPU 采用 64 位芯片,加快了运算速度,强化了处理功能;有加工程序的图形显示和加工轨迹显示,编程指令更加丰富,具有多重固定循环指令,并具有宏编程功能。它体积小,功能强,可靠性好。

4.3.1　数控车床的编程特点

数控车床的编程有如下特点:

(1) 在一个程序段中,根据图样上标注的尺寸,可以采用绝对值编程、增量值编程或二者混合使用编程。绝对值编程的尺寸坐标字用 X、Z 表示,增量值编程的尺寸坐标字对应用 U、

W 表示。

(2)为了方便编程或测量，数控车床常采用直径编程。用绝对值编程时，X 值以直径表示。当用增量值编程时，U 值以径向实际位移量的两倍表示，并附上方向符号。

(3) 为提高工件的径向尺寸精度，X 方向的脉冲当量经常是 Z 方向的一半。

(4) 由于车削加工常用棒料作为毛坯，加工余量较大，为简化编程，数控系统常备有不同形式的固定循环，可进行多次重复循环切削。

(5) 编程时，常认为车刀刀尖是一个点，而实际上是一个半径不大的圆弧，因此为提高加工精度，需要对刀尖半径进行补偿。

4.3.2 数控车床系统的功能代码

数控车床系统的功能代码包括准备功能代码(G 代码)、辅助功能代码(M 代码)、进给功能代码(F 代码)、主轴功能代码(S 代码)和刀具功能代码(T 代码)等。FANUC 0i mate－TC 系统功能代码规定的地址字和功能见表 4－3。

表 4－3　FANUC 0i mate－TC 的地址及功能

地址	功能含义	编程
O	零件程序号	O1～O9999
N	程序段号	N1～N99999
G	准备功能字，设定机床运动模式等	G00～G99
X、Z	绝对坐标	G_X_Z_；
U、W	增量坐标	G_U_W_；
R	圆弧半径	G02 X_Z_R_；或 G03 X_Z_R_；
I、K	圆弧中心坐标	G02 X_Z_I_K_；或 G03 X_Z_I_K_；
M	辅助功能字，设定机床开关量操作	M00～M99
F	进给率单位由 G98/G99 设定， G98：mm/min；G99：mm/r	F1～240000 mm/min F0.01～500 mm/r
S	主轴机能，指定主轴转速，单位为 r/min G96 时为切削线速度，单位为 m/min	S0～20000
T	刀具功能	T□□×× □□为刀具号，××为刀偏号 例如：T0101
P、X、U	暂停时间，X、U 单位为 s，P 单位为 ms	G04 X(U)1.0；G04 P1000；
P	子程序调用次数和子程序号的指定	P△△△××××； △△△为调用次数，××××为子程序号
P、Q	固定循环参数	

1. 准备功能代码

准备功能指令的组成及功能在第 3 章已经介绍，这里不再重复。不同的系统指令有所不同，即使是相同系统不同系列也有差别。对于 FANUC 0i mate－TC 系统，常用的 G 代码见表 4－4。

表 4-4　FANUC 0i mate-TC 的 G 代码及功能

代码	组	功能	代码	组	功能
▲G00	01	定位(快速)	G52	00	局部坐标系设定
G01		直线插补(切削进给)	G53		机床坐标系设定
G02		顺时针圆弧插补	▲G54	14	选择工件坐标系
G03		逆时针圆弧插补	G55～G59		选择工件坐标系
G04	00	暂停	G65	00	宏程序调用
G07.1		圆柱插补	G66	12	宏程序模态调用
▲G10		可编程数据输入	▲G67		宏程序模态调用取消
G11		可编程数据输入方式取消	G70	00	精车循环
G17	16	*XY* 平面选择	G71		外径/内径(纵向)粗车多重循环
▲G18		*XZ* 平面选择	G72		端面(横向)粗车多重循环
G19		*YZ* 平面选择	G73		仿形粗车多重循环
G20	06	英制输入	G74		端面钻孔或切槽多重循环
G21		公制输入	G75		外径/内径钻孔或切槽多重循环
G27	00	返回参考点检查	G76		螺纹车削多重循环
G28		返回参考点	G90	01	外径/内径切削单一循环
G32	01	恒螺距螺纹切削	G92		螺纹切削单一循环
G34		变螺距螺纹切削	G94		端面车削单一循环
▲G40	07	刀尖半径补偿取消	G96	02	设定恒线速度切削 (m/min)
G41		刀尖半径左补偿	▲G97		取消设定恒线速度切削(r/min)
G42		刀尖半径右补偿	G98	05	每分进给(mm/min)
G50	00	坐标系设定或最大主轴速度设定	▲G99		每转进给(mm/r)

注:带▲为系统默认指令。G 指令的前置"0"允许省略,如:G1 表示 G01,G3 表示 G03。

G 代码有模态代码和非模态代码之分。模态代码是指该代码功能一直保持直到被取消或被同组的另一个代码所代替为止的代码;非模态代码是指功能只在该代码所在的程序段有效的代码。同一组的 G 代码在一个程序段中只能出现一个(两个以上时最后一个有效),不同组的 G 代码可以放在同一个程序段中,各自功能互不影响,且与顺序无关。除了 G10 和 G11 外,00 组的 G 代码都是非模态 G 代码。

2. 辅助功能代码

M 代码在第 3 章也已经详细讲述。对于同类系统的数控车床和数控铣床(或加工中心),M 代码的组成及功能基本相同,详见第 3 章表 3-1。

3. 进给功能代码

F 指令用于控制切削进给量。在程序中,有两种使用方法。

(1) 每分钟进给量

指令格式:G98 F_;

F 后面的数字表示的是每分钟进给量,单位为 mm/min。

例:G98 F100 表示进给量为 100 mm/min。

(2) 每转进给量

指令格式：G99 F_；

F后面的数字表示的是主轴每转进给量，单位为mm/r。

一般数控车床G99指令为缺省状态，此时程序不需要写入指令G99。F功能为模态指令，一经指令，后面有效，所以相同的进给速度后面程序不必再写，如果F有变动，才需重新写入。

4. 主轴功能代码

S代码为主轴转速指令，用于控制主轴转速。S代码用地址S及其后的数字来表示，数字表示主轴转速，单位可以是r/min或m/min。

指令格式：S_；

(1) 恒转速控制

指令格式：G97 S_；

G97是开机默认值，是以r/min为单位指定主轴的转速。例如：G97 S1500；表示主轴是以1 500 r/min的转速旋转。它相对于G96指令，又称为取消恒线速度指令。

(2) 恒线速度控制

指令格式：G96 S_；

S后面的数值表示的是恒定的线速度，单位是m/min。例如：G96 S150；表示切削点线速度控制在150 m/min。该功能用于车削端面或直径变化较大的场合，此功能可保证当工件直径变化时，主轴的线速度不变，从而保证切削速度不变，提高表面加工质量。

(3) 最高转速限制

用恒线速度加工工件的端面，如果刀具移向工件的旋转中心，主轴的转速会越来越高，由$v_c=\pi dn/1\,000$可知，当$d\to 0$时，$n\to\infty$，主轴速度会无限增加引起飞车，为了防止这种事故，需对主轴转速进行限制。

指令格式：G50 S_；

S后面的数字表示的是最高转速，单位为r/min。例如：G50 S3000；表示最高转速限制为3 000 r/min。

5. 刀具功能代码

(1) T指令选择加工所用刀具

指令格式：T△△××；

T后面为四位数字，前两位是刀具号，后两位是刀具补偿号。例：T0202表示选用2号刀及2号刀具补偿值；T0200表示取消02号刀具补偿。

(2) T指令自动建立工件坐标系

T指令的另一个重要作用是可自动建立工件坐标系。FANUC系统确定工件坐标系主要有三种方法：

第一种是通过T△△××指令建立工件坐标系，即对刀时将刀偏值写入刀具形状补偿参数，从而获得工件坐标系。具体操作如下：依次按下【OFFSETFSETTING】→【刀偏】→【形状】(进入刀具设定界面)；换上刀具T△△并将光标移到到对应的刀补号××→切端面→保证Z坐标不变移出刀具→输入Z0→【刀具测量】→【测量】(则该值为参考点到工件右端面的Z向增量)；切外圆→保证X不变移出刀具→主轴停止→用卡尺测量直径值→输入X(直径值)→

【刀具测量】→【测量】(则该值为刀尖移动到轴线时 X 方向增量)。这种方法操作简单,可靠性好,通过刀偏与机床坐标系紧密地联系在一起,只要不断电、不改变刀偏值,工件坐标系就会存在且不会变,即使断电,重启后回参考点,工件坐标系还在原来的位置。

第二种是通过 G50 设定工件坐标系,即对刀时将刀尖移动到 G50 设定的位置。多刀对刀时,先对基准刀,其他刀具的刀偏都是相对于基准刀的。

第三种方法是通过 G54～G59 设定工件坐标系。这种方法设定的工件坐标系是相对于机床原点(或参考点)的零点偏置,与刀具无关。这种方法适用于批量生产且工件在卡盘上有固定装夹位置的加工。

4.3.3　数控车床常用编程指令

1. 系统设定指令

(1) 设定工件坐标系指令 G50

为了使编程人员能够直接根据图纸进行编程,通常可以在工件图上选择一个与机床坐标系有一定关系的坐标系,这个坐标系称为工件坐标系,又称编程坐标系。其原点即为工件原点或编程原点。

工件坐标系原点选择的基本原则是便于编程与加工。车削零件编程原点 X 向均取在 Z 轴轴线上。Z 向位置一般取其左端面或右端面。如果是左右对称的零件,Z 向原点位置可取在其对称面上,以便采用同一个程序对工件进行调头加工。

采用 G50 指令是通过设置刀具起点在设定工件坐标系中的坐标值,来设定工件坐标系原点的位置,从而建立工件坐标系。它是一个非运动指令,一般作为程序的第一条指令,它是通过起刀的当前坐标位置反推求出工件零点。

指令格式:G50 X_Z_;

坐标(X, Z)为刀尖的起始点(起刀点)在工件坐标系中的绝对坐标值。

如图 4－24 所示,若选 O_1 点为坐标原点时,坐标系设定为:G50 X70.0 Z70.0;若选 O_2 点为坐标原点时,坐标系设定为:G50 X70.0 Z60.0;若 O_3 点为坐标原点时,坐标系设定为:G50 X70.0 Z20.0;

(2) 选择工件坐标系指令 G54～G59

工件坐标系只是编程人员在零件图上建立的坐标系,当工件装夹到机床上后,工件坐标系处于机床坐标系的某个确定位置。工件坐标系原点在机床坐标系中的坐标位置称为零点偏置。

G54～G59 是等同功能的 6 个指令,都是通过设定零点偏置来确定工件坐标系与机床坐标系的位置关系。这里以 G54 为例说明使用方法。首先按下 MDI 面板功能按键 OFFSET/SETING,找到 G54 界面,输入对应的零点偏置(X_Z_)。在编写零件加工程序时,写出 G54 指令调用即可,如图 4－25 所示。

G50 与 G54 有着本质的不同,G50 指令是采用相对刀尖位置的方法确定工件坐标系,而 G54 是通过绝对的方法(零点偏置)来确定工件坐标系。G50 的工件坐标系零点与机械坐标系没有直接的联系,而 G54 的工件坐标系零点与机械坐标系有直接的联系。G50 指令在使用过程中,当重新启动系统后必须重新对刀确定刀尖点相对于工件原点的位置,而 G54 的零点偏置,重新启动后数据不丢失,只要回参考点后,即可调用程序加工零件。

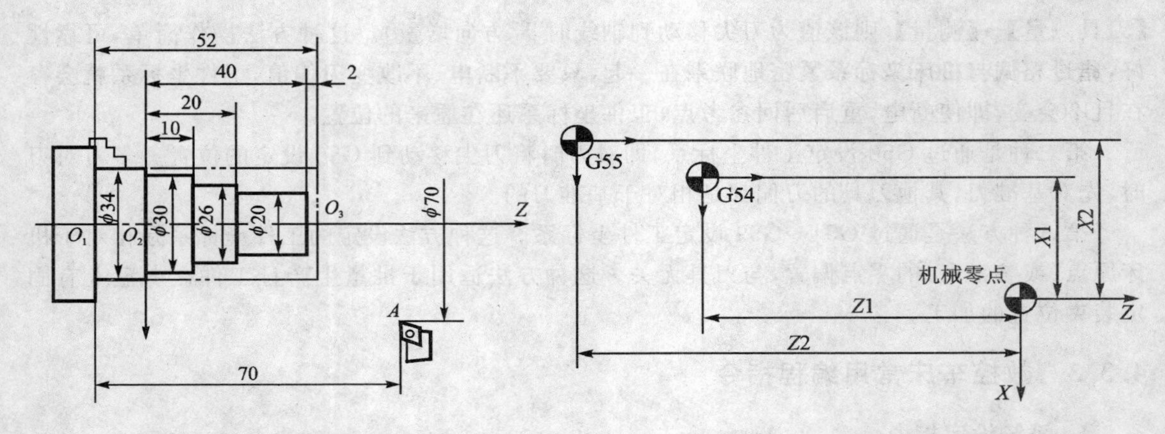

图 4-24　G50 设定工件坐标系　　　　图 4-25　调用指令建立坐标系

(3) 局部坐标系设定指令 G52

采用 G52 指令,可以在工件坐标系(G54～G59)中通过指定偏移量产生新的坐标原点,从而变更坐标系位置,生成新的子坐标系——局部坐标系。如图 4-26 所示,M 为机床原点,假定在卡盘的根部,W 为 G54～G59 指定的工件坐标系原点,W' 为 G52 偏移后的新工件坐标系。

指令格式:G52 X_Z_;

坐标(X, Z)为局部坐标系原点在原工件坐标系中的坐标值。

取消 G52 局部坐标系指令带来的工件原点的偏移,恢复到原来的工件坐标系,使用指令 G52 X0 Z0;即可。

【例 4-1】　如图 4-27 所示为 G52 指令应用实例,编制程序。

```
O4001;
G90 G54 G00 X0 Z0;  使用 G54 设定的工件坐标系
G00 X300.0 Z50.0;  走 N1 线段,直径编程
G52 X100.0 Z100.0;  建立局部坐标系偏移,工件原点至 N2 点
G90 G00 X100.0  Z50.0;  走 N3 线段,直径编程
G55 G00 X200.0 Z50.0;  G55 设定工件坐标系,G52 继续有效,走 N4 线段
G52 X0  Z0;  取消局部坐标系偏移,工件原点至 N5 点
G54 X0  Z0;  重新使用 G54 设定的工件坐标系,走 N6 线段
M02;  程序结束
%
```

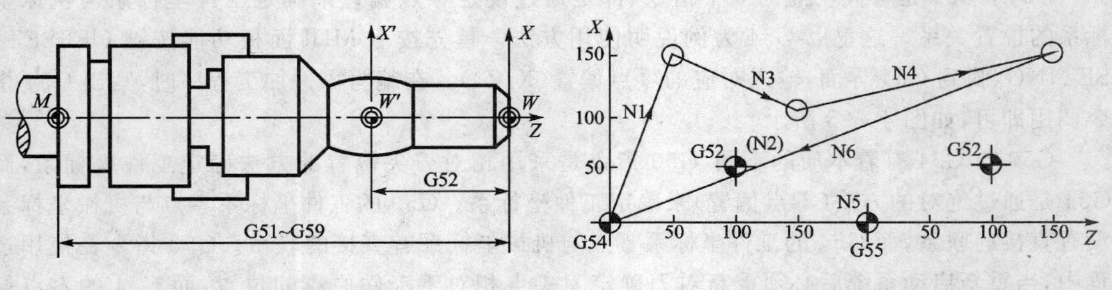

图 4-26　G52 局部坐标系设定　　　　图 4-27　G52 局部坐标系应用

(4) 英制/公制转换指令 G20、G21

指令格式:G20(G21);

G20 指定的坐标功能字单位为 Inch, G21 指定的坐标功能字单位为 mm, 1Inch = 25.4mm。G20 或 G21 代码必须在程序的开始设定工件坐标系之前指定。

2. 基本编程指令

(1) 快速定位指令 G00

G00 是使刀具以系统预先设定的速度快速移动定位至所指定的位置。主要特点是刀具移动速度快,常用在刀具快速接近工件或快速返回等不切削工件的场合。

指令格式:G00 X(U)__Z(W)__;

其中:*X*、*Z*——目标点绝对值坐标,*U*、*W*——目标点相对前一点的增量坐标。

说明:

① 用参数 No.1401#1 位可以设定 G00 为非线性插补和线性插补两种定位方式。非线性插补定位是指刀具以每轴的快速移动速度定位,刀具轨迹通常不是直线而是折线,是常用的定位方式。线性插补定位是指刀具轨迹与直线插补 G01 相同,刀具轨迹是严格的直线,因回零速度较前者慢,所以很少采用。

② G00 指令中的快速移动速度是在参数 No.1420 中分别对每个坐标轴设定的。

【例 4-2】 如图 4-28 所示,刀具要快速移动到指定位置,用 G00 编程。

① 绝对坐标方式编程

```
……
G50 X120.0 Z90.0;  设定工件坐标系
G00 X50.0 Z6.0;  按实际刀具路径,即折线方式,移动到指令位置
……
```

② 增量坐标方式编程

```
……
G50 X120.0 Z90.0;  G50 设定工件坐标系
G00 U-70.0 W-84.0;  按实际刀具路径,即折线方式,移动到指令位置
……
```

值得注意的是,G00 刀尖实际运动路线往往不是一条直线而是一条折线。考虑刀具路径时应注意避免刀具与障碍物相碰。*X*、*Z* 快移速度不相同,对于不适合 *X*、*Z* 联动的场合,可考虑两轴单独移动,上述程序可写为

```
……
G50 X120.0 Z90.0;
G00 X50.0;
Z6.0;
……
```

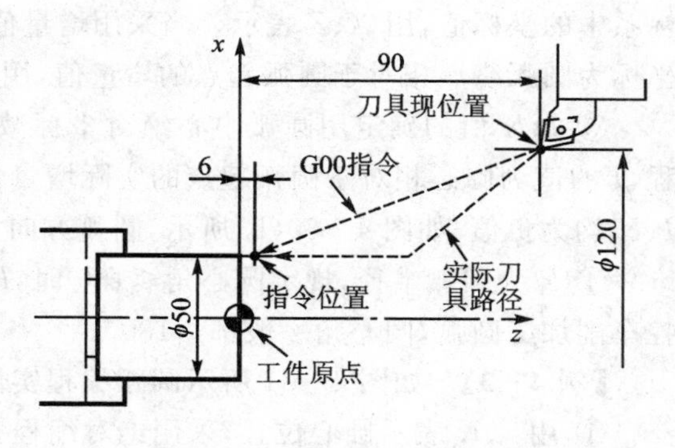

图 4-28　G00 实际刀具路径

(2) 直线插补指令 G01

G01 是使刀具以指令的进给速度沿直线移动到目标点。主要特点是刀具移动的速度可通过 F 后面的数值调整,以适应不同的切削状态和要求,常用在刀具以直线路线的形式车外圆、端面、锥面、台阶、倒角、切槽等。

指令格式:G01 X(U)_Z(W)_F_;

其中:*X*、*Z*——目标点绝对值坐标;*U*、*W*——目标点相对前一点的增量坐标;*F*——进给量或进给速度,单位为 mm/r 或 mm/min,数控车床通常选用前者,若在前面已经指定,可以省略。

说明:

① G01 指令后的坐标值取绝对值编程还是取增量值编程,由尺寸地址字决定,有的数控车床由数控系统当时的状态(G90、G91)决定。

② 进给速度由 F 决定。F 指令也是模态指令,它可以用 G00 指令取消。如果在 G01 程序段之前的程序段没有 F 指令,而现在的 G01 程序段中也没有 F 指令,则机床不运动。

(3) 圆弧插补指令 G02、G03

圆弧插补指令是使刀具以指令的进给速度沿圆弧路径切削到目标点,可分为顺时针方向圆弧插补和逆时针方向圆弧插补。

指令格式:G02(G03)X(U)_Z(W)_I_K_F_;

或　　　　G02(G03)X(U)_Z(W)_R_F_;

其中:G02、G03——顺时针方向或逆时针方向圆弧插补。*X*、*Z*——目标点绝对值坐标。*U*、*W*——目标点相对前一点的增量坐标。*R*——圆弧半径,圆心角为 0~180°,包括 180°,*R* 取正值;大于 180° *R* 取负值。*I*、*K*——圆心相对于圆弧起点的增量值。*F*——进给量或进给速度,单位为 mm/r 或 mm/min。

说明:

① 圆弧顺逆的判断。圆弧插补的顺逆可按图 4-29 给出的方向判断:沿圆弧所在平面(如 *XZ* 平面)的垂直坐标轴的负方向(−*Y*)看去,顺时针方向为 G02,逆时针方向为 G03。

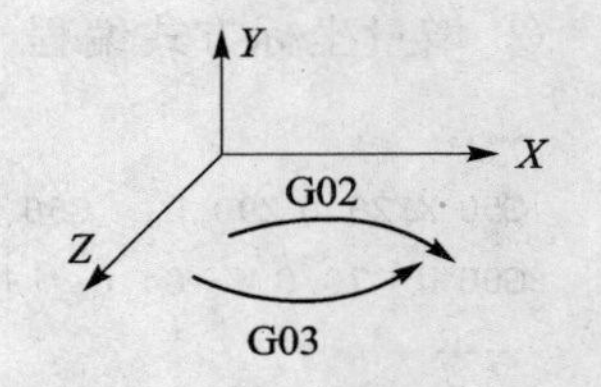

图 4-29　圆弧顺逆的判断

② 采用绝对值编程时,圆弧终点坐标为圆弧终点在工件坐标系中的坐标值,用 *X*、*Z* 表示。当采用增量值编程时,圆弧终点坐标为圆弧终点相对于圆弧起点的增量值,用 *U*、*W* 表示。

③ *I*、*K* 值的确定用圆弧中心绝对坐标减去圆弧起点的绝对坐标,由于车床是以直径编程,*I* 的值为圆心相对于圆弧起点的实际增量值的 2 倍。如图 4-30(a)所示,圆弧方向 G03,*I*、*K* 均为负值;如图 4-30(b)所示,圆弧方向 G02,*I* 为正值,*K* 为负值。

④ *R* 为圆弧半径,规定圆心角≤180°时,*R* 取正值;若圆弧圆心角>180°时,*R* 取负值。数控车削加工圆弧,圆心角一般都≤180°。

【例 4-3】 如图 4-31 所示圆弧编程实例一。

① 用 *I*、*K* 表示圆心位置,采用绝对编程。

```
N03 G00 X20.0 Z2.0;
N04 G01 Z-30.0 F0.3;
N05 G02 X40.0 Z-40.0 I10.0 K0 F0.2;
```

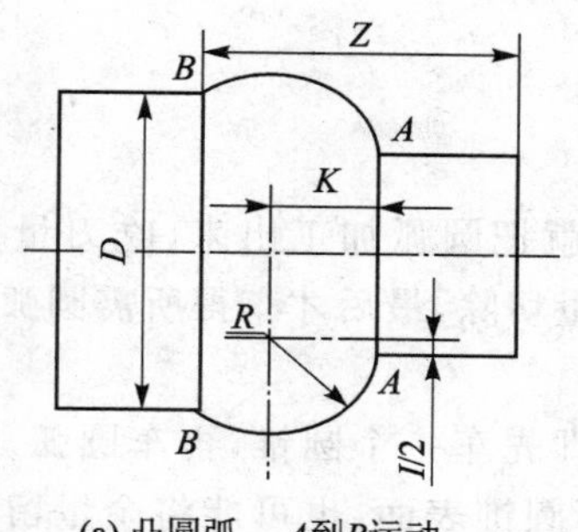

(a) 凸圆弧，A到B运动　　(b) 凹圆弧，A到B运动

图 4-30　圆弧顺逆与 I、K 值

② 用 I、K 表示圆心位置，采用增量编程。

```
N03 G00 X20.0 Z2.0;
N04 G01 U0 W-32.0 F0.2;
N05 G02 U20.0 W-10.0 I20.0 K0 F0.3;
```

③ 用 R 表示圆心位置。

```
N03 G00 X20.0 Z2.0;
N04 G01 Z-30.0 F0.3;
N05 G02 X40.0 Z-40.0 R10.0 F0.3;
```

【例 4-4】　如图 4-32 所示圆弧编程实例二。

① 用 I、K 表示圆心位置，采用绝对编程。

```
N04 G00 X28.0 Z2.0;
N05 G01 Z-40.0 F0.3;
N06 G03 X40.0 Z-46.0 I0 K-6.0 F0.3;
```

② 用 I、K 表示圆心位置，采用增量编程。

```
N04 G00 X28.0 Z2.0;
N04 G01 W-42.0 F0.3;
N05 G03 U12.0 W-6.0 I0 K-6.0 F0.3;
```

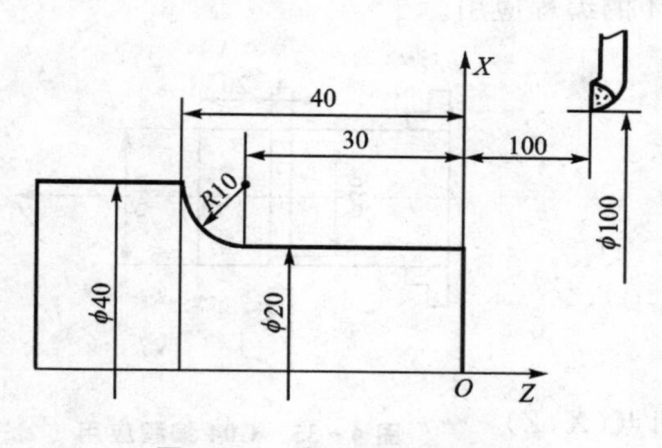

图 4-31　圆弧编程实例一

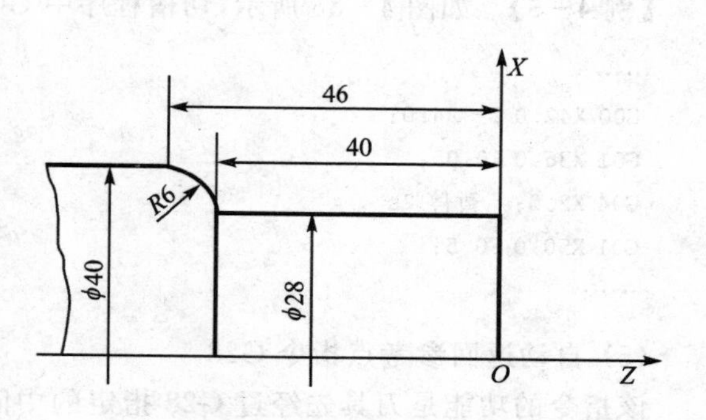

图 4-32　圆弧编程实例二

③ 用 R 表示圆心位置，采用绝对值编程。

```
N04 G00 X28.0 Z2.0;
N05 G01 Z-40.0 F0.3;
N06 G03 X40.0 Z-46.0  R6.0 F0.3;
```

应用 G02(或 G03)指令粗车圆弧,若用一刀就把圆弧加工出来,吃刀量太大,容易打刀。所以,实际车圆弧时,需要多刀加工,先将大多余量切除,最后才车得所需圆弧。

下面介绍车圆弧常用加工路线。

图 4-33 所示为车圆弧的车锥法切削路线,即先车一个圆锥,再车圆弧。但要注意,车锥时的起点和终点的确定,若确定不好,则可能损坏圆锥表面,也可能将余量留得过大。确定方法如图 4-33 所示,连接 OC 交圆弧于 D,过 D 点作圆弧的切线 AB。

图 4-34 所示为车圆弧的同心圆弧切削路线,即用不同的半径圆来车削,最后将所需圆弧加工出来。此方法在确定了每次吃刀量 a_p 后,对 90°圆弧的起点、终点坐标较易确定,数值计算简单,编程方便,常采用,但空行程时间较长。

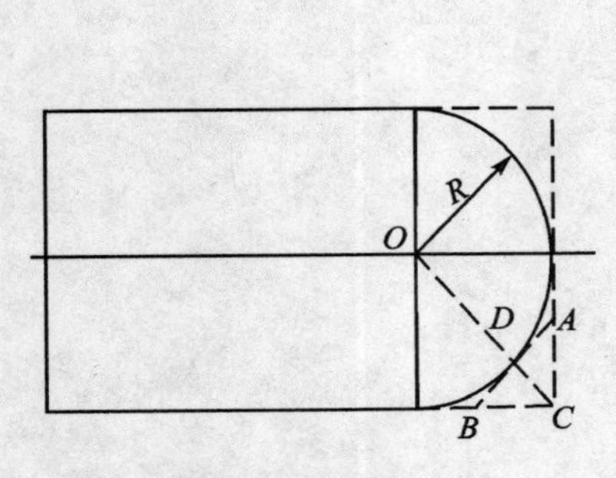

图 4-33 车锥法

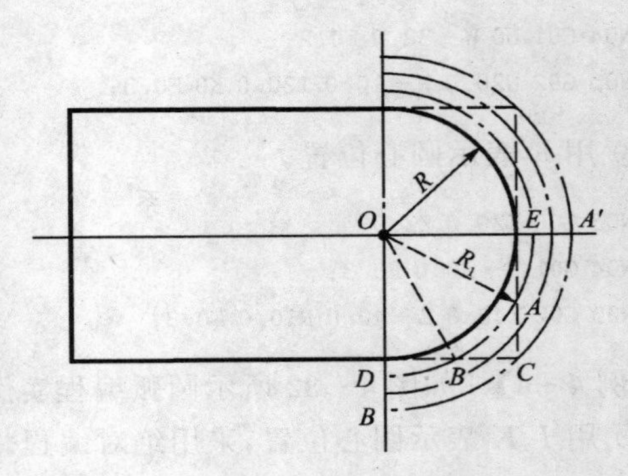

图 4-34 车圆法

(4) 暂停指令 G04

G04 指令使刀具的进给运动暂时停止一段时间,主轴的状态不变化,以达到光整加工表面的效果,提高表面粗糙度,主要在切槽、车削不通孔时用到。

指令格式:G04 X(U)_;或 G04 P_;

其中:$X(U)$——指定时间为带有小数点的数,单位为 s;

P——指定时间为不带小数点的数,单位为 ms。

【例 4-5】 如图 4-35 所示,切槽程序中 G04 的编程应用。

```
……
G00 X42.0 Z-24.0;
G01 X36.0 F0.05;
G04 X2.0;  暂停 2s
G01 X50.0 F0.5;
……
```

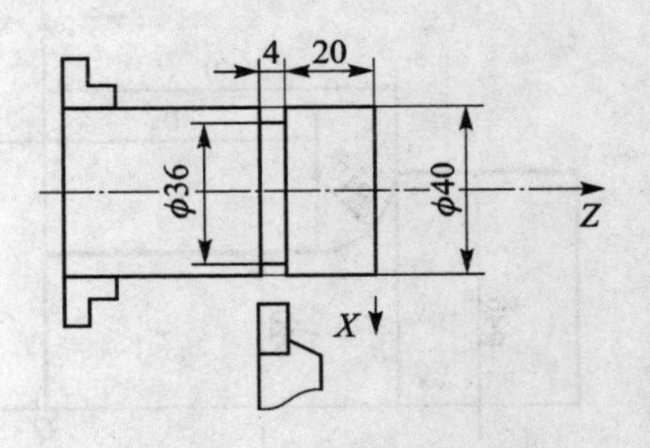

图 4-35 G04 编程应用

(5) 自动返回参考点指令 G28

该指令的功能是刀具先经过 G28 指定的中间点(X,Z)后自动回到参考点。设置中间点,是为防止刀具返回参考点时与工件或夹具发生干涉。

指令格式：G28 X(U)__Z(W)__；

通常使用 G28 指令返回参考点的方法来消除机床各进给轴重复定位误差累积。

如图 4－36(a)所示，程序为 G28 X100.0 Z150.0；即返回参考点前先经过中间点(100.0，150.0)。如图 4－36(b)所示，程序为 G28 U0 W0；即从当前点返回参考点。

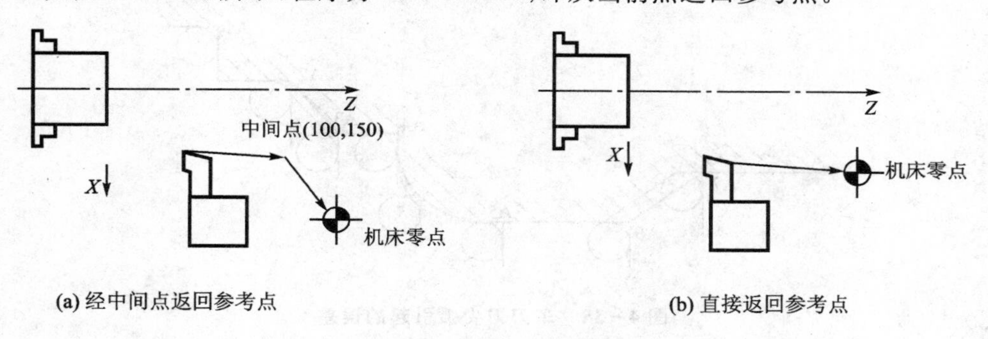

图 4－36　G28 编程应用

(6) 返回参考点检查指令 G27

指令格式：G27 X(U)__Z(W)__；

坐标(*X*,*Z*)为参考点在工件坐标系中的坐标值。

该指令的功能是检查刀具是否能按快速移动速度准确地返回到参考点。哪个轴能准确地返回参考点，则该轴参考点指示灯亮；如果哪个轴没有准确返回参考点，则显示 092 号报警。

3. 刀尖半径补偿功能指令 G40、G41、G42

为了提高刀具寿命，降低加工表面的粗糙度，实际加工中的车刀不是理想的尖锐的一个点，而是一个半径不大的圆弧。如图 4－37 所示，在采用试切法对刀时，会产生理想刀尖点 *C*。由于理想刀尖点不存在，所以在切削除了端面和圆柱面之外的轮廓时都会存在尺寸误差，当加工尺寸精度要求高的产品时，这种误差是不容许的，必须对因车刀刀尖圆弧引起的误差进行补偿，才能加工出高精度的零件。

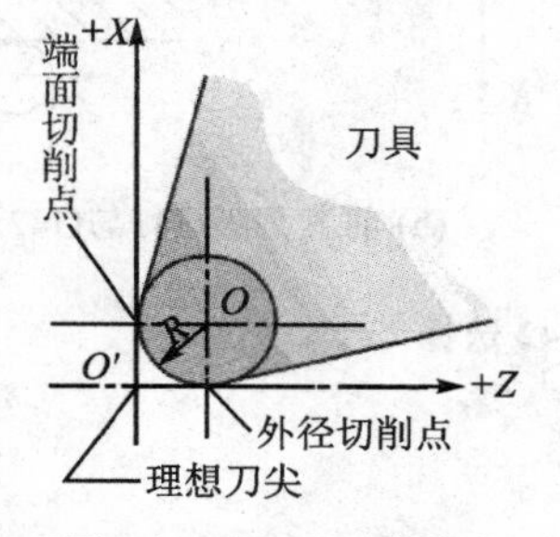

(a) 后置刀架理想刀尖点的产生

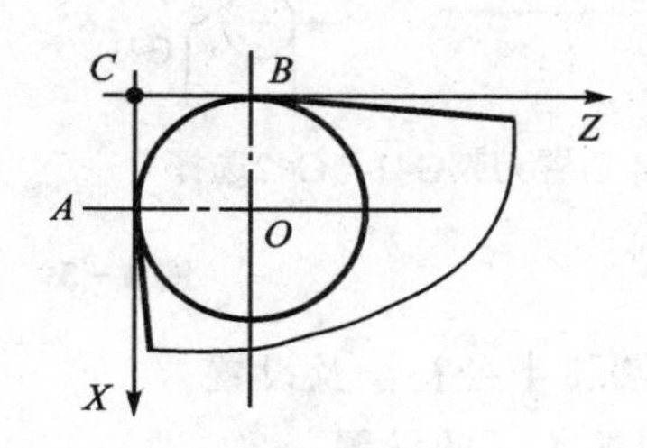

(b) 前置刀架理想刀尖点的产生

图 4－37　理想刀尖点的形成

(1) 加工误差分析

在实际对刀时，对的是刀具的端面切削点和外径切削点，因此形成了理想刀尖点 *C*。在切削加工中，当切削斜面或圆弧时，由于理想刀尖点不存在，切削点是在端面切削点和外径切削点之间的圆弧上某一点。当用按理想刀尖点编出的程序进行端面、外径、内径等与轴线平行或垂直的表面加工时，是不会产生误差的。但在进行倒角、锥面及圆弧切削时，由于实际运动轨迹和假想刀尖运动轨迹不一致,则会产生少切或过切现象。如图 4-38 所示,A2→A3、A4→A5 发生少切现象,而在 A6→A7 出现过切现象。为了解决上述问题,可使用数控机床的刀尖半径补偿功能。

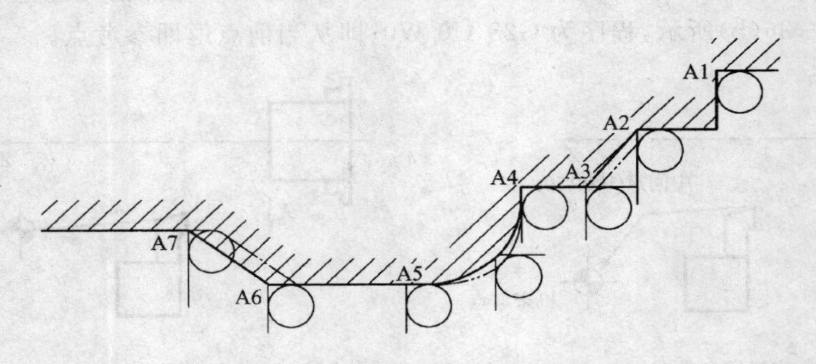

图 4-38 车刀刀尖弧引起的误差

(2) 刀尖半径补偿功能指令

指令格式:G41/G42/G40 G01/G00 X(U)_Z(W)_F_;

其中:X(U)、Z(W)——建立或取消刀尖圆弧半径补偿段的终点坐标;F——指定 G01 的进给速度;G41——左偏刀具半径补偿;G42——右偏刀具半径补偿;G40——取消刀具半径补偿。

(3) G41 与 G42 选择

数控车床有前置刀架和后置刀架之分,正确选择 G41 与 G42 指令,需要首先弄清楚数控车床 Y 轴的方向。如图 4-39 所示,判断原则是沿 $-Y$ 方向且顺着刀具运动方向看去,刀具在工件的左侧用 G41,刀具在工件的右侧用 G42。

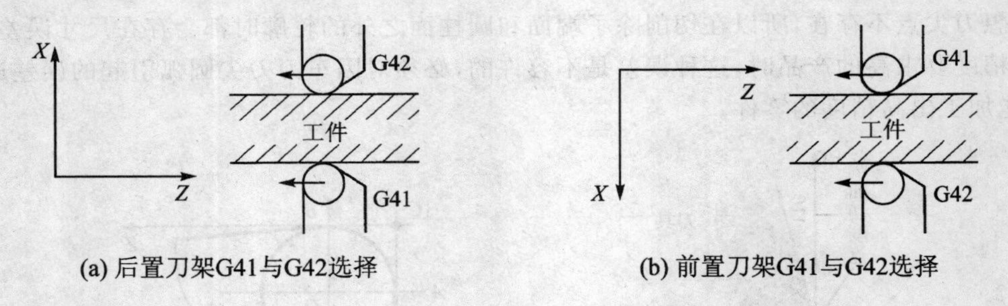

(a) 后置刀架G41与G42选择 (b) 前置刀架G41与G42选择

图 4-39 G41 与 G42 选择

(4) 刀尖圆弧半径补偿及设置

1) 刀尖圆弧半径的设置

刀尖圆弧半径补偿后,刀具自动偏离工件轮廓一个刀尖半径 R 距离。因此,必须将刀尖圆弧半径 R 值输入到刀具形状补偿存储器中。

2) 刀尖方位的设置

由于不同的数控车刀,刀尖方位 T 不同,在执行刀尖半径补偿时偏离工件轮廓的方向也不同,因此要把刀尖方位 T 值输入到刀具形状补偿存储器中。

如图 4-40 所示为刀尖方位图,共有 9 种,分别用参数 1~9(或 0)表示,无论前置刀架还是后置刀架,数控机床常用的刀尖方位 T:外圆右偏刀 $T=3$,内孔右偏刀 $T=2$。

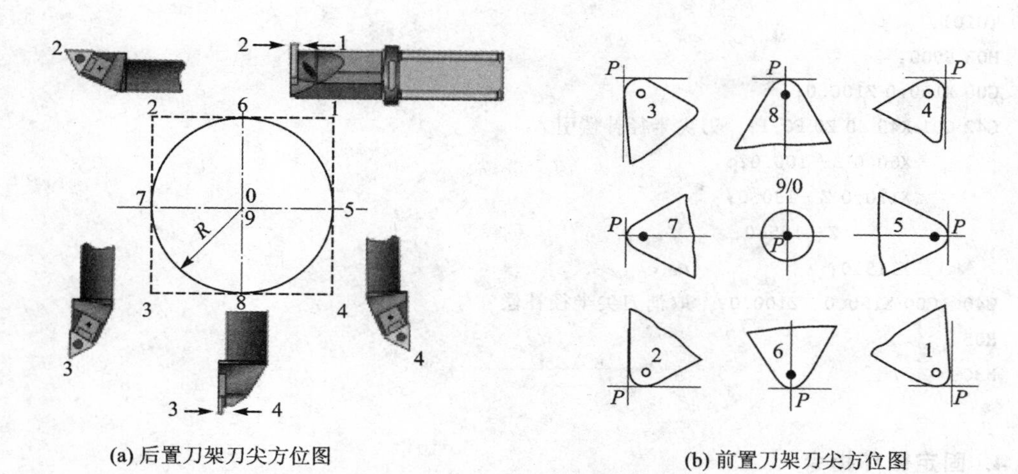

(a) 后置刀架刀尖方位图　　(b) 前置刀架刀尖方位图

图 4-40　刀尖方位图

(5) 其他说明

1) G40、G41、G42 只能用 G00、G01 结合编程，不允许与 G02、G03 等其他指令结合编程，否则将报警。

2) 在编入 G41、G42 的 G00 与 G01 的程序段，其以后两个程序段中，坐标值 X、Z 要有变化，否则将报警。

3) 在调用新的刀具前，必须取消刀具补偿，否则也将报警。

【例 4-6】 精车如图 4-41 所示零件的一段圆锥外表面，使用 01 号车刀，刀尖圆角半径为 0.8 mm。表 4-5 所列为刀尖半径补偿参数设置情况，X、Z 为刀具几何形状和磨损补偿，由对刀时确定。试编写加工程序。

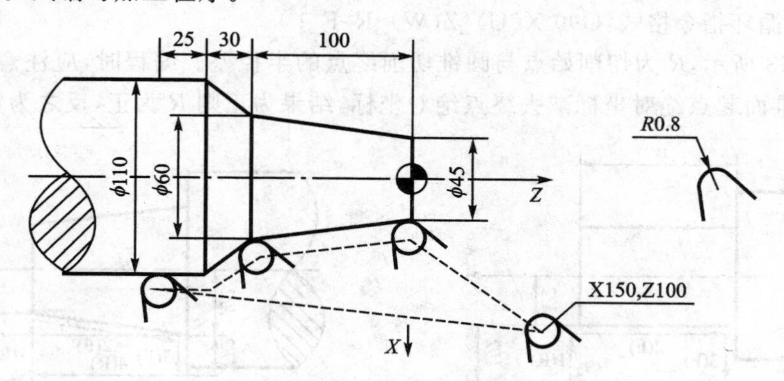

图 4-41　刀具半径补偿实例

表 4-5　T01 号车刀的刀具半径补偿值

刀具补偿号	X	Z	R/mm	T
01	对刀时确定	对刀时确定	0.8	3

数控加工程序如下：

```
O4003;
```

```
T0101;
M03 S500;
G00 X150.0 Z100.0;
G42 G01 X45 .0 Z0 F0.1;   刀尖半径补偿引入
        X60.0 Z－100.0;
        X110.0 Z－130.0;
               Z－155.0;
        X115.0;
G40  G00 X150.0  Z100.0;  取消刀尖半径补偿
M05 ;
M30;
%
```

4. 固定循环指令

对非一刀加工完成的轮廓表面，即加工余量较大的表面，采用固定循环编程，可以缩短程序段的长度，减少程序所占内存。固定循环一般分为单一形状固定循环和复合形状固定循环。

(1) 单一形状粗车循环指令

有三种固定循环指令：外径/内径切削固定循环指令 G90，端面切削固定循环指令 G94，以及螺纹切削固定循环指令 G92。这里主要讲 G90 和 G94，G92 在螺纹加工中讲述。

1) 外径/内径切削循环指令 G90

外圆切削循环指令格式：G90 X(U)_Z(W)_F_；

走刀路线如图 4－42 所示，即按 1→2→3→4 进行，刀具从循环起点开始按矩形循环，最后又回到循环起点。图中线 R 表示刀具快速运动，F 表示刀具按工进速度运动。X、Z 为圆柱面切削终点坐标值；U、W 为圆柱面切削终点相对循环起点的增量值。

锥面切削循环指令格式：G90 X(U)_Z(W)_R_F_；

如图 4－43 所示，R 为切削始点与圆锥切削终点的半径差。编程时，应注意 R 的符号，确定的方法是：锥面起点绝对坐标减去终点绝对坐标，结果为正则 R 为正，反之为负。

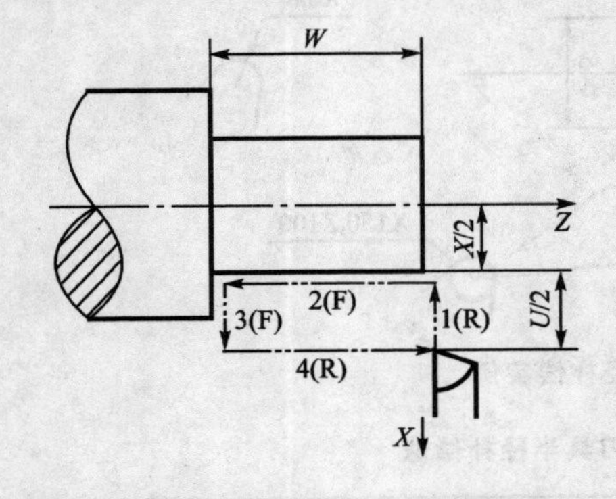

图 4－42　G90 外圆切削走刀路线图

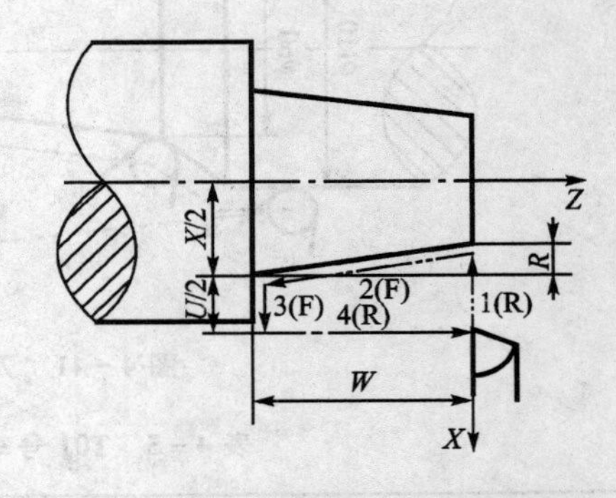

图 4－43　G90 圆锥面切削走刀路线图

【例 4－7】 加工如图 4－44 所示的工件，编写程序。

```
……
N40 G00 X50.0 Z5.0;   快速定位到循环起点
N50 G90 X40.0 Z－50.0 F0.3;   粗车第一层
```

```
N60          X35.0;  粗车第二层
N70          X30.0;  粗车第三层
……
```

【例 4-8】 加工如图 4-45 所示带锥面的工件，编写加工程序。

```
……
N40 G00 X55.0 Z5.0;  快速定位到循环起点
N50 G90 X44.0 Z-50.0 I-8 F120;  粗车第一层，I=(20-36)/2=-8
N60          X40.0;  粗车第二层
N70          X36.0;  粗车第三层
……
```

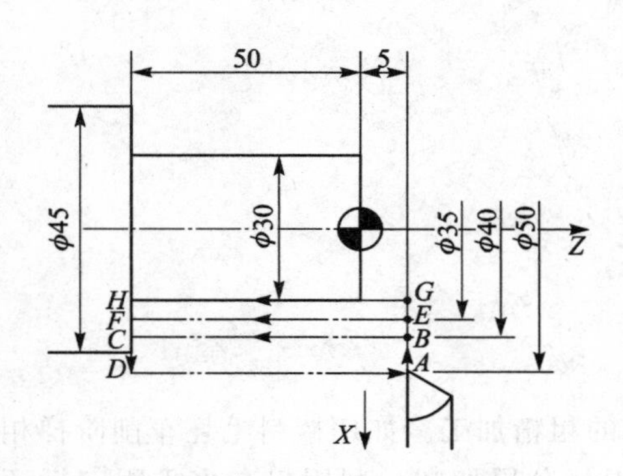

图 4-44　外圆切削循环

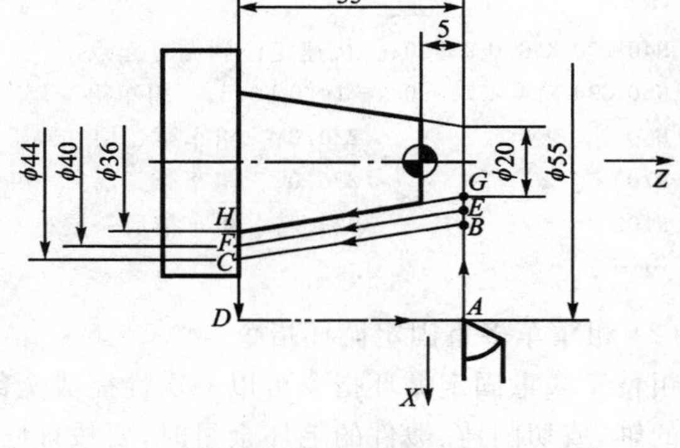

图 4-45　锥面切削循环

2）端面切削循环指令 G94

端面切削循环指令格式：G94 X(U)_Z(W)_F_;

X、*Z* 取值为端平面切削终点绝对坐标值；*U*、*W* 取值为端平面切削终点相对循环起点的增量坐标值；*F* 为工进速度。图 4-46 所示为 G94 端面切削走刀路线图。

锥面切削循环指令格式：G94 X(U)_Z(W)_R_F_;

R 为端面切削始点至终点位移在 *Z* 方向的坐标增量，即端面切削起始点的 *Z* 坐标减去端面切削终点的 *Z* 坐标。图 4-47 所示为带有锥度的 G94 端面切削走刀路线图。

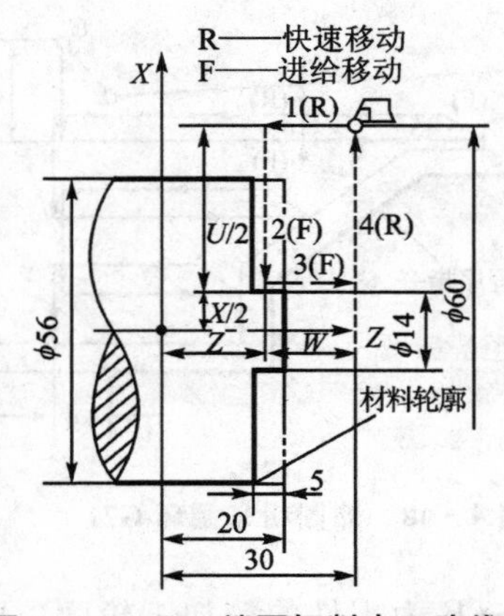

图 4-46　G94 端面切削走刀路线图

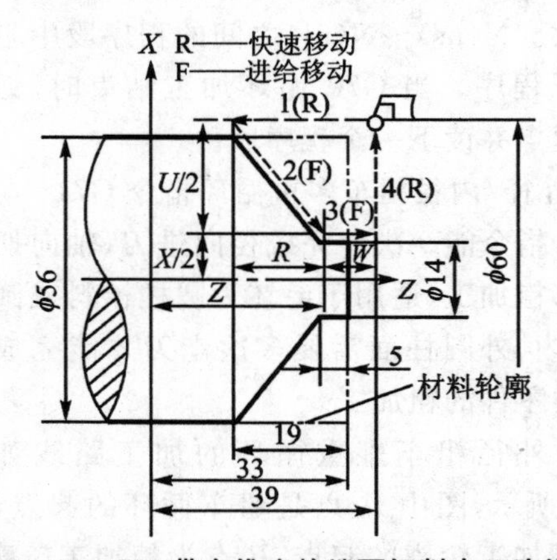

图 4-47　G94 带有锥度的端面切削走刀路线图

【例 4-9】 如图 4-46 所示零件，采用 G94 进行粗车，每次切深 2 mm，各面留精车余量 0.2 mm。试编写程序。

```
……
N40 G00 X60.0 Z30.0；  快速定位到循环起点
N50 G94 X14.4 Z18.0 F0.3；  粗车第一层
N60                Z16.0；  粗车第二层
N70                Z15.2；  粗车第三层
……
```

【例 4-10】 如图 4-47 所示零件，采用 G94 进行粗车，每次切深 2 mm，各面留精车余量 0.2 mm。试编写程序。

```
……
N40 G00 X60.0 Z39.0；  快速定位到循环起点
N50 G94 X14.4 Z40.0 R-14.0 F0.3；  粗车第一层
N60                Z38.0；  粗车第二层
N70                Z36.0；  粗车第三层
N100               Z28.2；  粗车最后一层
……
```

(2) 粗精车多重固定循环指令

粗精车多重固定循环指令可以一次性完成全部的粗精加工。如用棒料毛坯车削阶梯相差较大的轴，或切削铸、锻件的毛坯余量时，要按被吃刀量分层切削。利用粗车多重固定循环功能，只要编出最终加工路线，给出精加工余量，给出每次切除的余量深度或循环次数，机床即可自动决定粗加工路径并重复切削直到工件加工完为止。它主要有以下几种指令：

1) 精车循环指令 G70

G70 指令用于 G71、G72、G73 粗车循环之后，切除粗加工中留下的加工余量。

指令格式：G70 P(ns) Q(nf)；

其中：ns——精车加工程序中第一个程序段段号；nf——精车加工程序中最后一个程序段段号。

精车过程中的 F、S、T 必须在 P(ns)～Q(nf)之中设定，而在 G71、G72、G73 指令中的 F、S、T 无效。N(ns)～N(nf)之间的程序段中不能调用子程序。当 G70 循环加工结束时，刀具返回起点并读下一个程序段。

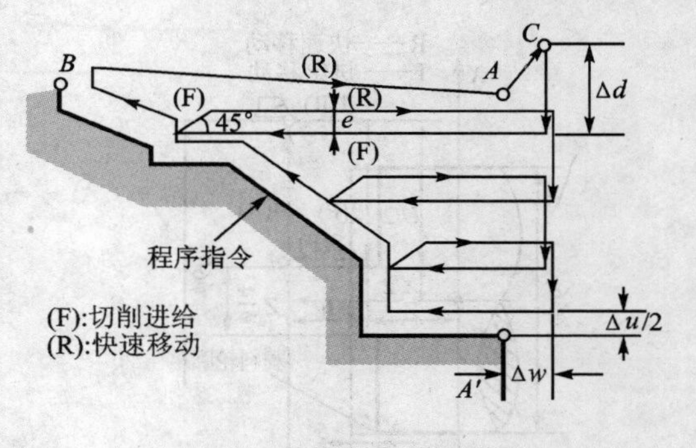

图 4-48 外圆粗车循环 G71

2) 外径/内径粗车多重循环指令 G71

G71 指令能一次性完成径向进刀、轴向切削的全部粗加工，适用于毛坯为圆柱棒料或圆筒棒料，内、外圆柱面需要多次走刀才能完成的轴套类零件的粗加工。

G71 外径粗车多重循环的加工路线如图 4-48所示，图中 A 点是粗车循环的起点，A'点是精加工轮廓的起点，B 点为精加工轮廓的终点，$A' \to B$ 为零件的精加工轮廓。R 表示快速移动，F表示切削进给。$\Delta u/2$ 是 X 方向留出精加工余量，Δw 是 Z 方向留出精加工余量。

指令格式：

G71 U(Δd) R(e)；

G71 P(ns) Q(nf) U(Δu) W(Δw) F(f) S(s) T(t)；

N(ns)…；

……

N(nf)…；

其中：Δd——切削深度或背吃刀量（半径值，无符号）；e——刀具返回时的径向退刀量（半径值，无符号）；ns——精车加工程序中第一个程序段段号；nf——精车加工程序中最后一个程序段段号；Δu——X 轴方向（径向）精加工余量的大小和方向（直径值，有符号）；Δw——Z 轴方向（轴向）精加工余量的大小和方向（有符号）；f、s、t——粗加工采用的进给速度F、主轴速度S、刀具指令T的值；N(ns)到N(nf)之间的程序段是 $A'\rightarrow B$ 精车轮廓的一组程序段。

G71指令不仅能够完成外径的粗车循环，而且还能完成内径的粗车循环。因此，精加工余量 Δu、Δw 的符号要根据具体情况确定。如图4-49(b)所示，当P(ns)～Q(nf)之间的程序段均是加工工件内径轮廓时，G71就自动成为内径粗车循环，此时径向精加工余量 Δu 应指定为负值。Δu 和 Δw 的符号规定如图4-49所示，即精加工余量预留方向的坐标值大于精加工轮廓的对应坐标值，则精加工余量为正值，反之为负值。

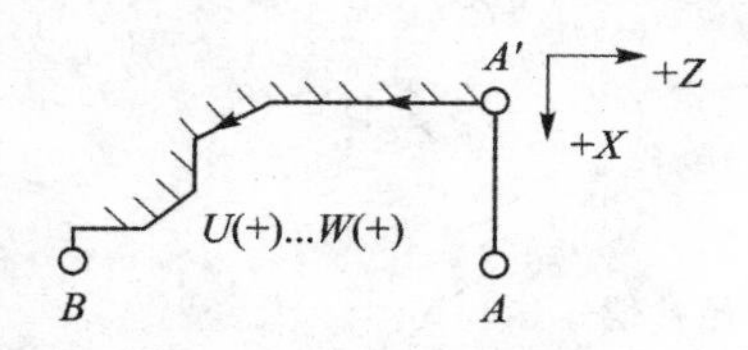

(a) 加工外圆轮廓自右向左切削

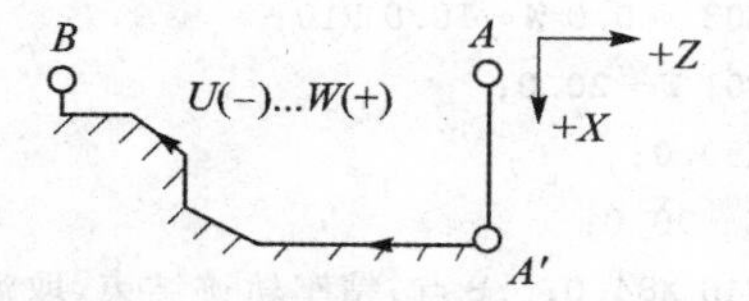

(b) 加工内孔轮廓自右向左切削

图4-49　G71纵向粗车多重循环 Δu 和 Δw 的符号符号规定

注意事项：

① 在使用G71进行粗加工循环时，只有含在G71程序段中的F、S、T功能才有效，而包含ns～nf程序段中的F、S、T功能，对粗加工循环无效。如果在G71中没有编入F、S、T，则在G71程序段前编程的F、S、T有效。

② $A'\rightarrow B$ 精加工轮廓必须符合 X 轴、Z 轴方向的共同单调增大或减少的模式。

③ $AA'//X$ 轴，$AB//Z$ 轴。

④ 可以进行刀尖半径补偿，G41、G42可以加在N(ns)程序段，G40加在N(nf)程序段。

⑤ 当用恒表面切削速度控制时，在 A 点和 B 点间的运动指令中指定的G96或G97，对G71循环无效，对G70循环有效；而在G71程序以前的程序段中指定的G96或G97对G71循环有效。

【例4-11】 如图4-50所示零件，采用G71进行粗车加工，每次切深2 mm，各面留精车余量0.4 mm。粗加工完成后，用G70精加工。试编写加工程序。

```
O4004;
N10  T0101;  换1号粗车刀，并通过1号刀补建立工件坐标系
N20  M03 S800;  启动主轴正转，转速为800 r/min
```

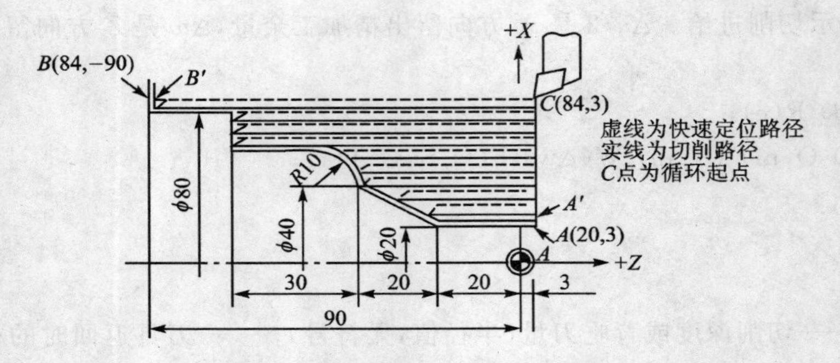

图 4-50 G71/G70 粗精车循环加工

```
N30 G96 S100;  设定粗车恒线速度,单位 m/min
N40 G50 S2000;  最高转速限制,最高转速 2000r/min
N50 G00 X84.0 Z3.0 M08;  快速定位至循环起点 C,打开切削液
N60 G71 U2.0 R1.0;
N70 G71 P80 Q160 U0.8 W0.05  F0.3;  G71 循环粗车轮廓
N80 G42 G00 X20.0;  A 点,精车轨迹开始,不写 Z 坐标,引入刀尖半径补偿
N90 G96 S150;  设定精车恒线速度,在 G70 循环时有效
N100 G01 W-23.0 F0.1 5;
N110 X40 .0  W-20.0;
N120 G03 X60.0 W-10.0 R10;
N130 G01 W-20.0;
N140 X80.0;
N150 Z-90.0;
N160 G40 X84.0;  B 点,精车轨迹结束,取消刀尖半径补偿
N180 G00 X100.0 Z200.0 M09;  返回换刀点准备换精车刀,关闭切削液
N190 M05;  主轴停
N200 M00;  程序暂停,以便测量,继续加工按循环启动
N210 T0202;  换 2 号精车刀
N220 M08;  打开切削液
N230 G00 X84.0 Z3.0;  快速定位至循环起点 C
N240 G70 P80 Q160;  G70 精车循环,以 150m/min 的恒线速度精加工轮廓
N250 G00 X100.0  Z200.0 M09;  返回换刀点,关闭切削液
N260 M05;  主轴停
N270 M30;  程序结束并返回程序开头
%
```

3）端面粗车多重循环指令 G72

G72 指令能一次性完成轴向进刀、径向切削的全部粗加工,适用于毛坯为圆柱棒料或圆筒棒料的盘类零件粗车外径或粗车内孔。

G72 外径粗车多重循环的加工路线如图 4-51 所示。与 G71 一样,A 点是粗车循环的起点,A'点是精加工轮廓的起点,B 点为精加工轮廓的终点, $A'\rightarrow B$ 为零件的精加工轮廓。R 表示快速移动,F 表示切削进给。$\Delta u/2$ 是 X 方向留出的精加工余量,Δw 是 Z 方向留出的精加工余量。

G72 与 G71 同为粗加工循环指令,不同之处在于切削循环的走刀路径不同,在粗加工时,希望粗加工路径最短，特别是空走刀路径最短，所以 G71 指令适合完成轴类零件的加工，G72 指令适合完成盘类零件的加工。

指令格式：

G72 W(Δd) R(e)；

G72 P(ns) Q(nf) U(Δu) W(Δw) F_S_T_；

N(ns)…；

……

N(nf)…；

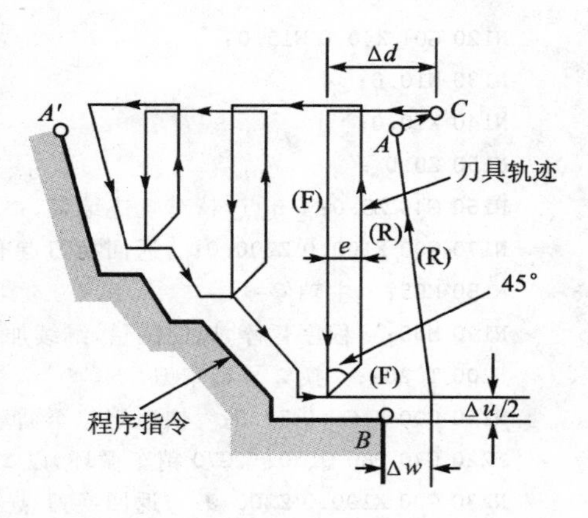

图 4-51　端面粗车循环 G72

其中：Δ*d*——切削深度或背吃刀量（无符号）；*e*——刀具返回时的径向退刀量（无符号）；ns——精车加工程序中第一个程序段段号；nf——精车加工程序中最后一个程序段段号；Δ*u*——*X* 轴方向（径向）精加工余量的大小和方向（直径值，有符号）；Δ*w*——*Z* 轴方向（轴向）精加工余量的大小和方向（有符号）；*f*、*s*、*t*——粗加工采用的进给速度 F、主轴速度 S、刀具指令 T 的值；N(ns)到 N(nf)之间的程序段是 *A*′→*B* 精车轮廓的一组程序段。

同 G71 一样，G72 的精加工余量 Δ*u*、Δ*w* 的符号要根据具体情况确定。图 4-52 所示为 G72 端面粗车多重循环 Δ*u* 和 Δ*w* 的符号规定。

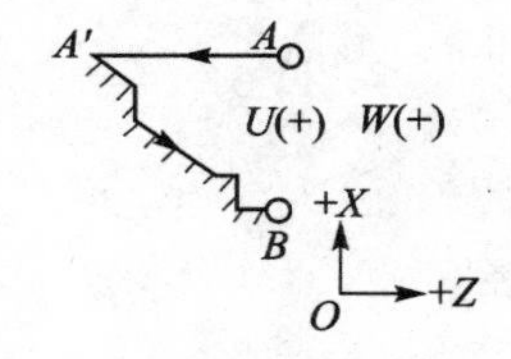

(a) 加工外圆轮廓自左向右切削

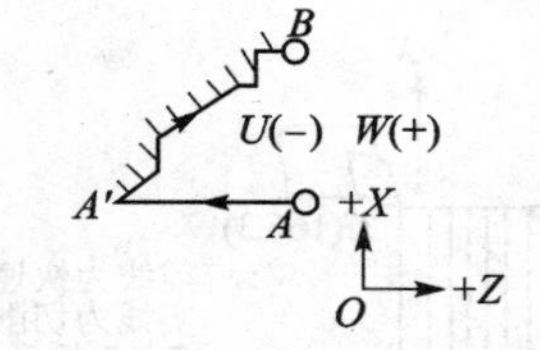

(b) 加工内孔轮廓自左向右切削

图 4-52　G72 端面粗车多重循环 Δu 和 Δw 的符号规定

G72 的注意事项与 G71 的注意事项相同。

【例 4-12】 如图 4-53 所示零件，采用 G72 进行粗车加工，每次切深 3mm，各面留精车余量 0.3mm。粗加工完成后，用 G70 精加工。试编制加工程序。

```
O4005;
N10  T0101;  换上 1 号刀,并通过 1 号刀补建立工件坐标系
N20  M03 S800;  启动主轴正转,转速为 800 r/min
N30  G96 S100;  设定粗车恒线速度,线速度为 100 m/min
N40  G50 S2000;  限制最高转速 2000 r/min
N50  G00 X166.0 Z3.0;  快速定位至循环起点 C
N60  G72 W3.0 R1.0;
N70  G72 P80 Q160 U0.6 W0.3 F0.3;  G72 循环粗车轮廓
N80  G41 G00 Z-40.0;  A 点,精车轨迹开始,不写 X 坐标,并使用刀尖半径补偿
N90  G96 S150;  设定精车恒线速度,G70 时有效
N100 G01 X120.0 F0.15;  进给量在 G70 时有效
N110 G03 X100.0 W10.0 R10.0;
```

```
N120 G01 X40.0 W15.0;
N130 W10.0;
N140 X10.0;
N150 Z0.0 ;
N160 G40 Z3.0;  B点，精车轨迹结束，并取消刀尖半径补偿
N170 G00 X100.0 Z200.0;  返回换刀点准备换精车刀
N180 M05;  主轴停
N190 M00;  程序暂停，以便测量，继续加工按循环启动
N200 T0202;  换2号精车刀
N210 G00 X166.0 Z3.0;  快速定位至循环起点C
N220 G70 P80 Q160;  G70精车循环，以150 m/min的恒线速度精加工轮廓
N230 G00 X100.0 Z200.0;  返回换刀点
N240 M05;  主轴停
N250 M30;  结束程序
%
```

4）仿形粗车多重循环指令G73

仿形粗车循环的特点是从第一刀开始直到最后一刀都是按零件的轮廓逐渐接近最终形状。适用于毛坯轮廓形状与零件轮廓形状基本接近时的粗车。例如，一些锻件、铸件的粗车或已粗车成形的工件。不足之处在于刀具空行程较多。这种循环切削方式的走刀路线如图4－54所示。

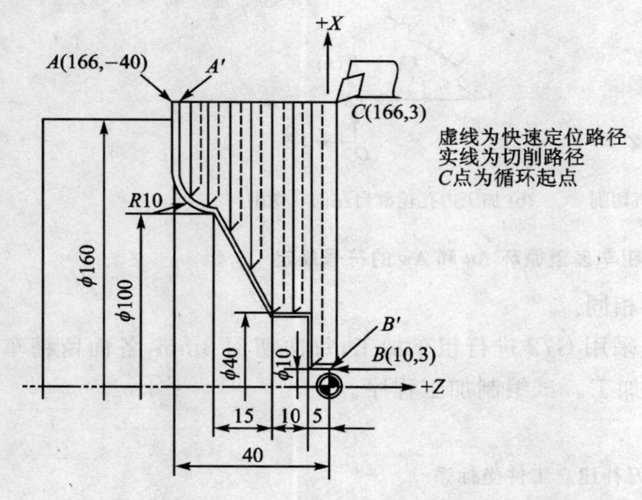

图4－53　G72/G70粗精车循环加工

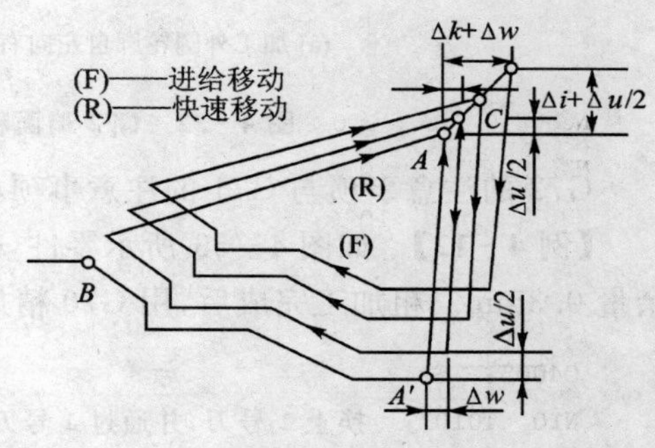

图4－54　固定形状粗车循环G73

指令格式：

G73 U(Δi) W(Δk) R(Δd)；

G73 P(ns) Q(nf) U(Δu)　W(Δw)　F(f) S(s) T(t)；

N(ns)…；

……

N(nf)…；

其中：

程序段中的地址除 Δi、Δk、Δd 外，其余与 G71 相同。

Δi——X 轴方向（径向）粗车切除的总余量（半径值）和方向。一般来说，如果零件毛坯为圆柱棒料，估算 Δi 公式为：$\Delta i=(d_{最大}-d_{最小})/2$，其中 $d_{最大}$ 和 $d_{最小}$ 为精加工轮廓中的最大直径和最小直径。

Δk——Z 轴方向（轴向）粗车切除的总余量和方向。

Δd——粗切循环次数，正整数（不带小数点），估算 Δd 的公式为：$\Delta d=\Delta i/a_p$，其中 a_p 为背吃刀量。

注意事项：

① $A'\rightarrow B$ 精加工轮廓不需要符合 X 轴、Z 轴方向的共同单调增大或减少的模式。

② AA' 和 AB 不需要平行于 X 轴和 Z 轴。

③ 除上述两条与 G71、G72 不相同外，其余注意事项均相同。

【例 4－13】 如图 4－55 所示零件，采用 G73 进行粗车加工，粗加工总切深 4.5 mm，每次切深 1.5 mm，各面留精车余量 0.5 mm。粗加工完成后，用 G70 精加工。试编制加工程序。

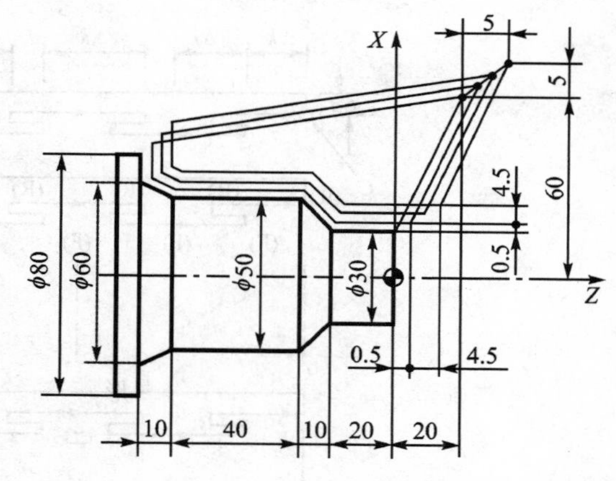

图 4－55　G73/G70 加工实例

```
O4006;  程序名
N10 T0101;  换 1 号外圆粗车刀，并通过 1 号刀补建立工件坐标系
N20 M03 S500;  启动主轴正转，转速为 500r/min
N30 G00 X120.0 Z20.0;  定位循环起点
N40 G73 U4.5 W4.5 R3;  已知总切深 4.5mm，每次切深 1.5 mm，所以 Δd = 3
N50 G73 P60 Q115 U1.0 W0.5 F0.3;  G73 循环粗车轮廓
N60 G42 G00 X30.0 Z2.0;  精车轨迹开始，并使用刀尖半径补偿
N70 G01 Z-20.0 F0.15;
N80 X50.0 W-10.0;
N90 W-40.0;
N100 X60.0 W-10.0;
N110 X80.0 Z-80.0;
N115 G40 X90.0 Z-80.0;  精车轨迹结束，取消刀尖半径补偿
N120 G00 X200.0 Z200.0;  退刀
N130 M05;
N140 M00;  程序暂停，以便测量，继续加工按循环启动
N150 T0202;
N160 M03 S1000;
N170 G00 X120 .0 Z20.0;  刀具快速定位接近工件到循环起点
N180 G70 P60 Q115;  G70 循环精车轮廓
N190 G00 X200.0 Z200.0;
N200 M05;
N210 M30;
```

%

5）端面深孔钻削循环指令 G74

G74 是一种数控车床使用的工件端面加工孔的指令，其动作为进刀，退回（断屑），再进刀，再退回，……，以达到钻削深孔的目的。它可以在端面连续加工多个孔，这种方法加工孔较 G01 编程简捷方便，因此也是一种固定的多重循环指令。

该指令可以实现端面宽槽的多次复合加工、端面窄槽的断屑加工以及端面深孔断屑加工，其循环加工路线如图 4-56 所示。

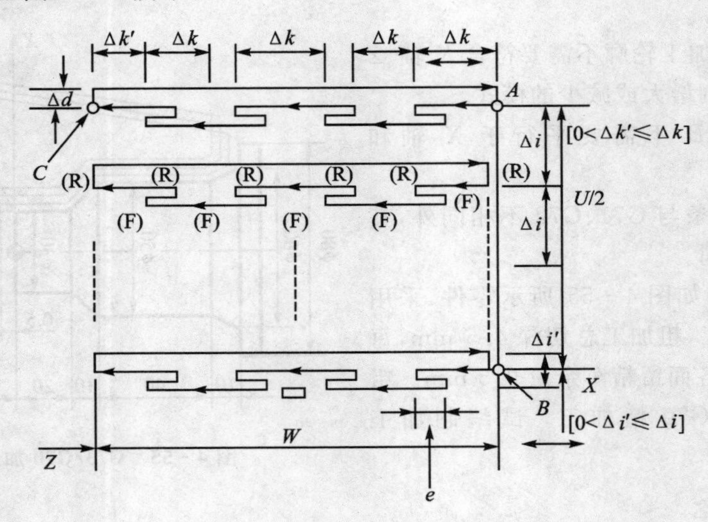

图 4-56　G74 端面深孔钻削循环

指令格式：

G74 R(e)；

G74 X(U)_Z(W)_P(Δi) Q(Δk) R(Δd)F(f)；

其中：e——回退量（Z 向），模态值，该值可由 5139 号参数指定；$X(U)$——B 点 X 坐标（或 A 到 B 的 X 坐标增量，即为 U）；$Z(W)$——C 点 Z 坐标（或 A 到 C 的 Z 坐标增量，即为 W）；Δi——X 方向的移动量，无符号值，方向由系统进行判断，半径值指定；Δk——Z 方向的每次切深，无符号值；Δd——刀具在切削底部的退刀量，Δd 的符号总是（＋），但是如果地址 $X(U)$ 和 Δi 省略，就要指定退刀方向的符号；f——进给量。

G74 端面深孔钻削循环以 A 点为起点，如果使用切槽刀进行切槽加工，要注意考虑两个刀尖的选择和刀具宽度，A 点的坐标要根据刀尖位置和 U 的方向决定。

程序执行时，刀具快速到达 A 点，从 A 到 C 为切削进给，每切一个 Δk 深度便快速后退一个 e 的距离以便断屑，最终到达 C 点。在 C 点处，刀具可以横移一个距离 Δd 后退回 A 点，但要为刀具结构性能所允许，钻孔到孔底绝对不允许横移，割槽到槽底横移也容易引起刀具折断，因此一般设定 $\Delta d=0$。刀具退回 A 点后，按 Δi 移动一个距离，割槽时 Δi 由割槽刀宽度确定，要考虑重叠量，在平移到的新位置后再次执行上述过程，直至完成全部加工，最后刀具从 B 点快速返回 A 点，循环结束。

如果将钻头装夹在刀架上，省略 $X(U)$ 和 Δi，且钻尖 A 点在工件回转轴线上，则可在起点 A 位置执行深孔钻削循环加工，该方法在数控车床上常采用。

【例 4-14】 采用深孔钻削循环功能 G74 加工如图 4-57 所示深孔，试编写加工程序。其中，$e=1$，$\Delta k=10$，$F=0.05$，3 号刀为钻头。

```
O4007;
 N10 T0303;
 N20 M03 S300;
 N30 G00 X0 Z1.0 M08;
 N40 G74 R1.0;   G74 钻削深孔加工
 N50 G74 X0 Z-60.0 P0 Q10.0 R0 F0.05;
 N60 G00 Z100.0 M09;
 N70 M05;
 N80 M30;
 %
```

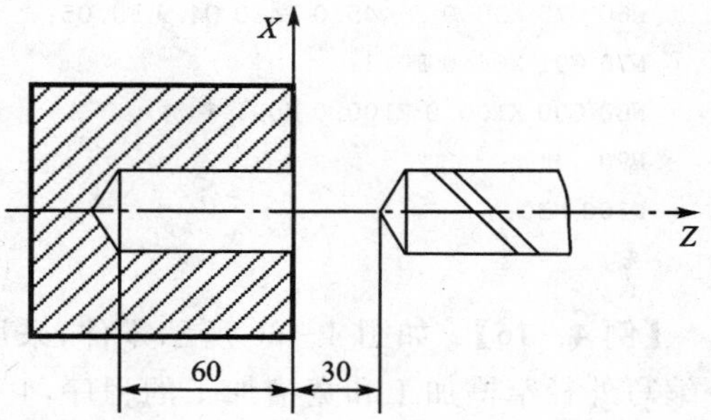

图 4-57　G74 钻削深孔加工

6）外径切槽循环指令 G75

外径切削循环功能适合于在外圆面上切削沟槽或切断加工。G75 指令与 G74 指令的动作类似，不同之处在于 G74 切削方向是沿 X 轴的，而 G75 切削方向是沿 Z 轴的。该指令可断续切削，有退刀量，有利于排屑，其循环加工路线如图 4-58 所示。

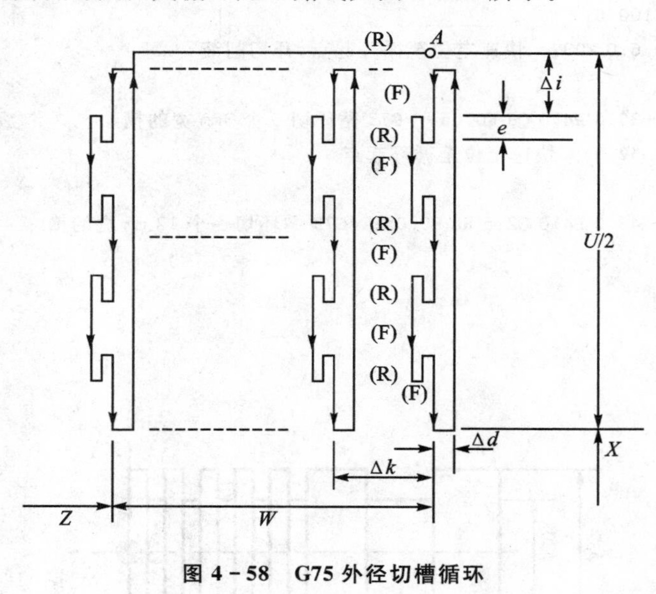

图 4-58　G75 外径切槽循环

指令格式：

G75 R(e)；

G75 X(U) Z(W) P(Δi) Q(Δk) R(Δd)F(f)；

式中所有参数的含义与 G74 相同，只是刀具运动路线不同。

【例 4-15】 试编写图 4-59 所示零件切槽加工的程序，4 号刀为外切槽刀，切刀宽为 5 mm。其中：$e=1$，$\Delta i=4$，$\Delta k=4.9$，$F=0.05$。

```
O4008;
 N10 T0404;  换 04 号切槽刀(左刀尖定位)
 N20 M03 S300;
```

```
N30 G00 X100.0 Z100.0;
N40 G00 X64.0 Z-25.0 M08;
N50 G75 R1.0;  G75 外径切槽加工
N60 G75 X30.0 Z-45.0 P4.0 Q4.9 F0.05;
N70 G01 X64.0 F0.3;
N80 G00 X100.0 Z100.0 M09;
N90  M05;
N100 M30;
 %
```

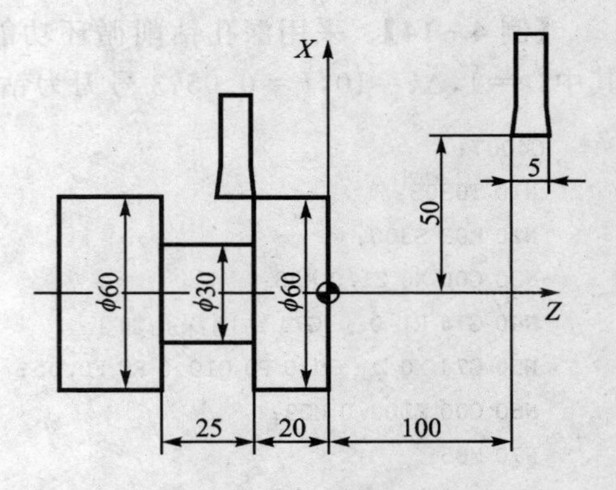

图 4-59　G75 外径切槽加工(单槽)

【例 4-16】 如图 4-60 所示零件,采用 G75 指令编写外径窄槽加工和宽槽加工的程序,4 号刀为外切槽刀,切刀宽为 3mm。其中:$e=1,\Delta i = 4,\Delta d=0,F=0.05$。

```
O4009;
N10 T0404;  换 04 号切槽刀(左刀尖定位)
N20 M03 S300;
N30 G00 X100.0 Z100.0;
N40 G00 X34.0 Z-6.0 M08;  快速定位至循环起点,开切削液
N50 G75 R1.0;
N60 G75 X20.0 Z-30.0 P4.0 Q6 F0.05;  G75 循环切 5 个 3mm 宽的槽
N70 G00 X34.0 Z-52.0;  快速定位至循环起点
N80 G75 R1.0;
N90 G75 X20.0 Z-43.0 P4.0 Q2.5 R0 F0.05;  G75 循环切一个 12 mm 宽的槽
N100 G00 X100.0;
N110 Z100.0 M09;
N120 M05;
N130 M30;
 %
```

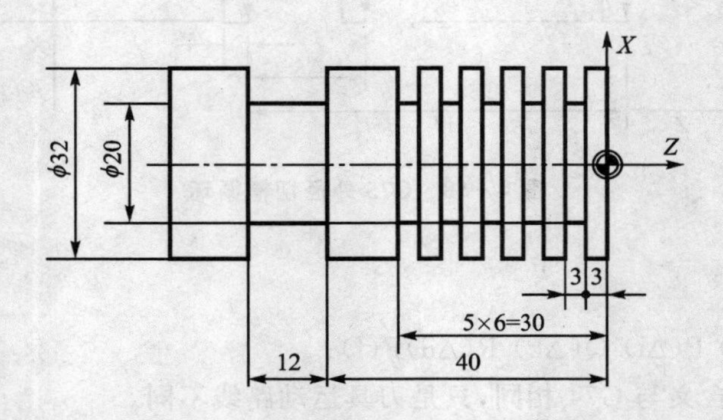

图 4-60　G75 外径切槽加工(多槽)

5. 螺纹切削指令

螺纹切削指令可分为基本螺纹切削指令 G32 和 G34、螺纹切削单一循环指令 G92 和螺纹切削多重循环指令 G76。

(1) 螺纹加工尺寸的确定

使用螺纹切削指令进行螺纹加工之前,首先要对螺纹进行相关计算,即确定螺纹外圆实际切削直径、螺纹牙型高度和螺纹小径,根据螺纹车削加工量的大小确定进给次数与背吃刀量。

1) 螺纹外圆实际切削直径

车削螺纹时,工件材料因受到车刀挤压使外径膨胀,因此,螺纹部分的工件外径应比螺纹的公称直径小。实际车削时,螺纹外圆实际切削直径 $d_{实}=d-0.1P$,d 为公称直径,P 为螺距。

2) 螺纹牙型高度

根据普通螺纹国家标准规定,三角形螺纹的牙型高度 $h_{牙}=0.65P$。

3) 螺纹小径

螺纹加工通常是通过车螺纹的小径来保证螺纹的中径,检测螺纹合格与否,一般测量螺纹的中径。因此,车螺纹的小径很关键,其计算公式为 $d_{小}=d-2h_{牙}=d-1.3P$。

螺纹的加工尺寸确定,除了采用上述的计算方法之外,还可以采用查表法。常用螺纹切削的进给次数与吃刀量见表4-6。

表4-6 常用螺纹切削的进给次数与吃刀量

米制螺纹								
螺距/mm		1.0	1.5	2	2.5	3	3.5	4
牙深(半径量)		0.649	0.974	1.299	1.624	1.949	2.273	2.598
切削次数及吃刀量(直径量)	1次	0.7	0.8	0.9	1.0	1.2	1.5	1.5
	2次	0.4	0.6	0.7	0.7	0.7	0.7	0.8
	3次	0.2	0.4	0.6	0.6	0.6	0.6	0.6
	4次		0.16	0.3	0.4	0.4	0.6	0.6
	5次			0.1	0.4	0.4	0.4	0.4
	6次				0.15	0.4	0.4	0.4
	7次					0.2	0.2	0.4
	8次						0.15	0.3
	9次							0.2
英制螺纹								
牙/inch		24	18	16	14	12	10	8
牙深(半径量)		0.678	0.904	1.016	1.162	1.355	1.626	2.033
切削次数及吃刀量(直径量)	1次	0.8	0.8	0.8	0.8	0.9	1.0	1.2
	2次	0.4	0.6	0.6	0.6	0.6	0.7	0.7
	3次	0.16	0.3	0.5	0.5	0.6	0.6	0.6
	4次		0.11	0.14	0.3	0.4	0.4	0.5
	5次				0.13	0.21	0.4	0.5
	6次						0.16	0.4
	7次							0.17

（2）基本螺纹切削指令 G32、G34

1）等螺距螺纹切削指令 G32

采用 G32 可以加工恒螺距螺纹，包括圆柱螺纹、圆锥螺纹和端面螺纹（涡形螺纹）。螺纹加工时，与主轴连接的位置编码器实时地读取主轴转速，并通过系统转换为刀具的进给量，从而保证螺纹螺距精度。螺纹加工是在主轴位置编码器输出一转信号开始的，以保证每次沿着同样的刀具轨迹重复进行切削，避免乱牙。螺纹加工期间，主轴转速必须保持恒定，否则将无法保证螺纹螺距的正确性。

基本螺纹切削路线如图 4－61 所示，图中的 G00 表示用 G00 指令完成的移动定位程序段，G32 表示 G32 车削加工螺纹段。由于车削螺纹起始时有一个加速过程，结束前有一个减速过程，因此车螺纹时，螺纹两端必须设置足够的升速进刀段 δ_1 和降速退刀段 δ_2，δ_1 和 δ_2 的数值与螺距和主轴转速有关，一般 δ_1 取 1～2P，δ_2 取 0.5P，如图 4－12 所示。

指令格式：G32 X(U)_Z(W)_I(R)_F_；

其中：$X(U)$、$Z(W)$——螺纹切削的终点坐标值，X 省略时为圆柱螺纹切削，Z 省略时为端面螺纹切削，X、Z 均不省略时为锥螺纹切削（X 坐标值依据《机械设计手册》查表确定）；$I(R)$——螺纹部分半径之差，即螺纹起点与螺纹终点的半径差；F——螺纹导程。

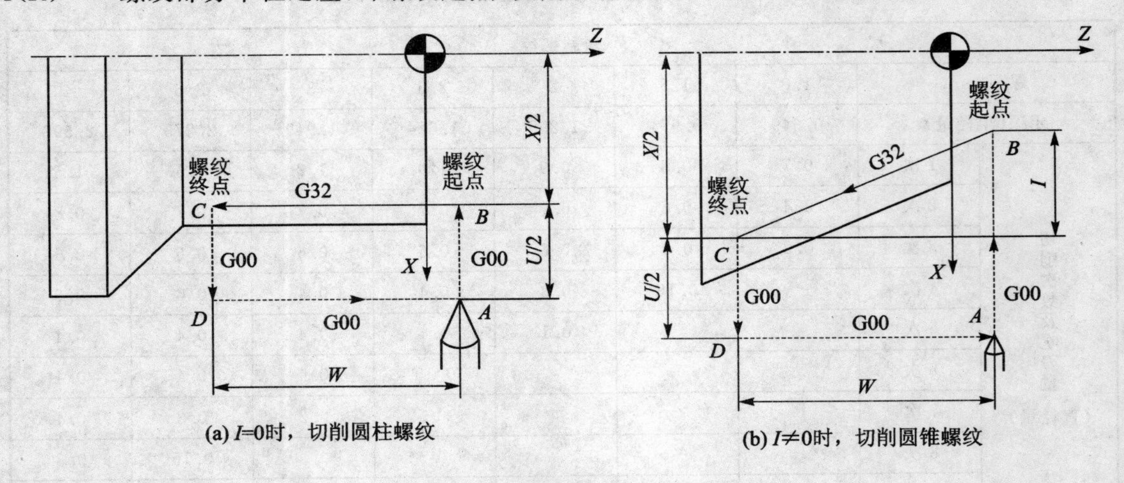

图 4－61　螺纹切削路线

【例 4－17】　试编写图 4－62 所示的圆柱螺纹加工程序。外圆实际切削直径 $d_{实}=29.85$，已经加工完成，螺纹导程为 1.5mm，$\delta_1=3$mm，$\delta_2=1$mm，每次吃刀量（直径值）分别为 0.8mm、

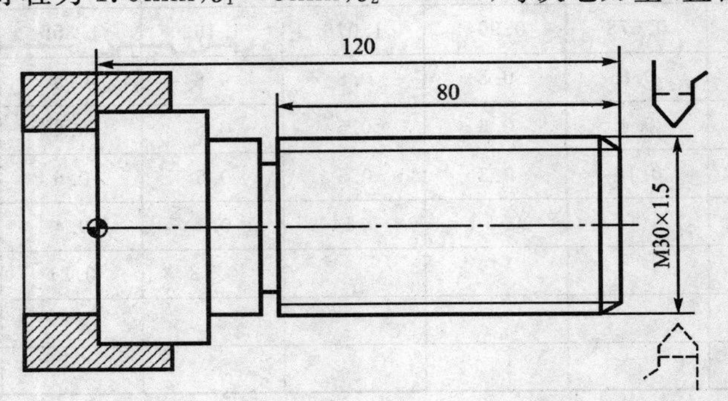

图 4－62　圆柱螺纹加工编程

0.6 mm、0.4mm、0.16mm。外螺纹刀安装在 3 号刀位。

```
O4010;
N10 T0303;  换外螺纹车刀,自动建立工件坐标系
N20 M03 S300;  启动主轴正转,转速 300r/min
N30 G00 X32.0 Z123.0;  刀具快速接近螺纹切削表面,升速段 3mm
N40 X29.2;  X 轴方向快进到螺纹起点处,吃刀深 0.4mm(进刀)
N50 G32 X29.2 Z39.0 F1.5;  第一次切螺纹到切削终点,降速段 1mm
N50 G00 X40.0 ;  X 轴方向快退离开切削表面(让刀)
N70 Z123.0;  Z 轴方向快退到螺纹起点处(返回)
N80 X28.6;  X 轴方向快进到螺纹起点处,吃刀深 0.3mm(进刀)
N90 G32 Z39.0 F1.5;  第二次切螺纹到切削终点(螺纹切削)
N100 G00 X40.0;  X 轴方向快退(让刀)
N110 Z123.0;  Z 轴方向快退到螺纹起点处(返回)
N120 X28.2;  X 轴方向快进到螺纹起点处,吃刀深 0.2mm(进刀)
N130 G32 Z39.0 F1.5;  第三次切螺纹到切削终点
N140 G00 X40.0;  X 轴方向快退(让刀)
N150 Z123.0;  Z 轴方向快退到螺纹起点处(返回)
N160 X28.04;  X 轴方向快进到螺纹起点处,吃刀深 0.08mm(进刀)
N170 G32 Z39.0 F1.5;  第四次切削螺纹到螺纹切削终点(螺纹切削)
N180 G00 X40.0;  X 轴方向快退(让刀)
N190 Z123.0;  Z 轴方向快退到螺纹起点处(返回)
N200 X28.04;  X 轴方向快进到螺纹起点处,光刀(进刀)
N210 G32 G32 Z39.0 F1.5;  光刀
N220 G00 X40.0;  X 轴方向快退(让刀)
N230 X100.0 Z250.0;  回换刀点
N240 M05;  主轴停
N250 M30;  程序结束并返回程序开头
%
```

2) 变螺距螺纹切削指令 G34

变螺距就是螺纹螺距每增加一个螺距,螺距值会增加一个或减少一个固定的值。图 4－63 所示为一个变螺距螺杆。

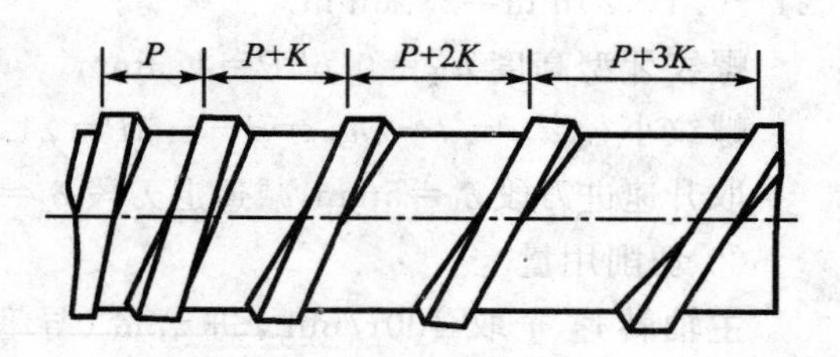

图 4－63　变螺距螺杆的切削

指令格式:

G34 X(U)_Z(W)_F_K_;

K 为螺距增量值,其他参数意义与 G32 一样。

【例 4－18】 如图 4－63 所示,螺杆起点的螺距为 8.0mm,螺距增量值为 0.3mm/转。编写加工螺纹程序段。

```
……
G00 X38.0 Z8.0;  定位到螺纹起点
G34 Z-120.0 F8.0 K0.3;  变螺距螺纹切削
……
```

上述程序中：G34 变螺距螺纹，螺纹终点为 $Z-120$ 处，螺距的起点值为 8.0mm，以后每增加一个螺距，螺距增加 0.3mm，即第二个螺距为 8.3mm，第三个螺距为 8.6mm，依此类推。

(3) 螺纹切削单一循环指令 G92

螺纹切削循环指令把“进刀→螺纹切削→让刀→返回”四个动作作为一个循环，如图 4-64 和图 4-65 所示，用一个程序段来指定。

指令格式：G92 X(U)_Z(W)_I(R)_F_;

其中：$X(U)$、$Z(W)$——螺纹切削的终点坐标值。F——螺纹导程。$I(R)$——螺纹部分半径之差，即螺纹切削起始点与切削终点的半径差，加工圆柱螺纹时，$I(R)=0$；加工圆锥螺纹时，当 X 向切削起始点坐标小于切削终点坐标时，R 为负，反之为正。

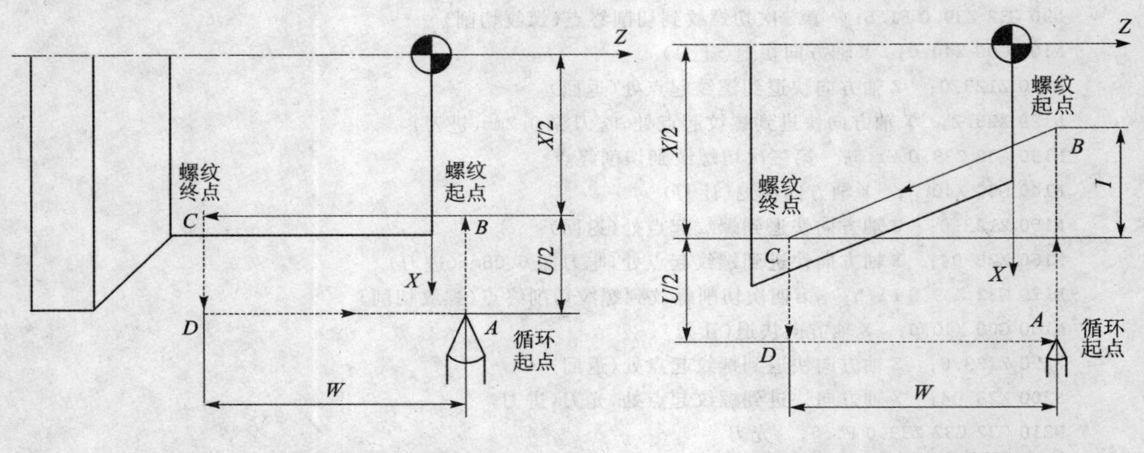

图 4-64 圆柱螺纹切削循环　　图 4-65 锥螺纹切削循环

【例 4-19】 零件如图 4-66 所示，M24×2 螺纹的外圆柱面已经车至尺寸要求，4×2 退刀槽已加工，用 G92 指令编制 M24×2 螺纹的加工程序。

① 螺纹尺寸计算

实际车削时外圆柱面的直径 $d_{实}=d-0.1P=(24-0.1\times2)\text{mm}=23.8\text{mm}$。

螺纹牙型高度 $h_{牙}=0.65P=1.3\text{mm}$。

螺纹小径 $d_{小}=d-2h_{牙}=d-1.3P=21.4\text{mm}$。

取升速进刀段 $\delta_1=5\text{mm}$，减速退刀段 $\delta_2=2\text{mm}$。

② 切削用量

主轴转速 n 取 400r/min，进给量（导程）$F=2\text{mm}$，背吃刀量分别为 0.9mm、0.7mm、0.6mm、0.3mm、0.1mm。

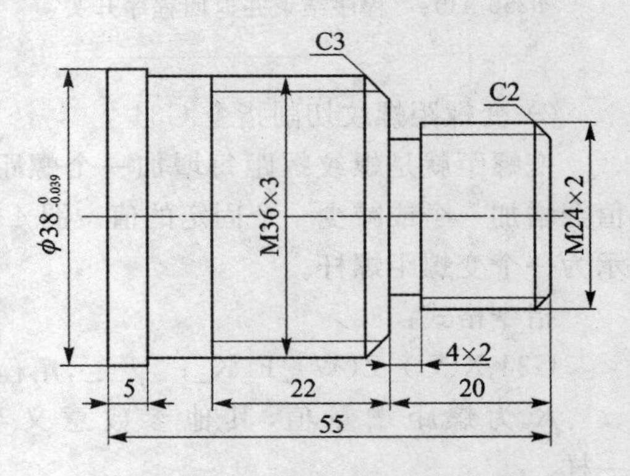

图 4-66 螺纹加工零件图

③ 加工程序

```
O1411
G40 G97 G99 M03 S400;  转速为 400 r/min，正转
G00 X100.0 Z100.0;
T0404;  换螺纹刀
G00 X25.0 Z5.0;  定位到螺纹循环起点 A
```

```
G92 X23.1 Z-18.0 F2.0;  螺纹车削循环，第一刀，切深 0.9mm，螺距 2mm
X22.4;  第二刀，切深 0.7 mm
X21.8;  第三刀，切深 0.6 mm
X21.5;  第四刀，切深 0.3 mm
X21.4;  第五刀，切深 0.1 mm
X21.4;  光刀，切深 0 mm
G00 X100.0 Z100.0;
M30;
%
```

(4) 螺纹切削多重循环指令 G76

G76 螺纹切削多重循环可以在循环中一次性指定有关参数，通过循环自动完成螺纹加工。循环加工路线如图 4-67 所示。G76 螺纹切削复合循环指令较 G32、G92 指令简捷，可节省编程时间，常用于加工不带退刀槽的螺纹和大螺距螺纹。

指令格式：

G76 P(m)(r)(a) Q(Δd_{min}) R(d)；

G76 X(U)_Z(W)_R(i) P(k) Q(Δd) F(L)；

其中：

m——精加工重复次数。

r——螺尾倒角量。当螺距由 L 表示时，可以从 $0.0L$ 到 $9.9L$ 设定，单位为 $0.1L$(两位数：从 00 到 99)。该值是模态的。此值可用 5130 号参数设定，由程序指令改变。

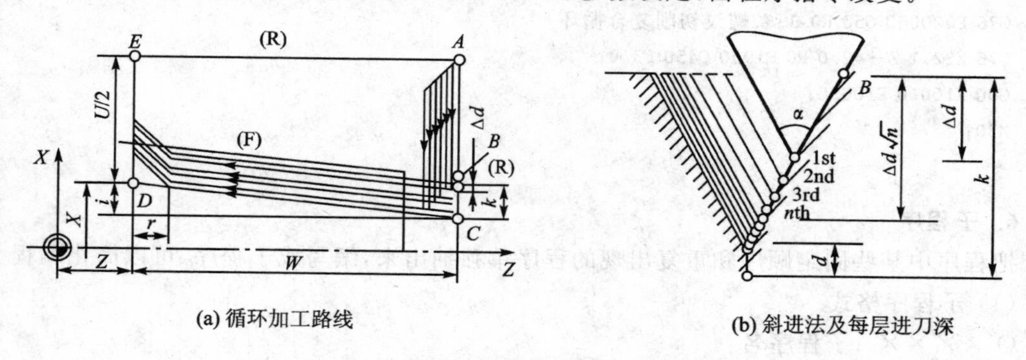

图 4-67　G76 螺纹切削多重循环加工路线

a——刀尖角度，可以从 80°、60°、55°、30°、29°和 0°六种角度中选择一种，用两位整数表示。该值是模态值，可用参数 5143 号设定，用程序指令改变。

m、r、a——用地址 P 同时指定。当 $m=2$，$r=1.2L$，$a=60°$，可以指令如下：P021260。

Δd_{min}——最小切深，单位 μm，半径指定。车削过程中每次切深由第一刀切深按设定规则逐渐递减，当计算切深小于最小切深时，车削深度便锁定在此值。此值可用 5140 号参数设定，用程序指令改变。

d——精加工余量，半径指定。

$X(U)$、$Z(W)$——螺纹终点坐标。外螺纹时 $X(U)$ 为小径，内螺纹时 $X(U)$ 为大径。

i——螺纹半径差，$i=0$ 即为圆柱螺纹。不支持小数点输入，而以最小设定单位编程。

k——螺纹高，这个值用半径值规定。不支持小数点输入，而以最小设定单位编程。

Δd——第一刀切削深度(半径值)。

L——螺纹螺距值。

【例 4-20】 零件如图 4-66 所示,M36×3 螺纹的外圆柱面已经车至尺寸要求,用 G76 编写 M36×3 螺纹加工程序。

① 螺纹尺寸计算

实际车削时外圆柱面的直径 $d_{实}=d-0.1P=(36-0.1\times3)\text{mm}=35.7\text{mm}$。

螺纹牙型高度 $h_{牙}=0.65P=1.95\text{mm}$。

螺纹小径 $d_{小}=d-2h_{牙}=d-1.3P=32.1\text{mm}$。

取升速进刀段 $\delta_1=5\text{mm}$。

② 切削用量

精车重复 2 次,$m=02$;螺纹尾部无倒角,$r=00$;螺纹刀牙型角 60°,$\alpha=60$;最小切深 Q 取 50 μm;精车余量 d 取 0.1mm;根据螺纹计算螺纹终点坐标为(32.1,-42);圆柱螺纹 $i=0$;螺纹高度 $k=1\ 950$ μm;第一次切深 $\Delta d=450$ μm;单头螺纹螺距 $L=3$。

③ 加工程序

```
O1411
G40 G97 G99 M03 S400;  转速为 400r/min,正转
G00 X100.0 Z100.0;
T0404;  换螺纹刀
G00 X37.0 Z-15.0;  定位到螺纹循环起点 A
G76 P020060 Q50 R0.1;  螺纹切削复合循环
G76 X32.1 Z-42.0 R0 P1950 Q450 F3.0;
G00 X100.0 Z100.0;
M30;
%
```

6. 子程序

把程序中某些固定顺序和重复出现的程序单独抽出来,编写成子程序,可以简化编程。

(1) 子程序格式

O ×××× ;子程序名

……

M99;子程序结束

(2)主程序调用子程序的指令格式:

M98　P △△△××××;

其中:△△△——调用次数;××××——子程序名。

其他说明:当不指定重复次数时,子程序只调用一次;主程序可以调用子程序,子程序还可以调用其他子程序,最多可调用 4 层子程序;在程序管理器中主程序和子程序同样存储,只是主程序以 M30/M02 结束,子程序以 M99 结束。

【例 4-21】 如图 4-68 所示零件,用 M98 和 M99 指令编写零件加工程序。

主程序:

```
O1541
```

```
G40 G97 G99 M03 S600;
G00 X100.0Z100.0;
T0101;  换 01 号 90°外圆偏刀
M08;
G00 X40 Z5.0;
G01 X34.0 Z0 F0.2;  倒角起始点
X38.0 Z-2.0;  倒角
Z-52.0;  精车外圆
G00 X100.0;  退刀
Z100.0;
T0303;  换 03 切槽刀
M03 S400;
G00 X40.0 Z0;  用绝对坐标定位调用子程序的起始点
M98 P31542;  调用子程序 01542 三次
G00 X100.0;  退刀
Z100.0;
M30;
%
```

子程序：

```
01542
G00 W-13.0;  用增量坐标编写子程序,左移 13mm
G01 U-7.0 F0.05;  切槽至 φ33mm
G04 X2.0;  暂停 2s
G01 U7 F0.3;  退刀
M99;  子程序结束返回主程序
%
```

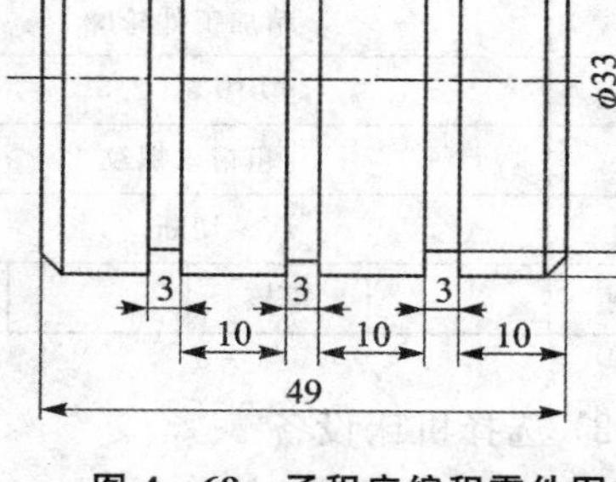

图 4-68　子程序编程零件图

4.3.4　数控车床编程综合实例

1. 综合实例一

毛坯为 φ40mm×120mm 棒材，工件材料为铝，编制程序加工如图 4-69 所示工件。

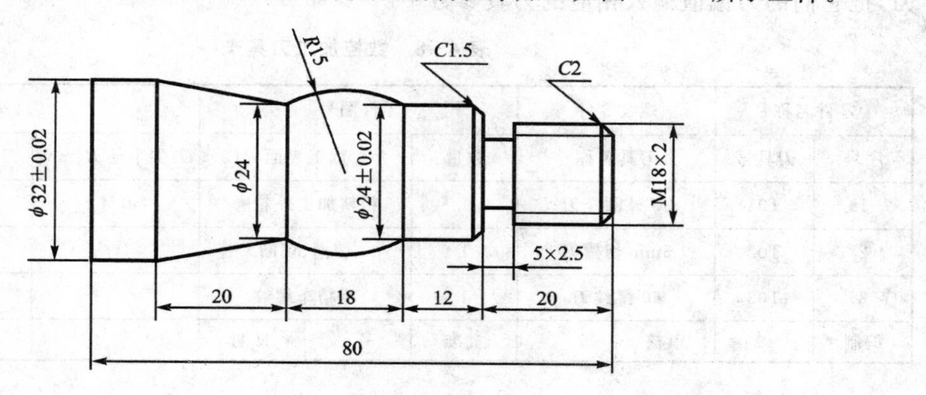

图 4-69　车削加工实例图

(1) 加工方案

1) 对细长轴类零件,轴心线为工艺基准,用三爪自定心卡盘夹持 ϕ40mm 外圆一头,使工件伸出卡盘 100mm,一次装夹完成粗精加工、割槽及螺纹加工。

2) 工步顺序,见表 4-7 的数控加工工序卡。

表 4-7　数控加工工序卡

单位名称			零件名称		零件图号	
			螺纹零件		4-69	
程序号	夹具名称	使用设备	数控系统		场地	
O0069	三爪自定心卡盘	CKA6150	FANUC 0iT		数控实训中心	
工步号	工步内容	刀具号	主轴转速 /(r·min^{-1})	进给量 /(mm·r^{-1})	背吃刀量 /mm	备注
1	装夹零件并找正					手动
2	手动对刀					手动
3	粗车外轮廓,留余量 0.5mm	T01	800	0.3	1.9	
4	精加工外轮廓	T01	1 000	0.1	0.5	
5	切槽 5×2.5	T02	400	0.05	5.0	O0069
6	粗精车螺纹	T03	200	2.0		
7	切断	T02	400	0.05		
编制	审核	批准	日期		共 1 页	第 1 页

(2) 选择机床设备

根据零件图样要求,仅 ϕ24±0.02 和 ϕ32±0.02 有公差要求,选用经济型数控车床即可达到要求,故选用 CKA6150 型数控卧式车床。

(3) 选择刀具

根据加工要求,选用三把刀具,T01 为 90°外圆车刀,T02 为刀宽为 5mm 切槽刀,T03 为 60°螺纹刀,详见表 4-8 数控加工刀具卡。同时把三把刀在自动换刀刀架上安装好,且对好刀,把它们的刀偏值输入相应的刀具参数中。

表 4-8　数控加工刀具卡

零件名称		螺纹零件	零件图号		4-69		
序号	刀具号	刀具名称	数量	加工表面	刀尖半径 R/mm	刀尖方位 T	备注
1	T01	90°外圆车刀	1	粗精加工外轮廓	0.4	3	刀尖角 55°
2	T02	5mm 切槽刀	1	切槽、切断			
3	T03	60°螺纹刀	1	粗精车螺纹			刀尖角 60°
编制	审核		批准	日期		共 1 页	第 1 页

(4) 确定切削用量

切削用量的具体数值应根据该机床性能、相关的手册并结合实际经验确定,详见表 4-7

数控加工工序卡。

(5) 确定工件坐标系、对刀点和换刀点

确定以工件右端面与轴心线的交点 O 为工件原点，建立工件坐标系；采用手动试切对刀方法，把点 O 作为对刀点；换刀点选在参考点。

(6) 编写程序

```
O0069;  程序名
N10 S800 M03 T0101;
N20 G00 X45.0 Z5.0;  定位粗车循环起点
N30 G73 U9.0 W0 R5;  外轮廓粗加工
N40 G73 P50 Q140 U1.0 W0.05 F0.3;
N50 G42 G00 X14.0 Z2.0;  引入刀具半径补偿
N60 G01 Z0 F0.1;
N70 X17.8 W-2.0;  实践车削时外圆柱面的直径 d实 = d - 0.1P = 18 - 0.1×2 = 17.8mm
N80 Z-20.0;
N90 X21.0 Z-21.5;
N100 Z-32.0;
N110 G03 X24 W-18.0 R15.0;
N120 G01 X32.0 W-20.0;
N130 Z-85.0;
N140 G40 X40.0;  取消刀具半径补偿
N150 G28 U0 W0 M05;  从当前点回参考点
N160 M00;  测量，继续加工按循环启动
N170 S1000 M03 T0101 F0.1;
N180 G00 X45.0 Z5.0;
N190 G70 P50 Q140;  外轮廓精加工
N200 G28 U0 W0 M05;
N210 M00;  测量，继续加工按循环启动
N220 S400 M03 T0202 F0.05;  换切槽刀
N230 G00 X26.0 Z-20.0;
N240 G01 X13.0;
N245 G04 X1.0;  暂停 1s
N250 G01 X26.0 F0.05;
N260 G28 U0 W0 M05;
N270 M00;
N280 S200 M03 T0303;  换螺纹刀
N290 G00 X20.0 Z5.0;
N300 G92 X17.1 Z-16.0 F2.0;  计算小径 d小 = 18 - 1.3×2 = 15.4mm，第一刀
N310 X16.5;  第二刀
N320 X15.9;  第三刀
N330 X15.5;  第四刀
N340 X15.4;  第五刀
N350 X15.4;  光刀
N360 G28 U0 W0 M05;
N370 M00;
```

```
N380 S400 M03 T0202 F0.05;  割断
N390 G00 X42.0 Z-83.0;
N400 G01 X0.5;  不切到X0,防止打刀,最后折断即可
N410 G00 X42.0;
N420 G28 U0 W0 M05;
N430 M30;  程序结束
%
```

2. 综合实例二

毛坯为 ϕ40mm×100mm 棒材,工件材料为铝,编制程序加工如图 4-70 所示工件。

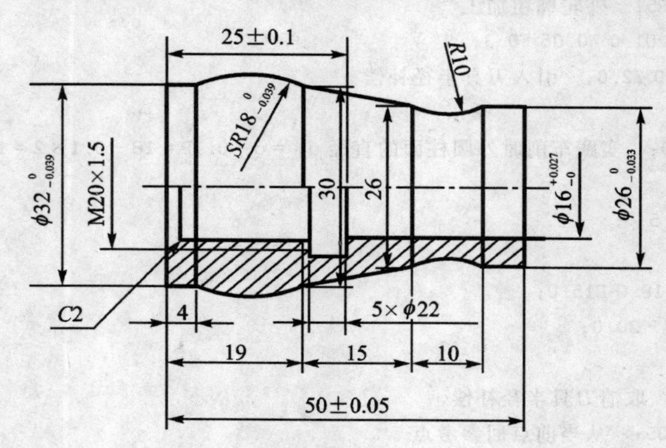

图 4-70 内、外表面加工实例

(1) 加工方案

1) 对细长轴类零件,轴心线为工艺基准,用三爪自定心卡盘夹持 ϕ40mm 外圆一头,使工件伸出卡盘 70 mm,一次装夹完成内外轮廓粗精加工、割槽及螺纹加工。

2) 工步顺序,见表 4-9 数控加工工序卡。

(2) 选择机床设备

根据零件图样要求,选用经济型数控车床即可达到要求,故选用 CKA6150 型数控卧式车床。

(3) 选择刀具

根据加工要求,选用四把刀具,T01 为 93°外圆车刀;T02 为 93°内孔车刀;T03 为切槽刀,刀宽为 3mm;T04 为 60°内螺纹刀,详见表 4-10 数控加工刀具卡。同时将四把刀在自动换刀刀架上安装好,且都对好刀,把它们的刀偏值输入相应的刀具参数中。

(4) 确定切削用量

切削用量的具体数值应根据该机床性能、相关的手册并结合实际经验确定,见表 4-9 工序卡。

(5) 确定工件坐标系、对刀点和换刀点

确定以工件右端面与轴心线的交点 *O* 为工件原点,建立 *XOZ* 工件坐标系。

采用手动试切对刀方法,把点 *O* 作为对刀点。换刀点选在参考点。

表 4-9　数控加工工序卡

单位名称			零件名称		零件图号	
			螺纹零件		4-70	
程序号	夹具名称	使用设备	数控系统		场地	
O0069	三爪自定心卡盘	CKA6150	FANUC 0iT		数控实训中心	
工步号	工步内容	刀具号	主轴转速 /(r·min^{-1})	进给量 /(mm·r^{-1})	背吃刀量 /mm	备注
1	装夹零件并打表找正					手动
2	手动对刀					手动
3	粗车外轮廓，留余量 0.5mm	T01	600	0.3	1.625	O0001
4	精加工外轮廓	T01	1 000	0.1	0.5	
5	零件掉头装夹，打表找正，对刀					手动
6	车端面，保证 50±0.05 尺寸	T01	400			手动
7	钻底孔 ϕ14mm，深 55mm	尾座				手动
8	粗加工内轮廓，留余量 0.3mm	T02	500	0.3	1.0	O0002
9	精加工内轮廓	T02	1 000	0.1	0.3	
10	切内槽 5×ϕ22	T03	400	0.05		
11	粗精车螺纹	T04	200	1.5		
编制		审核	批准	日期	共 1 页	第 1 页

表 4-10　数控加工刀具卡

零件名称		螺纹零件	零件图号		4-70		
序号	刀具号	刀具名称	数量	加工表面	刀尖半径 R/mm	刀尖方位 T	备注
1	T01	主偏角 93°外圆右偏刀	1	粗精加工外轮廓	0.4	3	刀尖角 35°
2	T02	主偏角 93°内孔右偏刀	1	粗精加工外轮廓	0.4	2	刀尖角 55°
3	T03	刀宽 3mm 内槽切刀	1	切槽			
4	T04	60°内螺纹刀	1	粗精车螺纹			刀尖角 60°
编制		审核		批准	日期	共 1 页	第 1 页

(6) 编写程序

1) 外轮廓加工程序

```
O0001;
N10 S600 M03 T0101;  换外圆刀，刀尖角 35°，主偏角 93°
N20 G00 X42.0 Z5.0;  定位粗车循环起点
N30 G73 U6.5 W0 R4;  外轮廓粗加工
N40 G73 P50 Q120 U1.0 W0 F0.3;
N50 G42 G00 X26.0 Z2.0;  引入刀尖半径补偿
N60 G01 Z-6.0 F0.1;
N70 G02 X26.0 W-10.0 R10;
```

```
N80 G01 X30.0 W-15.0;
N90 G03 X31.981 Z-46.0;
N100 G01 Z-50;
N110 X40.0;
N120 G40 G01 X45.0;  取消刀具补偿
N130 G28 U0 W0;  从当前点回零
N140 M05;
N150 M00;  测量,继续加工按循环启动
N160 S1000 M03;
N170 G00 X42.0 Z5.0;
N180 G70 P50 Q120;  外轮廓精加工
N190 G28 U0 W0 M05;
N200 M30;
%
```

2）内轮廓加工程序（掉头加工）

```
O0002
N10 S500 M03 T0202;  换内孔刀,前道工序已经完成手动钻孔 φ14mm。
N20 G00 X10.0 Z2.0;  定位循环起点
N30 G71 U1.0 R0.3;  内轮廓粗加工
N40 G71 P50 Q110 U-0.6 W0 F0.3;  因精加工余量留在内轮廓,U 取 -0.6mm
N50 G41 G00 X25.0;  引入刀尖半径补偿,不能写 Z 坐标
N60 G01 Z0 F0.1;
N70 X18.2 Z-2.0;  计算小径 d小 = d-1.3P+0.1P = 20-1.3×1.5+0.1×1.5 = 18.2mm
N80 Z-25.0;
N90 X16.0;
N100 Z-50.0;
N110 G40 G01 X10.0;  取消刀尖补偿
N310 G28 U0 W0 M05;
N320 M00;  测量,继续加工按循环启动
N330 S1000 M03;
N340 G00 X15.0 Z5.0;
N350 G70 P50 Q110;  内轮廓精加工
N360 G28 U0 W0 M05;
N370 M00;  测量,继续加工按循环启动
N380 S400 M03 T0303 F0.05;  切内槽,刀宽 3mm
N390 G00 X18.0 Z5.0;
N400 G01 Z-25.0;
N410 X22.2;  因刀宽 3mm,分两刀切,第一刀切到 X22.2,留 0.1 精加工余量
N420 G01 X18.0 F0.5;  退刀
N430 Z-23.0;  Z 向移刀 2mm
N440 G01 X22.0 F0.05;  切第二刀
N450 Z-25.0;  将第一刀切到 X22.2,留 0.1 精加工余量
N460 G01 X18.0 F0.5;  退刀
N470 Z5.0;
```

```
N480 G28 U0 W0 M05;
N490 M00;
N500 S200 M03 T0404;  换内螺纹刀,牙型角 60°
N510 G00 X18.0 Z5.0;  螺纹循环起点
N520 G92 X19.08 Z-21.0 F1.5;  第一刀
N530 X19.58;  第二刀
N540 X19.88;  第三刀
N550 X20.0;  第四刀
N560 X20.0;  光刀
N570 G28 U0 W0 M05;
N640 M30;  程序结束
%
```

3. 综合实例三

工件毛坯为 ϕ195mm×50mm 圆柱料,工件材料为 45 钢,对如图 4-71 所示行星架零件编制加工程序。

(1) 加工方案

1) 该零件为盘类零件,以轴心线为工艺基准,用三爪自定心卡盘夹持 ϕ195mm 外圆一头,使工件伸出卡盘 30mm。

2) 工步顺序,见表 4-11 数控加工工序卡和图 4-72 工艺流程图。

(2) 选择机床设备

根据零件图样要求,尺寸公差都比较大,选用经济型数控车床即可达到要求。故选用 CKA6150 型数控卧式车床。

(3) 选择刀具

根据加工要求,刀具选择见表 4-12 数控加工刀具卡。

(4) 确定切削用量

切削用量的具体数值应根据该机床性能、相关的手册并结合实际经验确定,详见加工程序。

(5) 确定工件坐标系、对刀点和换刀点

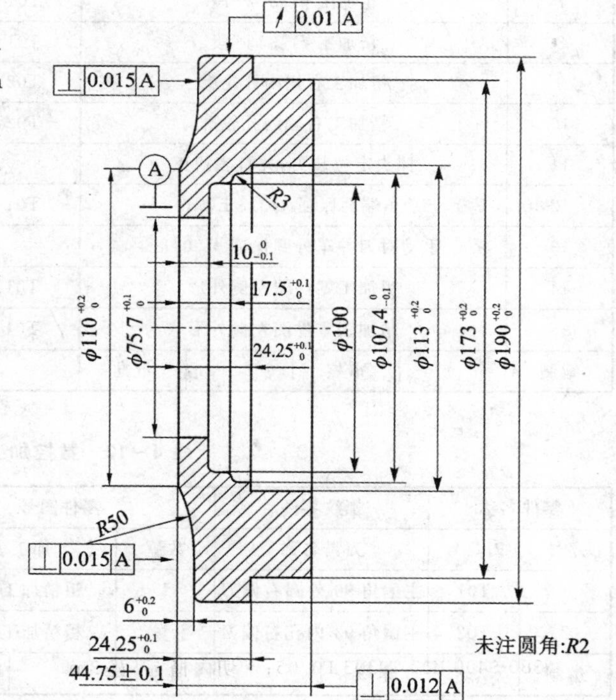

图 4-71　行星架零件

确定以工件右端面与轴心线的交点为工件原点,建立工件坐标系。采用手动试切对刀方法,把工件原点作为对刀点。换刀点的选取以不碰工件为准。

(6) 编写程序

1) 粗精加工 $\phi173^{+0.2}_{0}$ 段圆柱面,如图 4-72(d)所示。

表 4-11　数控加工工序卡

单位名称				零件名称		零件图号	
				螺纹零件		4-71	
程序号	夹具名称		使用设备	数控系统		场地	
O0069	三爪自定心卡盘		CKA6150	FANUC 0iT		数控实训中心	
工步号	工步内容		刀具号	主轴转速 /(r·min^{-1})	进给量 /(mm·r^{-1})	背吃刀量 /mm	备注
1	装夹零件并打表找正						手动
2	手动对刀						手动
3	车基准 $\phi193\times30$,车端面		T01	300	0.3	1.0	MDI
4	钻孔到 $\phi60$						手动
5	掉头定位装夹,并打表找正						手动
6	手动对刀						手动
7	粗加工 $\phi173^{+0.2}_{0}$段		T01	300	0.3	2.0	O0001
8	精加工 $\phi173^{+0.2}_{0}$段		T01	600	0.1	0.5	
9	粗加工右侧内孔轮廓		T02	400	0.3	2.0	O0002
10	精加工右侧内孔轮廓		T02	800	0.1	0.5	
11	掉头定位装夹,并打表找正						手动
12	车端面保证 44.75 ± 0.1		T01				MDI
13	手动对刀并车外圆保证 $\phi190^{+0.2}_{0}$						手动
14	粗加工零件图左侧外形		T01	300	0.3	2.0	O0003
15	精加工零件图左侧外形		T01	600	0.1	0.5	
编制	审核		批准	日期		共1页	第1页

表 4-12　数控加工刀具卡

零件名称		螺纹零件		零件图号		4-71	
序号	刀具号	刀具名称	数量	加工表面	刀尖半径 R/mm	刀尖方位 T	备注
1	T01	主偏角 90°外圆右偏刀	1	粗精加工外轮廓	0.4	3	刀尖角 55°
2	T02	主偏角 93°内孔右偏刀	1	粗精加工外轮廓	0.4	2	刀尖角 55°
编制		审核		批准	日期	共1页	第1页

```
O0001;
T0101 S300 M03;  外圆刀,90°主偏角,55°刀尖角
G00 X195.0 Z3.0 M08;  定位 A 点
G71 U2.0 R0.5
G71 P10 Q20 U1.0 W0.05 F0.3
N10  G42 G00 X173.10;  A′点,引入刀尖半径补偿
G01 Z-20.0 F0.1;  未加工到 24.25^{+0.1}_{0} 尺寸,为后续加工留 0.5 的余量
X193.0
```

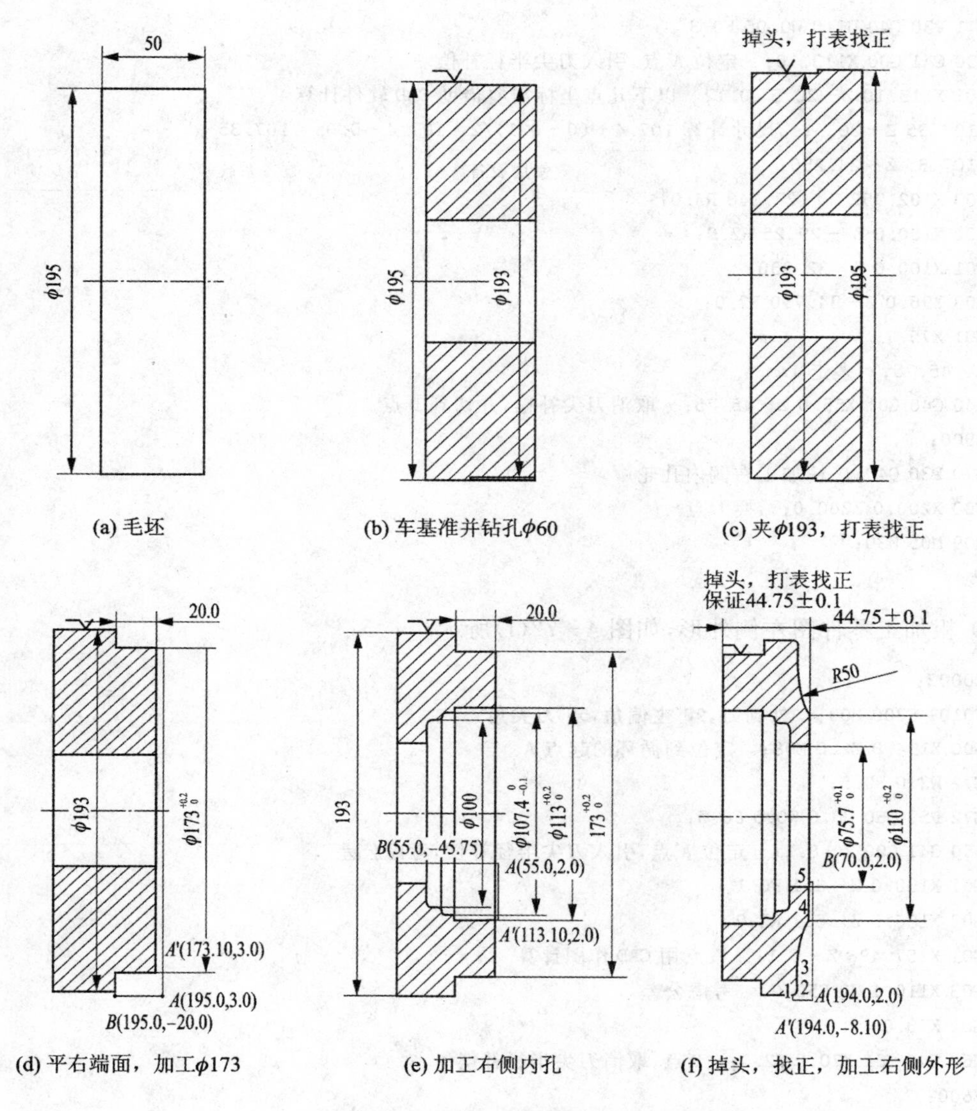

(a) 毛坯　(b) 车基准并钻孔φ60　(c) 夹φ193，打表找正

(d) 平右端面，加工φ173　(e) 加工右侧内孔　(f) 掉头，找正，加工右侧外形

图 4-72　工艺流程图

```
N20  G40 X195.0 Z-20.0;  B点,取消刀尖半径补偿
S600;
G70 P10 Q20;  精加工 φ173 圆柱面
G00 X200.0 Z200.0;  换刀点
M09 M05 M30;
%
```

2）粗精加工右侧内孔轮廓,如图 4-72(e)所示。

```
O0002;
T0202 S400 M03;  内孔刀,93°主偏角,55°刀尖角
G00 X55.0 Z2.0 M08;  定位到循环的起点 A
G71 U2.0 R0.5;
```

```
G71 P30 Q40 U1.0 W0.05 F0.3
N30 G41 G00 X113.10;  定位A′点,引入刀尖半径补偿
G01 X113.10 Z-20.5 F0.1;  以下几点坐标需要借助CAD软件计算
X107.35 Z-20.5;  尺寸计算107.4+(0-0.1)/2=107.4-0.05=107.35
X107.35 Z-24.250;
G03 X102.952 Z -27.148 R3.0;
G02 X100.0 Z -29.25 R2.0;
G01 X100.0 Z-32.750;
G03 X96.0 Z-34.750 R2.0;
G01 X75.7;
Z-45.75;  多走1mm
N40 G40 G01 X55.0 Z-45.75;  取消刀尖补偿,并切到B点
S800;
G70 P30 Q40;  精加工右侧内孔轮廓
G00 X200.0 Z200.0;  换刀点
M09 M05 M30;
%
```

3）粗加工零件图左侧外形，如图4-72(f)所示。

```
O0003;
T0101 S300 M03;  外圆刀,90°主偏角,55°刀尖角
G00 X194.0 Z2.0 M08;  定位到循环的起点A
G72 W2.0 R0.5;
G72 P50 Q60 U0.6 W0.5 F0.3;
N50 G41 G00 Z-8.1;  定位A′点,引入刀尖半径补偿,考虑公差
G01 X190.0 Z-8.1 F0.1
G02 X186.0 Z-6.1 R2.0
G01 X157.498 Z-6.1;  该点用CAD作图计算
G03 X110.1 Z0 R50.0;  考虑公差
G01 X70.0;
N60 G40 G01 X70.0 Z2.0;  B点,取消刀尖半径补偿
S600;
G70 P50 Q60;  精加工
G00 X200.0 Z200.0;  换刀点
M09 M05 M30;
%
```

4.4 数控车床操作

4.4.1 数控车床操作面板简介

机床操作面板可分为上下两个部分，上面一部分为CRT/MDI面板，或称为编辑键盘；另一部分为机械控制面板，也称操作面板。相同的数控系统，CRT/MDI面板都是一样的，但因数控机床厂家的不同，机械控制面板会有不同。下面以CY-K400数控车床操作面板为例做

简单介绍。如图 4－73 所示，该机床采用 FANUC 0i Mate－TC 数控系统。

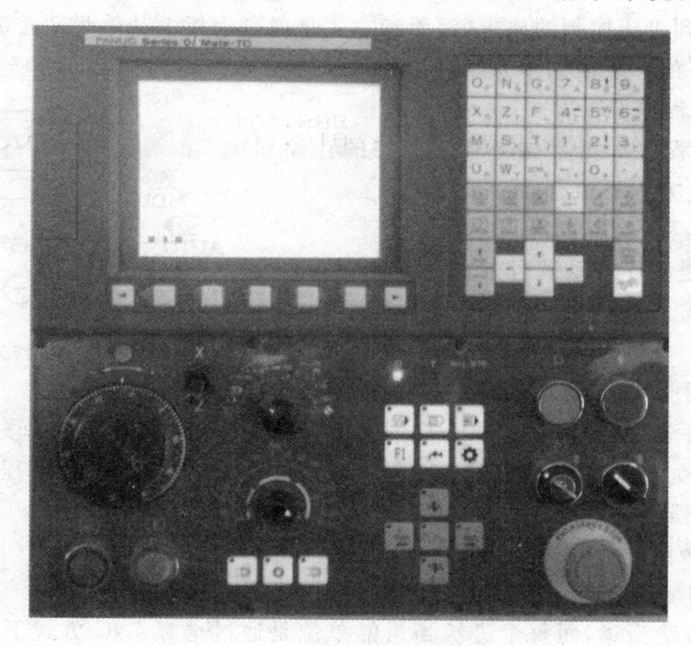

图 4－73 CY－K400 数控车床操作面板

1. MDI 面板按键

CY－K400 数控车床操作面板各数字输入及编辑键功用如下：

(1) 复位键【RESET】：用于解除报警，系统复位。

(2) 输入键【INPUT】：按地址键或数字键后，地址或数字进入键输入缓冲器并显示在 CRT 上。

(3) 插入键【INSERT】：用于手动情况下输入程序

(4) 取消键【CAN】：用于消除单个字符。

(5) 删除键【DELET】：用于删除整个代码。

(6) 光标移动键【← ↑ ↓ →】：移动光标。

(7) 翻页键【PAGE ↑、PAGE ↓】：翻动 CRT 页面。

(8) 替换键【ALTER】：用于修改已经输入的程序。

(9) 位置键【POS】：进行现在位置的显示。

(10) 程序键【PROG】：EDIT 方式时，进行存储器内程序的编辑、显示；MDI 方式时，进行 MDI 数据的输入、显示，自动运转中进行指令值的显示等。

(11) 信息键【MESSAGE】：显示报警号。

(12) 换挡键【SHIFT】：MDI 键盘若有两个或者两个以上的字母或者数字的时候，若要输入右下角的小字母应首先按一下【SHIFT】，然后再按相应的键即可。

2. FANUC 系统的工作方式简介

FANUC 系统的工作方式由工作方式转换开关决定，机床的一切运行都是围绕着工作方式选择开关进行的。如图 4－74 所示，共有七种工作方式，把 MDI 方式、AUTO 方式和 EDIT 方式统称为自动方式；把 INC 方式、HANDLE 方式、JOG 方式和 ZRN 方式统称为手动方式。

自动方式和手动方式最本质的区别在于：自动方式下机床的控制是通过程序执行 G 代码和 M、S、T 指令来达到机床控制的要求，而手动方式是通过面板上其他驱动按键和倍率开关的配合来达到控制的目的。下面简单介绍这七种工作方式。

(1)【EDIT】：程序编辑方式

EDIT 方式是程序编辑存储方式。程序的存储和编辑都必须在这个方式下执行。

(2)【AUTO】：程序自动运行方式

AUTO 方式是程序自动运行方式。编辑以后的程序可以在这个方式下执行，同时可以诊断程序格式的正确性。

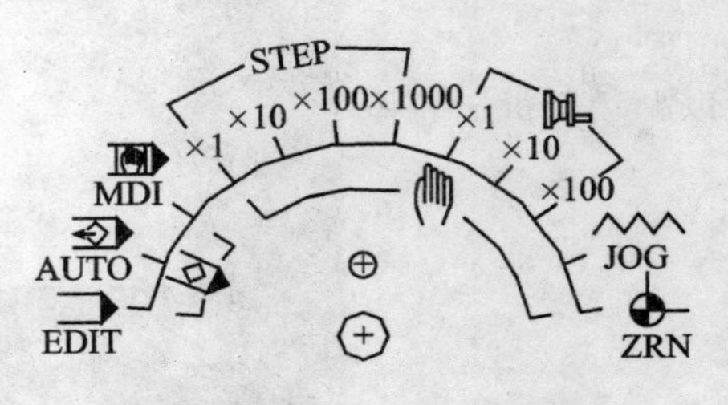

图 4－74　工作方式转换开关

(3)【MDI】：手动数据输入方式

MDI 方式是手动数据输入方式，一般情况下，MDI 方式是用来进行单段的程序控制，例如 T0200，或者是 G00 X10，它只是针对一段程序编程，不需要编写程序号和程序序号，并且程序一旦执行完以后，程序就不再驻留于内存。

(4)【INC】：增量进给方式

INC 方式是增量进给方式。在该方式下，每按一下方向进给键【＋X】、【－X】、【＋Z】、【－Z】，机床就移动一个进给当量，而每个进给当量的单位是通过选择 INC 方式下的【×1】、【×10】、【×100】、【×1000】这四个挡位来进行选择。例如，在选择【×1】的情况下，按一下【＋Z】方向键，机床就朝＋Z 方向移动 0.001 mm，即 1 μm；如果按一下【＋X】方向键，假若机床参数的设定是直径编程，CRT 上座标显示移动 0.001 mm，但实际机床本身只移动了 0.000 5 mm。

(5)【HANDLE】：手摇脉冲方式

HANDLE 是手轮方式。在该方式下，通过摇动手摇脉冲发生器来达到机床移动控制的目的。

(6)【JOG】：手动进给方式

在 JOG 方式下，通过按下操作面板上方向键【＋X】、【－X】、【＋Z】、【－Z】，机床就朝着所选择的方向连续进给，并且相应的指示灯发光指示，而进给的速度是由进给倍率开关来控制。

(7)【ZRN】：回零方式

ZRN 方式是回零方式。如果伺服电机采用增量式编码器，机床一上电以后，必须回零完成，机床才能运行程序。另外，在回零方式下，X 轴、Z 轴只能朝正方向，即＋X、＋Z 方向回零，在这个时候如果要 X 轴回零，只要按一下【＋X】方向键并保持 3 s，机床就朝＋X 方向自动回零，如果误按一下【－X】方向键，机床就会进给。

4.4.2　数控车床的基本操作过程

1. FANUC 系统编程操作

(1) 程序编辑

使系统工作方式处于 EDIT 状态，按【PRGRM】键输入地址 O 及程序号、程序指令，再按【INSRT】键，将程序存储。

(2) 程序调用

使当前状态处于 EDIT 和 AUTO 方式，按【PRGRM】键，输入地址 O 及程序号，或按光标键【↓】,可以检索所需程序。FANUC系统检索程序号方法很多,使用时,可以参照系统说明书。

(3) 程序删除

首先都要选择EDIT方式,按下【PRGRM】键,输入地址O与程序号,按【DELETE】就可以删除所指定的程序。

2. 安全操作

(1) 紧急停止【EMERGENCY STOP】

当发生紧急情况时,按机床操作面板上的紧急停止按钮,机床锁住,机床移动立即停止。紧急停止时,通向电机的电源被关闭。解除紧急停止的方法一般是通过旋转解除。解除紧急停止前,应排除不正常因素,紧急停止不解除,任何操作都无法进行。

(2) 超程处理

机床超程保护可分为硬件超程保护和软件超程保护。硬件限位是指在行程的极限位置设置挡块,挡块间距大于运动部件的正常工作行程,同时小于丝杠的工作行程。当发生故障时,极限位置挡块会压下安装在机床移动部件上的行程开关,就相当于按下了急停按钮,会自动切断系统电源,对机床进行保护。软件限位是指在参数中设置运动部件的移动范围,通常设置的移动范围比机床运动部件正常工作行程大,比极限位置挡块的间距小。软件限位是对机械装置(丝杠)的第一层保护,硬件限位(挡块)是第二层保护。

软件超程时,直接将移动部件向相反的方向移动即可;当硬件超程时,必须按下超程解除按键,再向相反的方向移动到安全位置,然后再按复位按钮解除报警。如这样还不能解除超程可以重启系统,再手动将刀具移向安全的方向。

(3) 报警故障的处理

当不能正常运转时,一般可以通过报警信息查找故障源,按【MESSAGE】键,根据提示的报警号查找故障来源。如查看报警提示还不能确定故障原因,可以根据提示查找维修说明书中报警号提示,根据具体情况进行解决。

3. FANUC系统数控车床对刀操作

对刀的方法因实际情况而异,多种多样。数控车床常采用试切法对刀。

(1) 采用G54～G59设定工件坐标系时的对刀方法

若采用程序段G54～G59来设定工件坐标系,当完成首次对刀操作后,每次开机后只需操作车床返回机床零点一次,则所有零件加工前都不必重复基准刀具的对刀操作,即可进行自动加工。

其操作步骤如下:

1) 返回机床零点。分别操作车床使X向、Z向返回机床零点。

2) 车削毛坯外圆。选择手轮工作方式,选择坐标轴HX或HZ,按【主轴正转】键,摇动手轮,车削约10mm长的零件外圆,沿Z轴正方向退刀,并记录CRT屏幕上显示的X坐标的数据。

3) 测量尺寸:按【主轴停止】键,测量车削后的外圆直径为ϕdmm。

4) 计算X轴方向的坐标尺寸。X轴方向的坐标尺寸等于屏幕上X坐标处的数字值$d$mm。

5) 输入X轴方向的坐标尺寸。按【偏置】键,按软键操作区的【坐标系】软键,移动光标,把光标移动到G54处，键入上步计算出的 X 轴方向的坐标尺寸，按【输入】软键将 X 轴方向的坐标尺寸输入到系统存储器中的G54处。

6）车削毛坯端面。选择手轮工作方式，选择坐标轴 HX 或 HZ，按【主轴正转】键，摇动手轮，车削零件端面，保证 Z 坐标不变，沿 X 轴正方向退刀，并记录CRT屏幕上显示的 Z 坐标处的数据。

7）输入 Z 轴方向的坐标值。按【偏置】键，按操作区的【坐标系】软键，移动光标到G54处，键入上步计算出的 Z 轴方向的坐标尺寸，按【输入】软键，将 Z 轴方向的坐标尺寸输入到系统存储器中的G54处。

此时，在进行返回机床零点的操作后，在CRT屏幕上的绝对坐标值处，显示出工件坐标系原点在机床坐标系中的位置，这时数控系统用新建立的工件坐标系取代了原来的机床坐标系。

（2）T指令对刀

在前面讲解T指令时，已经描述了T指令对刀的全过程，这里不再重复。

4.4.3 数控车床的操作示例

如图4－71所示行星架零件，分析该工件的加工工艺，用FANUC 0i Mate－TC系统编写出加工程序，并在机床上加工。

1. 工艺分析及编写程序

该零件属于盘类零件，根据零件图样要求，选用CKA6150型数控卧式车床。零件加工的工步顺序、切削用量的确定如表4－11数控加工工序卡所列，刀具的选择如表4－12数控加工刀具卡所列。确定工件原点为工件右端面与轴心线的交点，建立工件坐标系。采用手动试切对刀方法，把点工件原点作为对刀点，换刀点选取以不碰工件为准。

零件加工程序为O0001、O0002和O0003。

2. 加工操作过程及内容

（1）机床上电

1）旋转机床主电源开关至【ON】位置，机床电源指示灯亮。

2）按【系统上电启动】键，CRT显示器出现机床的初始位置坐标画面。

（2）手动返回机床参考点

1）如图4－74所示，将工作方式转换开关旋转至【ZRN】回零方式。

2）按【＋X】方向键和【＋Z】方向键，刀架就朝＋X 方向和＋Z 方向快速回零，回零指示灯亮，CRT显示器上机械坐标值为零。

（3）手动操作机床

1）将工作方式转换开关旋转至【JOG】手动进给方式，通过方向键【＋X】、【－X】、【＋Z】、【－Z】调整刀架位置，并通过进给倍率开关的对移动速度进行控制，也可以通过【HANDLE】手摇脉冲工作方式调整刀架位置。

2）手动控制主轴转动。将工作方式转换开关旋转至【MDI】方式，再按下【PROG】键，CRT显示画面进入MDI程序画面，用键盘输入程序如“M03 S500”，并按下【EOB】和【INSERT】按键，再按【循环启动】键，数控机床就按照设定的转速旋转。有些机床的主轴转速控制采用机械滑移齿轮的有级变速与变频器控制电机的无级变速相结合的方式，这时需要看滑移齿轮处于什么挡位(低速、中速或高速)。如果是中挡,需要将输入程序改成“M42 M03 S500”,其他操作不变。

当需要主轴停止转动时,按下机床操作面板上的主轴停止按钮,主轴将减速停止。此后,只要按下操作面板上主轴正转或主轴反转按钮,主轴就可以实现正转或反转,有的机床还配有主轴转速升降倍率开关,可以调节主轴转速的高低。

3) 手动操作刀架转位。将工作方式转换开关旋转至【MDI】方式,再按下【PROG】键,CRT 显示画面进入 MDI 程序画面,使用键盘输入程序“T△△××”,如“T0101”,并按下【EOB】和【INSERT】按键,再按【循环启动】键,将 1 号刀换到工作位置。也可以直接按下机床操作面板上的刀架转位按钮,实现刀架的转位。

(4) 装夹、找正工件

采用三爪自定心卡盘夹住圆柱料外圆,进行外圆找正后,再夹紧工件。注意工件装卡一定要牢固。

找正方法一般为打表找正,常用的钟面式百分表如图 4 - 75 所示。百分表是一种指示式量仪,除用于找正外,还可以测量工件的尺寸、形状和位置误差。

使用百分表应注意如下事项:

① 使用前,应检查测量杆的灵活性,即轻轻推动测量杆时,测量杆在套筒内的移动要灵活,且每次放松后,指针能回复到原来的刻度位置。

② 使用百分表时,必须把它固定在万能表架或磁性表座上。

③ 用百分表测量零件时,测量杆必须垂直于被测量表面,不要使测量头突然撞在零件上。

④ 不要使百分表受到剧烈的振动和撞击。

百分表找正如图 4 - 76 所示,具体操作步骤如下:

① 准备阶段:将钟面式百分表装入磁力表座孔内,锁紧,检查测头的伸缩性、测头与指针配合是否正常。

② 测量阶段:百分表测头与工件的回转轴线垂直,用手转动三爪卡盘,根据百分表指针的摆动方向轻敲工件进行调整,使工件回转轴线与数控车床主轴中心轴线重合。

工件装夹注意事项如下:

① 装夹工件时应尽可能使基准统一,减少定位误差,提高加工精度。

② 装夹已加工表面时,应在已加工表面上包一层铜皮,以免夹伤工件表面。

③ 装夹部位应选在工件的强度和刚性好的表面。

(5) 安装刀具

1) 机夹外圆车刀的安装

将刀片装入刀体内,旋入螺钉,并拧紧;刀杆装上刀架前,先清洁装刀表面和车刀刀柄;车刀在刀架上伸出长度约等于刀杆高度的 1.5 倍,伸出太长会影响刀杆的刚性;车刀刀尖应与工件中心等高;刀杆中心应与进给方向垂直;至少用两个螺钉压紧车刀,固定好刀杆。

2) 钻头的安装

直柄麻花钻可以用专用钻夹头装夹,再将钻夹头的锥柄插入车床尾座锥孔内;锥柄麻花钻可以直接插入车床尾座锥孔内。

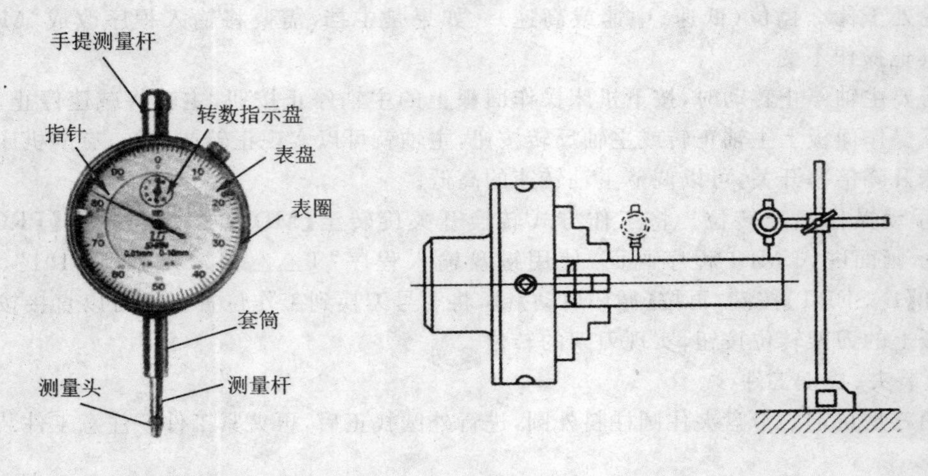

图 4-75　百分表结构　　　　图 4-76　百分表找正

3）内孔车刀的安装

刀杆与工件轴线基本平行；刀杆的伸出长度应尽可能的短，一般取孔深长度加刀头宽度即可，以增加刀杆的刚性，防止产生震动；刀尖等高或略高于主轴的回转中心，防止刀杆在切削力作用下弯曲产生“扎刀”。

4）内、外螺纹车刀的安装

内、外螺纹车刀在安装时，除了注意上述问题外还要注意车刀刀尖角的对称中心线与工件轴线垂直。

（6）程序输入

程序输入的方法有两种：一种是通过键盘输入程序，另一种是通过数据传输导入程序。由于数控车削编程程序短，通常采用键盘输入程序。

将工作方式转换开关旋转至【EDIT】程序编辑方式，按下【PROG】键，输入程序名“O0001”，按下【EOB】键和【INSERT】键，进入输入 O0001 程序内容界面，按照程序单逐条输入程序即可。

（7）对刀操作

依次按下【OFFSET/SETTING】→【刀偏】→【形状】（进入刀具设定界面）；换上刀具 T△△，并将光标移到对应的刀补号××→切端面→保证 Z 坐标不变移出刀具→输入 Z0→【刀具测量】→【测量】（则该值为参考点到工件右端面的 Z 向增量）；切外圆→保证 X 不变，移出刀具→主轴停止→用卡尺测量直径值→输入 X（直径值）→【刀具测量】→【测量】（则该值为刀尖移动到轴线时 X 方向增量）。这种方法操作简单，可靠性好，通过刀偏与机械坐标系紧密地联系在一起，只要不断电，不改变刀偏值，工件坐标系就会存在且不会变，即使断电，重启后回参考点，工件坐标系还在原来的位置。

（8）自动加工

调用加工程序 O0001，将工作方式转换开关旋转至【AUTO】程序自动运行方式，再按下【循环启动】按钮，自动加工零件。首件试切加工一定要保证运行程序的正确性和安全性，防止发生碰撞。首件试切加工一般采用单段工作方式，即按下操作面板上的【单段】运行按键，一条一条程序执行。

(9) 零件检测

将加工好的零件从机床上卸下，根据零件不同尺寸精度、粗糙度要求选用不同的量具进行检测。本次任务主要使用的量具有游标卡尺和粗糙度比较样板，如果有螺纹的零件还要使用螺纹量规。

思考与练习题

1. 填空题

(1) 数控车床主要用于加工________、________等回转体类零件。

(2) 一般加工程序段由程序段号、____________、坐标值、____________、主轴速度、刀具、辅助功能等功能字组成。

(3) 数控车床用恒线速度控制加工端面、锥度和圆弧时，必须限制主轴的________。

(4) 螺纹指令 G32 X41.0 W－43.0 F1.5；是以每分钟________的速度加工螺纹。

(5) 数控削中的指令 G71 格式为：______________。

(6) 程序执行结束，同时使记忆回复到起始状态的指令是____________。

(7) 数控车床主要采用________夹具。

(8) 在车削加工螺纹时，进给功能字 F 后的数字表示________。

(9) 数控车床的刀具功能字 T 既指定了________，又指定了________。

(10) G00 的指令移动速度值是由________指定的。

2. 判断题

(1) (　　)数控车床适宜加工轮廓形状特别复杂或难于控制尺寸的回转体零件、箱体类零件、精度要求高的回转体类零件、特殊的螺旋类零件等。

(2) (　　)使用 G73 粗加工时，在 ns→nf 程序段中的 F、S、T 是有效的。

(3) (　　)圆弧插补指令中，当圆弧圆心角大于 180°时，半径 *R* 取负值。

(4) (　　)用刀尖点编出的程序在进行倒角、锥面及圆弧切削时，则会产生少切或过切现象。

(5) (　　)恒线速控制的原理是当工件的直径越大，进给速度越慢。

(6) (　　)G32 X41.0 W－43.0 F1.5；是以 1.5 mm/min 的速度加工螺纹。

(7) (　　)外圆粗车循环是适合棒料毛坯除去较大余量的切削方法。

(8) (　　)数控车床与普通车床用的可转位车刀一般有本质的区别，其基本结构、功能特点都是不相同的。

(9) (　　)粗车削应选用刀尖半径较小的车刀片。

(10) (　　)G50 是坐标设定指令，同时也是刀具移动指令。

(11) (　　)数控车床程序中进给量 F 值在车削螺纹时，是指螺纹导程。

(12) (　　)T1001 是刀具选择功能为选择一号刀具和一号补偿。

3. 选择题

(1) 在循环加工时，当执行有 M00 指令的程序段后，如果要继续执行下面的程序，必须按________按钮。

A. 循环启动　　B. 转换　　C. 输出　　D. 进给保持

(2) G96 S150;表示切削点线速度控制在________。

A. 150 m/min　　B. 150 r/min　　C. 150 mm/min　　D. 150 mm/r

(3) 程序停止,程序复位到起始位置的指令为________。

A. M00　　B. M01　　C. M02　　D. M30

(4) 影响数控车床加工精度的因素很多,要提高工件的质量,有很多措施,但________不能提高加工精度。

A. 将绝对编程改变为增量编程

B. 正确选择车刀类型

C. 控制刀尖中心高误差

D. 减小刀尖圆弧半径对加工的影响

(5) 圆锥切削循环的指令是________。

A. G90　　B. G92　　C. G94　　D. G96

(6) 90°外圆右偏车刀的刀尖位置编号是________。

A. 1　　B. 2　　C. 3　　D. 4

(7) 准备功能 G90 表示的功能是________。

A. 预备功能　　B. 固定循环　　C. 绝对尺寸　　D. 增量尺寸

(8) 进给功能 F 后的数字表示________。

A. 每分钟进给量(mm/min)　　B. 每秒钟进给量(mm/s)

C. 每转进给量(mm/r)　　D. 螺纹螺距(mm)

4. 编程题

(1) 采用常用编程指令编写如图 4－77 所示零件的精加工程序。

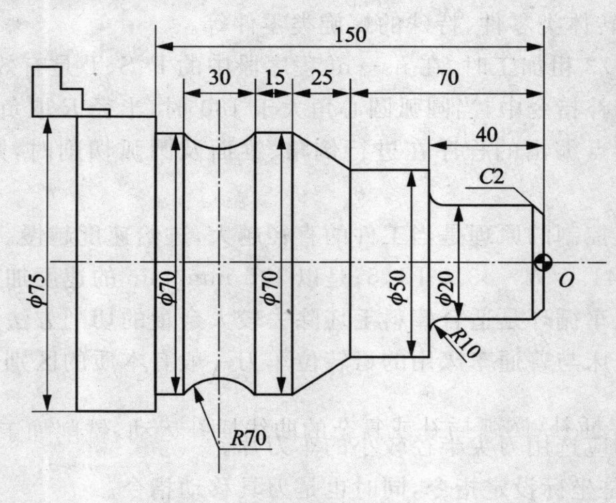

图 4－77　精加工零件

第5章　数控铣床与加工中心加工技术

【知识要点】

本章主要介绍数控铣床及加工中心程序的编制及操作。介绍了数控铣床及加工中心的主要功能、加工对象、布局及分类；数控铣床与加工中心加工零件的工艺性分析、加工工序与加工路线的确定、刀具的选择和加工工艺文件的编制；数控铣床与加工中心程序编制特点、常用编程指令、固定循环指令、子程序、简化编程指令及宏程序；数控铣床与加工中心操作面板、基本操作过程和数控铣床与加工中心的操作示例。

【知识目标】

了解数控铣床及加工中心主要功能、加工对象、布局及分类；熟悉数控铣床与加工中心加工零件的工艺性分析、加工工序与加工路线的确定、刀具的选择和加工工艺文件的编制；了解数控铣床与加工中心编程特点，掌握常用编程指令、固定循环指令、子程序、简化编程指令及宏程序；熟悉数控铣床与加工中心操作面板，熟练掌握数控铣床与加工中心基本操作过程。

5.1　概　述

5.1.1　数控铣床概述

数控铣床是一类很重要的数控机床，在数控机床中所占的比例最大，在航空航天、汽车制造、机械加工和模具制造业中，应用非常广泛。数控铣床一般是指规格较小的升降台数控铣床，其工作台宽度多在630mm以下，规格较大的数控铣床(例如工作台宽度在500mm以上的)多属于床身式布局或龙门式布局。

1. 数控铣床主要功能

(1) 点位控制功能

数控铣床主要用于工件的孔加工，如中心钻定位、钻孔、扩孔、锪孔、铰孔和镗孔等各种孔类加工操作。

(2) 连续控制功能

数控铣床通过直线插补、圆弧插补或复杂的曲线插补运动，铣削加工工件的平面和曲面。

(3) 刀具半径补偿功能

如果直接按工件轮廓线编程，在加工工件内轮廓时，实际轮廓线将大了一个刀具半径值；在加工工件外轮廓时，实际轮廓线又小了一个刀具半径值。使用刀具半径补偿的方法，数控系统自动计算刀具中心轨迹，使刀具中心偏离工件轮廓一个刀具半径值，从而加工出符合图纸要求的轮廓。利用刀具半径补偿的功能，改变刀具半径补偿量，还可以补偿刀具磨损量和加工误差，实现对工件的粗加工和精加工。

(4) 刀具长度补偿功能

改变刀具长度的补偿量,可以补偿刀具换刀后的长度偏差值,还可以改变切削加工的平面位置,控制刀具的轴向定位精度。

(5) 固定循环加工功能

应用固定循环加工指令,可以简化加工程序,减少编程的工作量。

(6) 子程序功能

加工工件形状相同或相似部分,可把加工程序编写成子程序,由主程序调用,这样可简化程序结构。引用子程序的功能使加工程序模块化,按加工过程的工序分成若干个模块,分别编写成子程序,由主程序调用,完成对工件的加工。

2. 数控铣床的主要加工对象

数控铣床的最大特点是高柔性,即可变性。所谓"柔性"是指灵活、通用、万能,可以适应加工不同形状的工件。数控铣床一般都能完成钻孔、镗孔、铰孔、铣平面、铣斜面、铣槽、铣曲面和攻螺纹等加工,而且一般情况下,可以在一次装夹中完成所需的加工工序。

在机械加工中,经常遇到各种平面轮廓和立体轮廓的零件,如凸轮、模具、叶片、螺旋桨等。其母线形状除直线和圆弧外,还有各种曲线,以及空间曲面。由于各种零件的型面复杂,需要多坐标联动加工。因此,采用数控铣床的优越性也就特别显著。

3. 数控铣床的布局与分类

(1) 数控铣床的布局

数控铣床一般由数控系统、主传动系统、进给传动系统、辅助装置和机床基础件等几大部分组成。

图 5-1 所示为 XK5040A 型数控铣床的布局图,床身 6 固定在底座 1 上,用于安装与支承机床各部件。操纵台 10 上有 CRT 显示器。机床纵向进给伺服电动机 13、横向进给伺服电动机 14 和垂直升降进给伺服电动机 4 的驱动,完成 X、Y、Z 坐标的进给。强电柜 2 中装有机床电气部分的接触器、继电器等。变压器箱 3 安装在床身立柱的后面,数控柜 7 内装有机床数控系统。行程挡块 8、11 可控制纵向行程开关实现硬限位。挡铁 9 为纵向参考点设定挡铁。主轴变速手柄和按钮板 5 用于手动调整主轴的正、反转,停止及切削液开停等。

(2) 数控铣床的分类

1) 按主轴布置形式分类

① 立式数控铣床

立式数控铣床的主轴线与工作台面垂直,是数控铣床中最常见的一种布局格式,立式数控铣床一般为三坐标(XYZ)联动。立式数控铣床结构简单,工件安装方便,加工时便于观察,但不便于排屑。

② 卧式数控铣床

与通用卧式铣床相同,数控卧式铣床的主轴线平行于水平面。为了扩大价格范围和扩充功能,卧式数控铣床通常采用增加数控转盘或万能数控转盘来实现四轴或五轴的加工。这种数控铣床不但可以加工工件侧面上的连续回轮轮廓,而且还能够实现在一次工作安装中,通过转盘不断改变工位,从而执行"四面加工"。

③ 龙门式数控铣床

大型数控立式铣床多采用龙门式布局,在结构上采用对称的双立柱结构,以保证机床整体

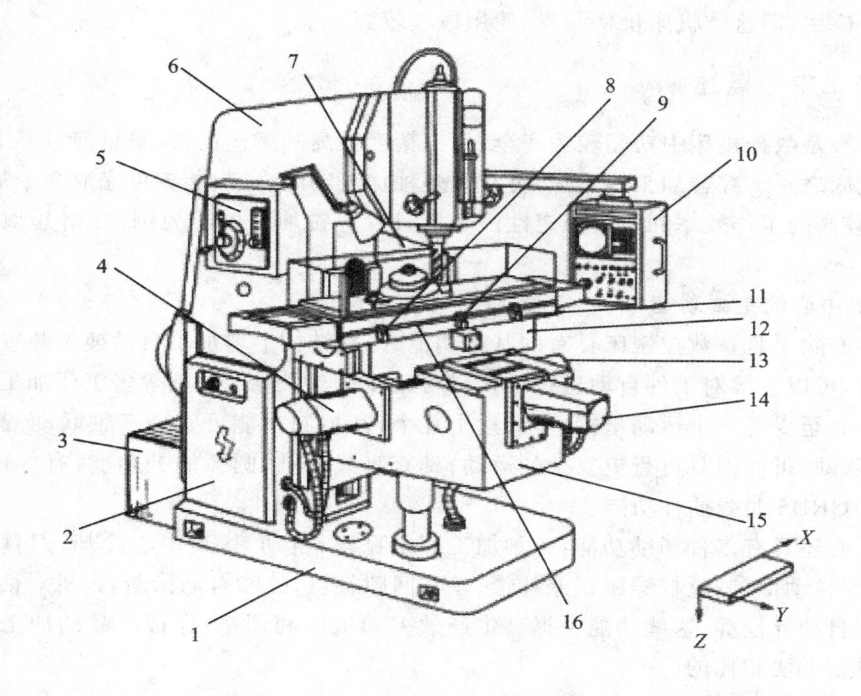

1—底座；2—强电柜；3—变压器箱；4—垂直升降进给伺服电动机；5—按钮板；6—床身；
7—数控柜；8、11—行程挡块；9—挡铁；10—操纵台；12—横向溜板；13—纵向进给伺服电动机；
14—横向进给伺服电动机；15—升降台；16—纵向工作台

图 5－1　XK5040A 型数控铣床

刚性和强度。主轴可在龙门架的横梁与溜板上运动，而纵向运动则由龙门架沿床身移动或由工作台移动实现，其中工作台床身特大时多采用前者。

④ 立、卧两用数控铣床

立、卧两用数控铣床主轴的方向可以更换，在一台机床上既能进行立式加工，又能进行卧式加工。立、卧两用数控铣床的适用范围更广，功能更全，选择加工的对象和余地更大，能给用户带来很多方便。特别是当生产量较少，品种较多，又需要立、卧两种方式加工时，这样的立、卧两用数控铣床解决了很多实际问题。

2）按数控系统的功能分类

① 经济型数控铣床

经济型数控铣床一般是在普通立式铣床或卧式铣床的基础上改造而来的，采用经济型数控系统，成本低，机床功能较少，主轴转速和进给速度不高，主要用于精度要求不高的简单平面或曲面零件加工。

② 全功能数控铣床

全功能数控铣床一般采用半闭环或闭环控制，控制系统功能较强。数控系统功能丰富，一般可实现四坐标或四坐标以上的联动，加工适应性强，应用最为广泛。

③ 高速铣削数控铣床

一般把主轴转速在 8 000～40 000 r/min 的数控铣床称为高速铣削数控铣床，其进给速度可达 10～30 m/min。高速铣削是数控加工的一个发展方向。目前，该技术正日趋成熟，并逐渐得到广泛应用，但这类机床价格昂贵、使用成本较高。

5.1.2 加工中心概述

加工中心是数控机床中功能较为齐全、加工精度很高的工艺设备，是目前世界上应用最广泛的数控机床之一。综合加工能力强，可实现多种加工功能，一次装夹可完成多个加工要素的加工，具有较高的工作效率和质量稳定性。本章只以镗铣加工中心为例，介绍其编程、加工与操作。

1. 加工中心的主要功能

加工中心除了具备数控铣床具有的基本功能外，在结构上增加了自动换刀装置，使工件在一次装夹后，可以连续对工件自动进行钻孔、扩孔、镗孔、攻螺纹、铣削等多工序加工。

加工中心至少有三个运动坐标，多的达十几个，其控制功能可实现三轴联动，甚至是四轴联动、五轴联动，可使刀具进行更复杂的运动；具有直线插补、圆弧插补功能，有些还具有螺旋线插补和 NURBS 曲线插补功能。

加工中心还具有多种辅助功能：各种加工固定循环，自动对刀，中心冷却，刀具寿命管理，过载、超行程自动保护，丝杠螺距误差补偿，丝杠间隙补偿，故障自动诊断，人机对话，工件在线检测和加工自动补偿等，这些功能可提高生产效率和机床利用率，保证产品的加工精度，都是普通加工设备无法相比的。

2. 加工中心的加工对象

加工中心适用于加工形状复杂，工序多，精度要求高，需要多种类型普通机床和较多刀具、工装，并经过多次装夹和调整才能完成加工的零件。其主要加工对象有箱体类零件，具有复杂曲面的零件，异形件和盘、套、板类零件等。

3. 加工中心的布局与分类

(1) 加工中心的布局

加工中心除了具有数控系统、主传动系统、进给传动系统、辅助装置和机床基础件等部分外，还有自动换刀装置(ATC)。自动换刀装置 ATC(Automatic Tool Changer)是由刀库、传动箱、机械手等部件组成。

图 5-2 所示为 MXR-560V 型立式加工中心整体外形及结构组成。MXR-560V 型立式加工中心由床身、工作台、立柱、滑鞍、主轴头、自动换刀装置(ATC)、液压系统、主轴头冷却装置、润滑系统、气动系统、切削冷却系统及整体防护组成。

(2) 加工中心的分类

1) 按照布局方式分类

① 立式加工中心

立式加工中心的主轴轴线垂直状态设置，其结构形式多为固定立柱式，工作台为长方形，能完成铣削、镗削、钻削、攻螺纹等工序。配合其他辅助装置，可用于铣削螺纹和螺旋面。立式加工中心的结构简单，占地面积小，适宜加工高度尺寸较小的零件。

② 卧式加工中心

卧式加工中心的主轴轴线为水平状态设置，通常都带有可进行分度回转运动的正方形分度工作台，一般具有 3～5 个运动坐标，常见的是三个直线运动坐标加一个回转运动坐标(回转工作台)，一次装夹可对工件的多个表面进行铣削、镗削、钻削及攻螺纹等工序加工。与立式加

(a) 加工中心整体外形图

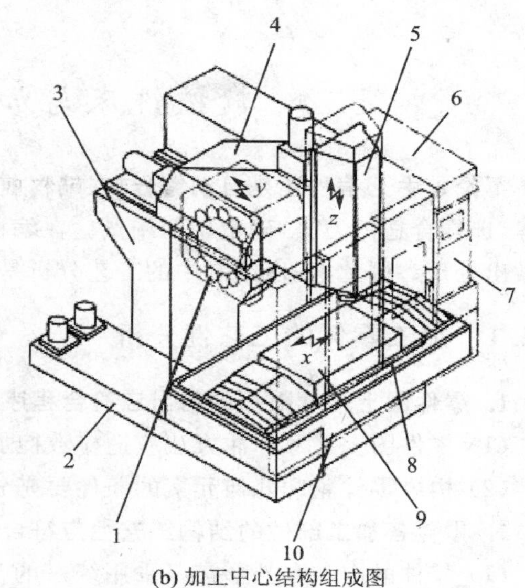

(b) 加工中心结构组成图

1—ATC 刀库；2—切削液箱 ；3—立柱；4—滑鞍；5—主轴头；6—整体防护；7—操作面板；
8—切屑、切削液回收槽；9—工作台；10—床身

图 5 - 2 MXR - 560V 型立式加工中心

工中心相比较，卧式加工中心的结构复杂，占地面积大，具有更多的柔性，适宜加工箱体类零件。

③ 龙门式加工中心

龙门式加工中心的典型特征是具有一个龙门型的固定立柱，主轴多为垂直设置，安装在龙门框架上，可实现 X 向、Z 向移动。工作台仅实现 Y 向移动。龙门式加工中心结构刚性好，适用于加工大型或形状复杂的工件。

④ 复合加工中心(万能加工中心或五面加工中心)

复合加工中心具有立式加工中心和卧式加工中心的功能，工件一次安装后能完成除安装面外的所有侧面和顶面等五个面的加工。这种方式可以最大限度地减少工件装夹次数，减小工件的形位误差，提高生产效率。但卧式加工中心存在着结构复杂、造价高、占地面积大等缺点。

2）按照加工方式分类

① 车削加工中心

车削加工中心以车削为主，还可进行铣、钻等工序。主体是数控车床，配有转塔式刀库或换刀机械手和链式刀库组成的大容量刀库。

② 镗铣加工中心

镗铣加工中心主要用于镗削、铣削、钻孔、扩孔、铰孔及攻螺纹等工序，是机械加工行业应用最多的一类数控设备，有立式和卧式两种。

③ 钻削加工中心

钻削加工中心主要用于钻孔，也可进行小面积的端铣。

3）按照数控系统分类

有 2 坐标加工中心、3 坐标加工中心和多坐标加工中心，有半闭环加工中心和全闭环加工

中心。

5.2 数控铣床与加工中心加工工艺分析

不论是手工编程还是自动编程，在编程前都要对所加工的零件进行工艺分析，并拟定加工方案，选样合适的刀具，确定切削用量。在编程中，对一些工艺问题（如对刀点、加工路线等）也需做出处理。因此，程序编制中的工艺分析是一项十分重要的工作。

5.2.1 加工零件的工艺性分析

1. 零件图上尺寸数据的给出应符合程序编制方便的原则

(1) 零件图上尺寸标注方法应适应数控加工编程的特点。

(2) 构成零件轮廓几何元素的条件要充分。

2. 零件各加工部位的结构工艺性应符合数控加工的特点

(1) 零件的内腔和外形最好采用统一的几何类型和尺寸，从而减少使用刀具的规格和换刀的次数，使得编程方便，生产效益提高。

(2)内槽圆角的大小决定着刀具直径的大小，因此内槽圆角半径不应太小。如图5-3所示，零件工艺性的好坏与被加工零件的形状、连接圆弧半径的大小有关。图5-3(b)和图5-3(a)相比，连接轨迹圆弧半径大，可以采用较大直径的铣刀来进行加工，并且在加工平面时，进给次数也相应减少，零件的表面加工质量也会好一些，所以工艺性较好。通常以铣刀半径 $R<0.2H$（H 为被加工零件轮廓表面的最大高度）来判定零件该部位加工工艺性的好坏。

(3) 铣削零件底平面时，槽底圆角半径 r 不应过大，如图5-4所示。铣刀倒圆半径 R 越大，铣刀端刃铣削平面的能力越低。当铣刀半径 R 大到一定程度时，甚至必须使用球头刀加工，这是应该避免的。因为铣刀与铣削平面接触的最大直径 $d=D-2r$（D 为铣刀直径）。当 D 一定时，铣刀倒圆半径 r 越大，铣刀端刃铣削平面的面积越小，加工表面的能力越差，加工工艺性也越差。

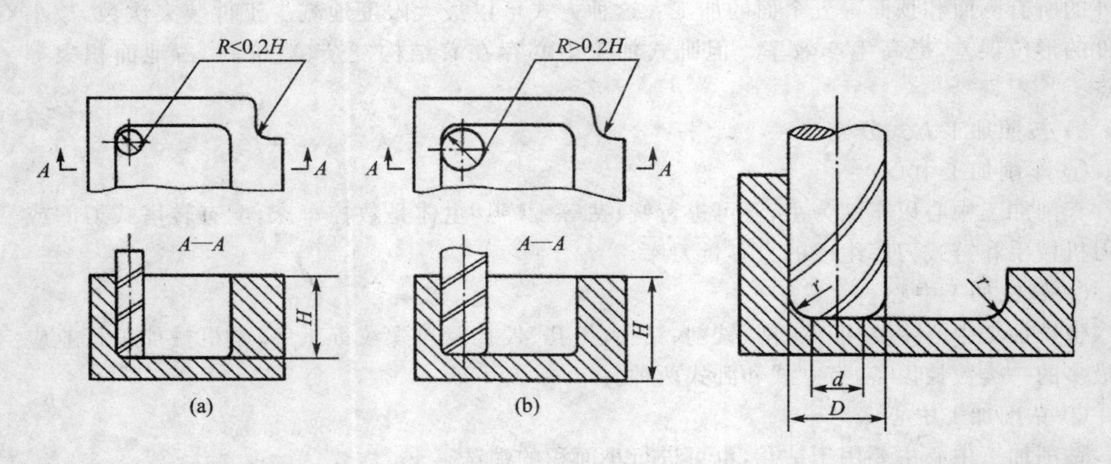

图5-3 数控加工工艺性对比

图5-4 零件底面圆弧对加工工艺的影响

(4) 应采用统一的定位基准。在数控加工中，如若没有统一的定位基准，在加工过程中就会因零件的重新安装而导致部分零件尺寸的整体错位，并由此造成被加工零件的报废。为避免上述问题的产生，应该保证两次或两次以上装夹加工后零件相对位置的一致性，所以必须采用统一的定位基准。零件上最好有合适的孔作为定位基准孔。如若没有，可以设置工艺孔作为定位基准孔（如在毛坯上增加工艺凸耳或在后续工艺要铣去的余量上设置工艺孔）。如若无法制作出工艺孔时，最低也要用经过精加工的表面作为统一基准，以便尽量减少两次装夹产生的误差。

5.2.2　加工工序与加工路线的确定

1. 加工工序的确定

（1）工序的划分

在数控铣床上加工零件，工序可以比较集中，在一次装夹中尽可能完成大部分或全部工序。首先应该根据零件图，考虑被加工零件是否可以在一台数控铣床上完成整个加工。如若不能，则应决定其中哪些部分的加工在数控铣床上进行，哪些部分的加工在其他机床上进行。一般工序的划分有以下几种方式：

1）以零件的装夹定位方式划分工序

由于每个零件结构形状不同，各个表面的技术要求也不同，所以在加工中，其定位方式也各有差异。一般铣削加工外形时以内形定位，铣削加工内形时以外形定位。可根据定位方式的不同来划分工序。

图 5－5 所示的平面凸轮，按定位方式可以分为三道工序，第一道工序在普通车床上进行，以外圆表面和 B 平面定位，进行端面 A 和 ϕ22H7 内孔的加工，然后再进行端面 B 的加工；第二道工序进行 ϕ4H7 工艺孔的加工；第三道工序以加工过的两孔和一端面定位，在数控铣床上进行凸轮外圆周上表面曲线的数控铣削加工。

2）按粗、精加工划分工序

根据零件的加工精度、刚度和变形等因素来划分工序时，可按粗、精加工分开的原则来划分工序，即先进行粗加工，再进行精加工。此时可使用不同的机床或不同的刀具来进行加工。通常在一次安装中，不允许将零件的某一部分表面加工完毕后，再加工零件的其他表面。

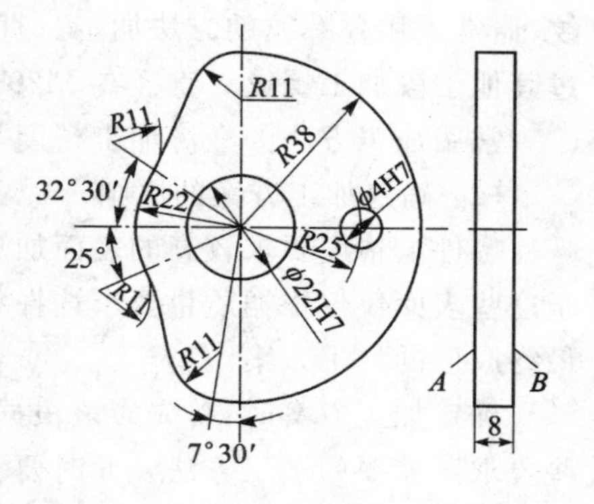

图 5－5　平面凸轮

3）按所用刀具划分工序

为了减少换刀次数，压缩空程运行时间，减少不必要的定位误差，可尽可能使用同一把刀具加工出尽可能加工到的所有部位，然后再更换另一把刀具加工零件的其他部位。专用数控机床和加工中心常常采用这种方法。

（2）工步的划分

工步的划分主要从加工精度和生产效率两方面来考虑。在一个工序内往往需要采用不同的切削刀具和切削用量对不同的表面进行加工。为了便于分析和描述复杂的零件，在工序内又细分为工步。工步划分的原则如下：

1）同一表面按粗、半精、精加工依次完成，或全部加工表面按先粗加工后精加工分开进行。

2）对于既有铣削平面又有镗孔加工表面的零件，可按先铣削平面后镗孔进行加工。按此方法划分工步，可以提高孔的加工精度。因为铣削平面时切削力较大，零件易发生变形，先铣平面后镗孔，可以使其有一段时间恢复变形，并减少由此变形引起的对孔的精度的影响。

3）按使用刀具来划分工步。某些机床工作台的回转时间比换刀时间短，可以按使用刀具的不同划分工步，以减少换刀次数，提高加工效率。

总之，工序与工步的划分要根据零件的结构特点、技术要求等情况综合考虑。

2. 加工路线的确定

（1）加工方法的选择

铣削加工方法的选择原则是：保证加工表面的加工精度和表面粗糙度的要求。由于获得同一级精度及表面粗糙度的加工方法一般有多种，因而在实际选择时，要结合零件的形状、尺寸的大小和热处理要求等综合考虑。

对于平面、平面轮廓与曲面的铣削加工，经过粗铣加工的平面，尺寸精度可达 IT12～IT14 级（指两平面之间的尺寸），表面粗糙度 Ra 值可达 12.5～25 μm。经过精铣加工的平面，尺寸精度可达 IT7～IT9 级，表面粗糙度 Ra 值可达 1.6～3.2 μm。

对于直径大于 ϕ30mm 的已铸出或锻出的毛坯孔的加工，一般采用粗镗→半精镗→孔倒角→精镗的加工方案，孔径较大的可采用立铣刀粗铣→精铣加工方案。有空刀槽时可用锯片铣刀在半精镗之后、精镗之前铣削完成，也可用镗刀进行单刀镗削，但单刀镗削效率较低。

对于直径小于 ϕ30mm 的无毛坯孔的加工，通常采用锪平端面→打中心孔→钻孔→扩孔→孔倒角→铰孔的加工方案。对有同轴度要求的小孔，需要采用锪平端面→打中心孔→钻孔→半精镗→孔倒角→精镗（或铰孔）的加工方案。为提高孔的位置精度，在钻孔前需安排锪平端面和打中心孔工步。孔倒角安排在半精加工之后、精加工之前，以防孔内产生毛刺。

螺纹的加工应根据孔径的大小分别进行处理，一般情况下，直径在 M6～M20 之间的螺纹，通常采用攻螺纹的方法加工。直径在 M6 以下的螺纹，在完成基孔（俗称底孔）加工后再通过其他手段加工螺纹。直径在 M20 以上的螺纹，可采用镗刀镗削加工。

常用加工方法的经济加工精度与表面粗糙度可查阅有关工艺手册。

（2）确定加工方案的原则

零件上精度要求较高的表面加工，常常是通过粗加工、半精加工和精加工逐步达到的。对于这些表面仅仅根据质量要求选择相应的最终加工方法是不够的，还应该正确确定从毛坯到最终成形的加工方案。

确定加工方案时，首先应该根据主要表面的精度和表面粗糙度的要求，初步确定为达到这些要求所需要的加工方法。此时要考虑数控机床使用的合理性和经济性，并充分发挥数控机床的功能。原则上数控机床仅进行较复杂零件重要基准的加工和零件的精加工。

（3）加工路线的确定

对于孔系位置精度要求较高的零件加工，应该特别注意孔的加工顺序安排，保证各孔的定位位置一致。采用单向趋近定位点的方法，可以避免将坐标轴的间隙带入，影响孔的定位精度，如图 5-6 所示。

图 5-6(a)为工件图，在图示位置上镗削加工 6 个尺寸相同的孔，有两种加工路线。按照图 5-6(b)所示路线加工时，由于 5、6 孔的定位方向与 1、2 孔的定位方向相反，Y 方向的反向运行间隙会使定位误差增加，从而影响 5、6 孔的位置精度；按照图 5-6(c)所示路线进行加工，

加工完 4 孔后向上多移动一段距离，然后再折回来加工 6、5 孔，这样一来，5、6 孔的定位方向与 1、2 孔的定位方向相同，可以避免 Y 方向的反向运行间隙的影响和引入，从而提高和保证 5、6 孔的位置精度。

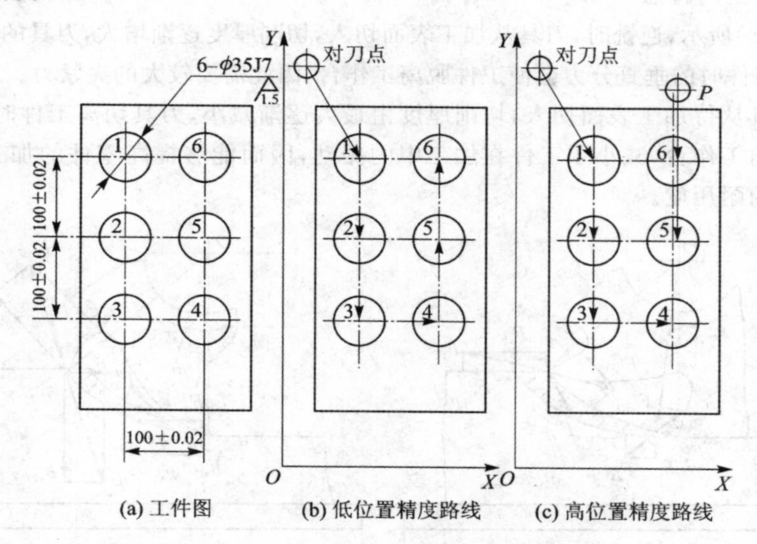

图 5-6　孔加工路线示意图

铣削平面零件外轮廓时，一般情况下采用立铣刀的侧刃进行平面零件外轮廓的加工。为了减少接刀痕迹，保证零件表面质量，铣刀的切入、切出部分应该考虑适当外延，以保证零件轮廓的平滑过渡，如图 5-7 所示。铣削外表面轮廓时，铣刀的切入点和切出点应该沿零件轮廓曲线的延长线切向切入和切向切出零件的轮廓表面，而不应该沿零件轮廓曲线的法线方向切入零件，以免产生划痕，并确保零件轮廓的质量。

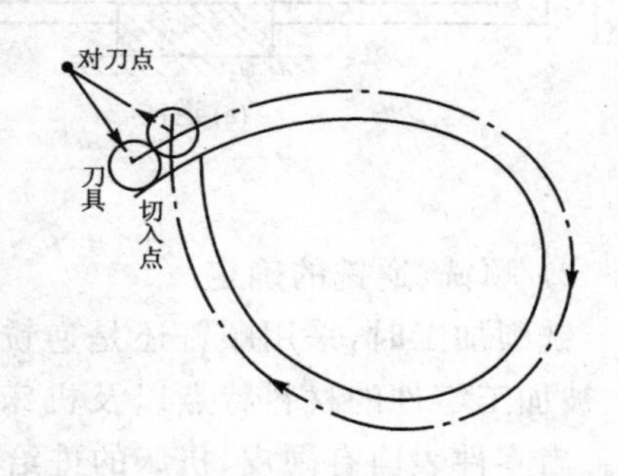

图 5-7　铣削外轮廓的切入、切出路线

铣削内表面轮廓时，铣刀的切入点和切出点无法外延。此时铣刀可沿零件轮廓的法线方向切入、切出，并应该尽量将切入、切出点选择在零件轮廓的几何元素交接处。图 5-8 所示为加工零件凹槽轮廓的三种加工路线。图 5-8(a)所示为行切法加工凹槽的加工工艺路线，图 5-8(b)所示为环切法加工凹槽的加工工艺路线，图 5-8(c)所示为先行切法后环切法加工凹槽的加工工艺路线。上述方案中，图 5-8(a)方案最差，图 5-8(c)方案最好。

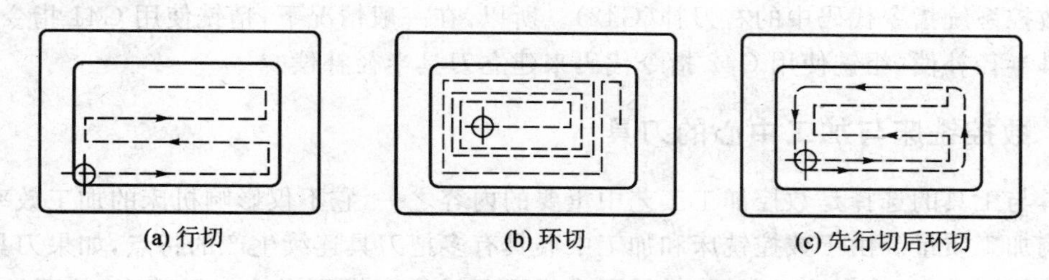

图 5-8　铣削内表面轮廓的工艺加工路线

(4) 顺铣、逆铣与切削方向、切削方式的选择

铣刀的旋转方向与工件的进给方向相同时称为顺铣,相反时称为逆铣。

1) 顺铣、逆铣的特点

如图 5-9(a)所示,逆铣时,刀具从加工表面切入,切削厚度逐渐增大,刀具的刀齿容易磨损,而且刀具切离工件时的垂直分力会使工件脱离工作台,因此需要较大的夹紧力。如图 5-9(b)所示,顺铣时,刀具从待加工表面切入,切削厚度由最大逐渐减小,刀具切离工件时的垂直分力会使工件始终压向工作台,减小了工件在加工中的振动,因而能够提高零件的加工精度、表面加工质量和刀具的耐用度。

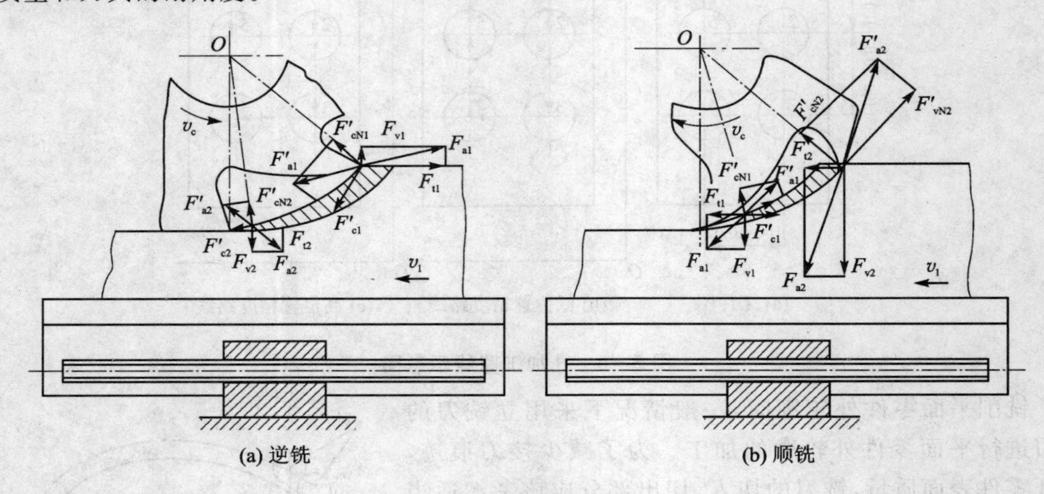

图 5-9 顺铣与逆铣

2) 顺铣、逆铣的确定

铣削加工时,采用顺铣还是逆铣,会影响加工后的表面粗糙度。应该根据零件的加工要求、被加工零件的材料特点以及机床刀具的具体条件综合考虑,确定原则与普通铣削加工类同。当零件表面有硬皮,机床的进给机构有间隙时,应该选用逆铣,按照逆铣方式安排加工进给路线。因为逆铣符合粗铣的要求,所以对于余量大、硬度高的零件粗铣加工尽量选用逆铣。当零件表面无硬皮,机床的进给机构无间隙时,应该选用顺铣,按照顺铣方式安排加工进给路线。顺铣符合精铣的要求,所以对于耐热材料、余量小和精铣削加工尽量选用顺铣。由于数控机床采用滚珠丝杠,其运动间隙极小,而且顺铣的优点多于逆铣,所以铣削加工中应尽量采用顺铣。

在主轴正向旋转,刀具为右旋铣刀时,顺铣符合数控系统指令代码中的左刀补(G41),逆铣符合数控系统指令代码中的右刀补(G42)。所以,在一般情况下,精铣使用 G41 指令代码来建立刀具半径补偿,粗铣使用 G42 指令代码来建立刀具半径补偿。

5.2.3 数控铣床与加工中心的刀具

刀具与工具的选择是数控加工工艺中重要的内容之一,它不仅影响机床的加工效率,而且直接影响加工质量。由于数控铣床和加工中心具有多把刀具连续生产的特点,如果刀具设计、选择或使用不合理,就会造成撕屑、排屑困难或刀刃过早磨损而影响加工精度,甚至发生刀刃破损而无法进行正常切削,产生大量废品或被迫停机。数控铣床和加工中心所用刀具不仅数

量多，而且类型、材料、规格尺寸及采取的切削用量和切削时间也不相同，刀具耐用度相差也很悬殊。因此，在选用刀具时，必须考虑到与刀具相关的各种问题。

1. 数控铣床与加工中心对刀具的要求

(1) 适应高速切削要求，具有良好的切削性能

为提高生产效率和加工高硬度材料的要求，数控铣床和加工中心向着高速度、大进给、高刚性和大功率发展。中等规格的加工中心，其主轴最高转速一般为 3 000～5 000 r/min，工作进给由 0～5 m/min 提高到 0～15 m/min。为加工高硬度工件材料(如淬火模具钢)，所用刀具必须有承受高速切削和较大进给量的性能，而且要求刀具具有较高的耐用度。

(2) 高的可靠性

数控机床加工的基本前提之一是刀具的可靠性，要保证在加工中不发生意外损坏。刀具的性能一定要稳定可靠，同一批刀具的切削性能和耐用度不得有较大差异。

(3) 高精度

为了适应数控铣床和加工中心的高精度加工，刀具及其装夹机构必须具有很高的精度，以保证它在机床上的安装精度(通常在 0.005 mm 以内)和重复定位精度。

(4) 精确迅速地调整

加工中心所用刀具一般带有调整装置，这样就能够补偿由于刀具磨损而造成的工件尺寸的变化。

(5) 自动快速地换刀

加工中心换刀是在加工的自动循环过程中实现的，即自动换刀。这就要求刀具应能与机床快速、准确地接合和脱开，并能适应机械手或机器人的操作。所以连接刀具的刀柄、刀杆、接杆和装夹刀头的刀夹已发展成各种适应自动化加工要求的结构，成为包括刀具在内的数控工具系统。

(6) 刀具标准化、模块化、通用化及复合化

刀具的标准化、复合化，可使刀具的品种规格减少，成本降低。数控工具系统模块化、通用化，可使刀具适用于不同的数控机床，从而提高生产率，保证加工精度。

2. 刀具的类型及选择

(1) 铣削加工刀具

铣刀种类很多，选择铣刀时，要使刀具的尺寸与被加工工件的表面尺寸和形状相适应。生产中，平面零件周边轮廓的加工常采用立铣刀，如图 5－10 所示。铣平面时，应选硬质合金刀片铣刀。加工凸台、凹槽时，选高速钢立铣刀。加工毛坯表面或粗加工孔时，可选镶硬质合金的玉米铣刀。

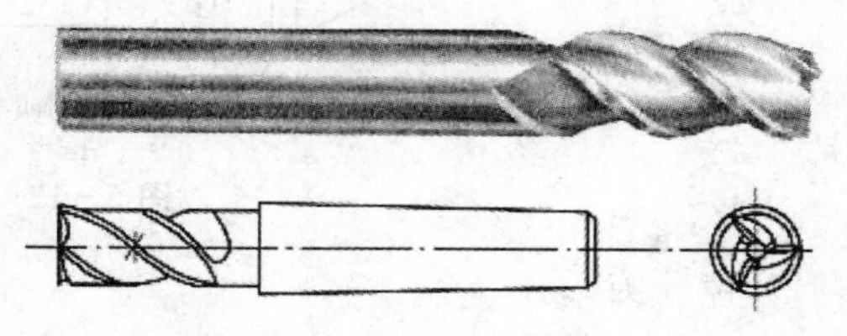

图 5－10　立铣刀

对一些立体型面和变斜角轮廓外形的加工，常采用球头铣刀、环形铣刀、鼓形铣刀、锥形铣刀和盘形铣刀等，如图 5－11 所示。

曲面加工常采用球头铣刀，但加工曲面较平坦部位时，刀具以球头顶端刃切削，切削条件较差，因而应采用环形铣刀。在单件或小批量生产中，为取代多坐标联动机床，常采用鼓形铣

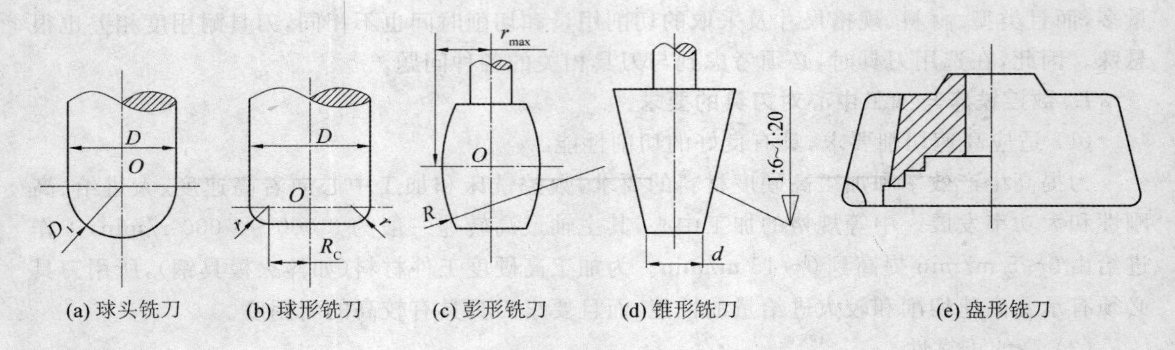

(a) 球头铣刀　(b) 球形铣刀　(c) 彭形铣刀　(d) 锥形铣刀　(e) 盘形铣刀

图 5－11　常用铣刀

刀或锥形铣刀来加工变斜角零件。加镶齿盘铣刀适用于在五坐标联动的数控机床上加工一些球面，其效率比用球头铣刀高近 10 倍，并可获得好的加工精度。

(2) 孔加工刀具

常用的数控孔加工刀具有钻头、镗刀、铰刀和丝锥等。

1) 钻　头

数控机床的钻孔大多采用麻花钻，直径为 8～80 mm 的麻花钻多为莫氏锥柄，可直接装在带有莫氏锥孔的刀柄内；直径为 0.1～20 mm 的麻花钻柄部多为圆柄，可装在钻夹头刀柄上，中等尺寸麻花钻两种形式均可选用。由于在数控机床上钻孔都是无钻模直接钻孔，因此，一般钻孔深度约为直径的 5 倍，细长孔的加工易折断，要注意冷却和排屑，在钻孔前最好先用中心钻钻中心孔，或用刚性较好的短钻头锪窝。钻削直径为 20～60 mm、孔的深径比小于等于 3 的中等浅孔时，可选用图 5－12 所示的可转位浅孔钻，其结构是在带排屑槽及内冷却通道钻体的头部装有一组刀片（多为凸多边形、菱形和四边形），多采用深孔刀片，通过该中心压紧刀片，靠近钻心的刀片用韧性较好的材料，靠近钻头外径的刀片选用较为耐磨的材料。这种钻头具有切削效率高、加工质量好的特点，最适用于箱体零件的钻孔加工。

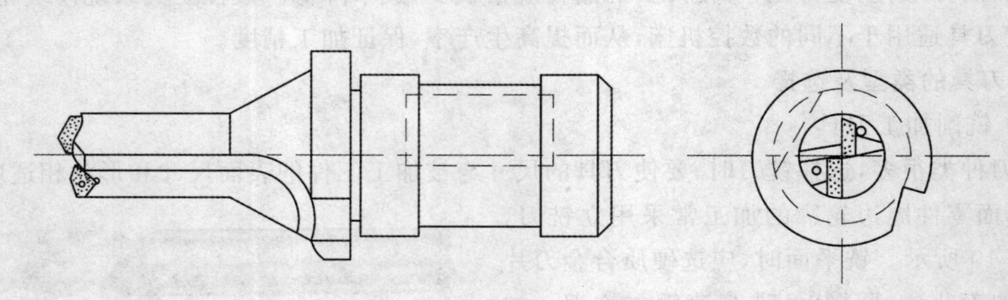

图 5－12　可转位浅孔钻

2) 镗　刀

镗刀按切削刃数量可分为单刃镗刀和双刃镗刀。镗削通孔、阶梯孔和不通孔可分别选用图 5－13(a)、(b)、(c)所示的单刃镗刀。

单刃镗刀头结构类似车刀，用螺钉装夹在镗杆上。调节螺钉 1 用于调整尺寸，紧固螺钉 2 起锁紧作用。单刃镗刀刚性差，切削时易振动，所以镗刀的主偏角 Kr 选的较大，以减小径向力。镗铸铁孔或精镗时，一般取 $Kr=90°$。粗镗钢件孔时，取 $Kr=60°\sim75°$，以延长刀具寿命。

所以镗孔径的大小要靠调整刀具的悬伸长度来保证，调整麻烦，效率低，只能用于单件或小批量生产。但单刃镗刀结构简单，适应性较广，粗、精加工都适用。

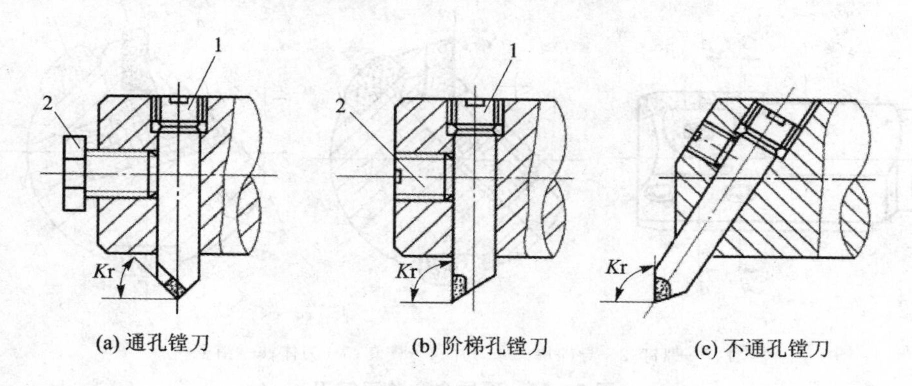

1—调节螺钉；2—紧固螺钉

图 5-13　单刃镗刀

在孔的精镗中，目前较多地选用精镗微调镗刀。这种镗刀的径向尺寸可以在一定范围内进行微调，调节方便，且精度高，其结构如图 5-14 所示。调整尺寸时，先松开拉紧螺钉 6，然后转动带刻度盘的调整螺母 3，等调至所需尺寸，再拧紧螺钉 6，使用时应保证锥面靠近大端接触（即镗杆 90°锥孔的角度公差为负值），且与直孔部分同心。键与键槽配合间隙不能太大，否则微调时就不能达到较高的精度。

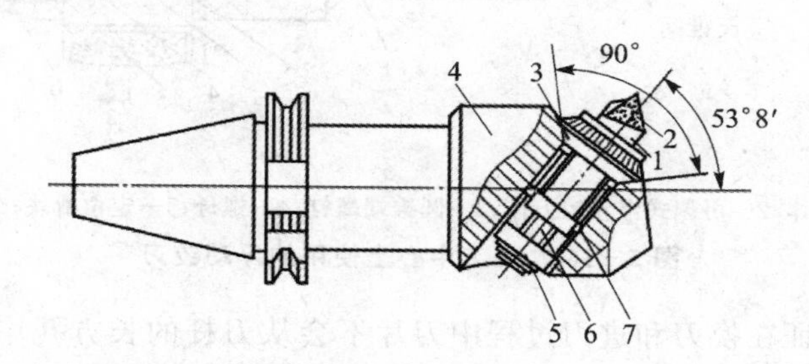

1—刀体；2—刀片；3—调整螺母；4—刀杆；5—螺母；6—拉紧螺钉；7—导向键

图 5-14　精镗微调镗刀

3）铰　刀

数控机床上使用的铰刀多是通用标准铰刀。此外，还有机夹硬质合金刀片单刃铰刀和浮动铰刀等。

加工公差等级为 IT8～IT9 级、表面粗糙度 Ra 为 0.8～1.6 μm 的孔时，通常采用标准铰刀。加工公差等级为 IT5～IT7 级、表面粗糙度 Ra 为 0.7 μm 的孔时，可采用机夹硬质合金刀片的单刃铰刀。这种铰刀的结构如图 5-15 所示，刀片 3 通过楔套 4 用螺钉 1 固定在刀体上，通过螺钉 7、销子 6 可调节铰刀尺寸。导向块 2 可采用黏结和铜焊的方式固定。机夹单刃铰刀应有很高的刃磨质量。因为精密铰削时，半径上的铰削余量是在 10 μm 以下，所以刀片的切削刃口要磨得异常锋利。

铰削公差等级为 IT6～IT7 级，表面粗糙度 Ra 为 0.8 μm～1.6 μm 的大直径通孔时，可选用专为加工中心设计的浮动铰刀。图 5-16 所示的即为加工中心上使用的浮动铰刀。

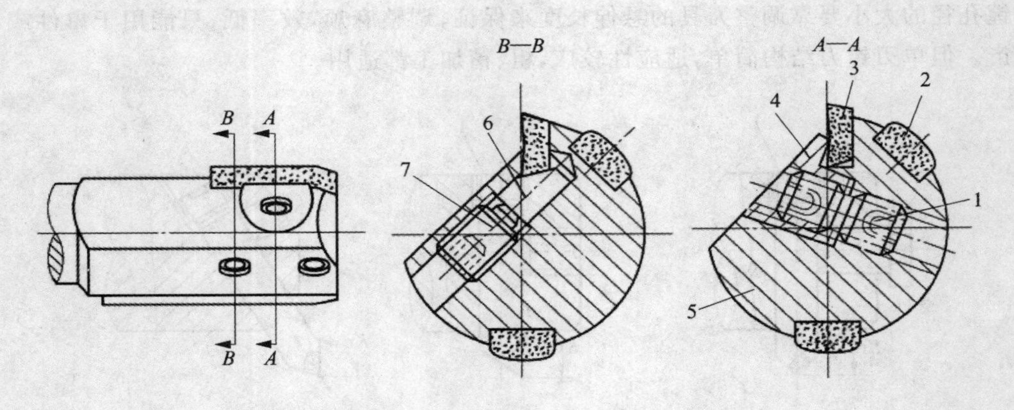

1、7—螺钉；2—导向块；3—刀片；4—楔套；5—刀体；6—销子

图 5-15　硬质合金单刃铰刀

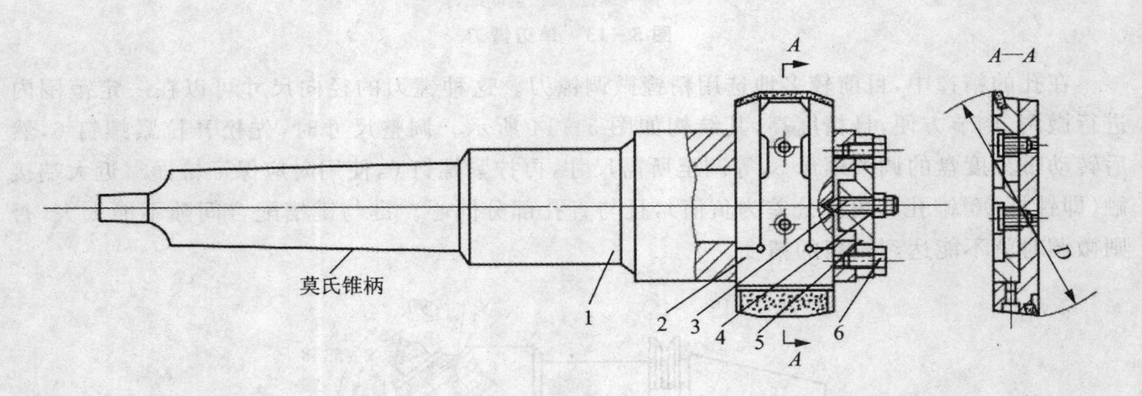

1—刀杆体；2—可调式浮动铰刀体；3—圆锥端螺钉；4—螺母；5—定位滑块；6—螺钉

图 5-16　加工中心上使用的浮动铰刀

浮动铰刀既能保证在换刀和进刀过程中刀片不会从刀杆的长方孔中滑出，又能较准确地定心。它有两个对称刃，能自动平衡切削力，在铰削过程中又能自动抵偿因刀具安装误差或刀杆的径向圆跳动而引起的加工误差，因而加工精度稳定。浮动铰刀的寿命比高速钢铰刀高8～10 倍，且具有直径调整的连续性。

3. 数控铣床与加工中心刀具的工具系统

数控刀具的工具系统是指用来连接机床主轴与刀具之间的辅助系统。它除了刀具本身之外，还包括实现刀具快换所必需的定位、夹持、拉紧、动力传递和刀具保护等部分。在柔性自动化生产中，使用刀具种类多，要求换刀迅速。为此，通过标准化、系列化和模块化来提高其通用化程度，且也便于刀具组装、使用、管理以及数据管理。

(1) 刀柄的选择

刀柄是机床主轴与刀具间的过渡安装连接工具，是加工中必备的辅助工艺装备。数控镗铣类机床刀柄在主轴中一般都采用自动拉紧装置实现夹紧定位，加工中心则还带有自动刀具交换功能。因此，刀柄必须适应满足上述要求。

根据与主轴连接部分的形状，刀柄可分为圆柱柄与圆锥柄两种。一般的镗铣类数控机床上都采用 7∶24 圆锥刀柄。这种刀柄不自锁，换刀比较简单方便，有较高的定心精度与连接刚度。

刀柄结构尺寸已经实现系列化和标准化，其装夹锥柄部与换刀部均有相应的国际和国家标准。图 5－17 与图 5－18 所示分别为 BT40 刀柄与拉钉的结构尺寸图。

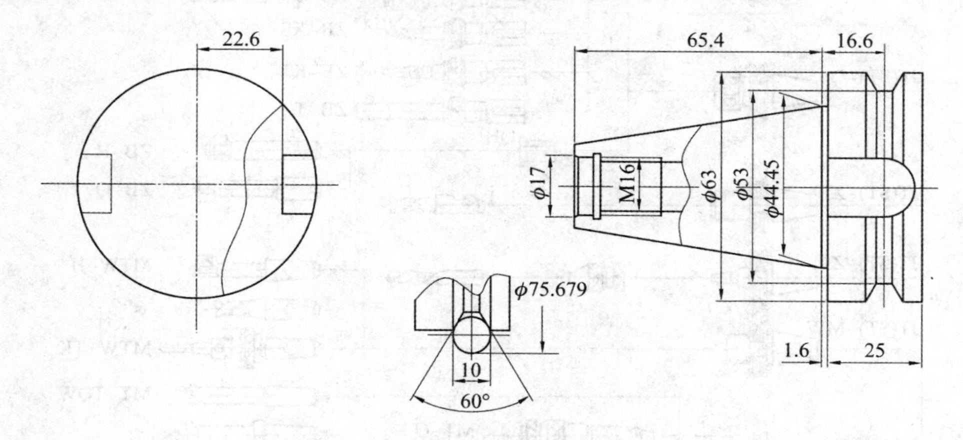

图 5－17　MAS403 BT40 刀柄

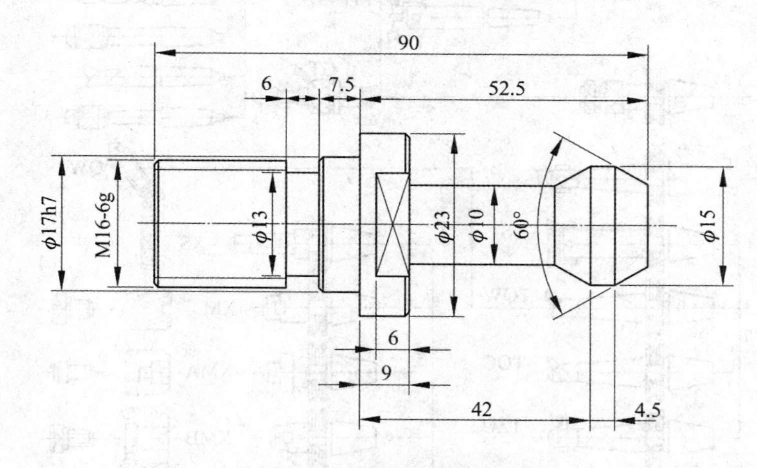

图 5－18　MAS403 BT40 拉钉

(2) 镗铣类工具系统

我国除了已制定的标准刀具系列外，还建立了 TSG82 数控刀具的工具系统，如图 5－19 所示。该工具系统是将工具柄部与夹持刀具的工作部分做成一个整体，使用时选用不同品种和规格的刀柄，装上对应的刀具即可。

TSG82 工具系统是与数控镗、铣类机床，特别是与加工中心配套的辅具。该系统包括多种接长杆，连接刀柄，镗、铣刀柄，莫氏锥孔刀柄，钻夹头刀柄，攻丝夹头刀柄，钻孔、扩孔、铰孔等类刀柄和接长杆，以及镗刀头等少量的刀具。用这些配套，数控机床就可以完成铣、钻、镗、扩、铰、攻丝等加工工艺。

例如，标示为 JT50－KH40－80 的刀辅具，表示该辅具是一加工中心用 7∶24 的 50 号锥柄，锥柄中有 7∶24 的 40 号快换夹头锥柄孔，外锥大端至螺母尺寸为 80 mm。

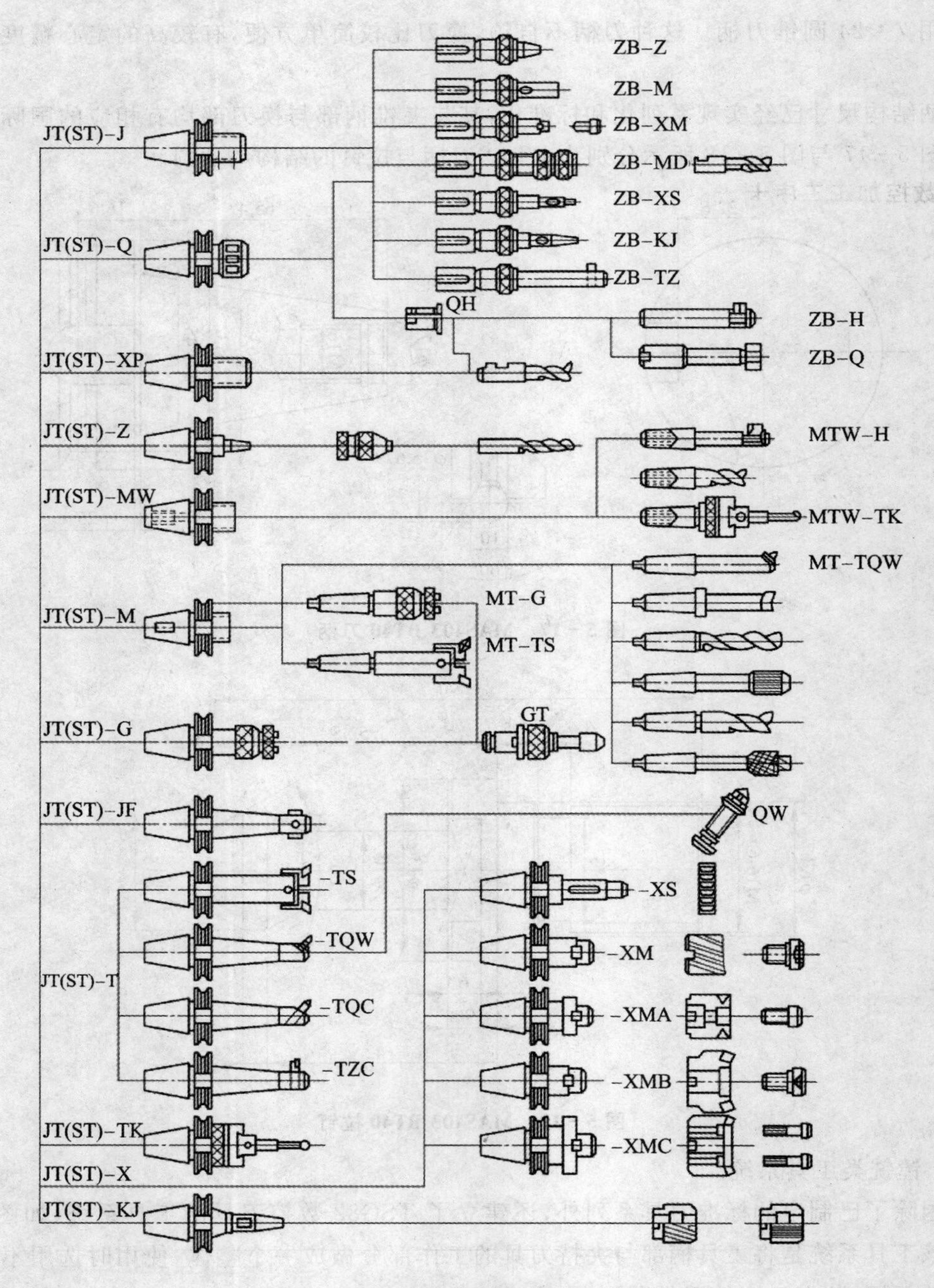

图 5-19　TSG82 数控刀具的工具系统

5.2.4　加工工艺文件的编制

零件的加工工艺设计完成后，就应该将有关内容填入各种相应的表格（或卡片）中，以便贯彻执行并将其作为编程和生产前技术准备的依据。这些表格（或卡片）被称为工艺文件。数控加工工艺文件除包括机械加工工艺过程卡、机械加工工艺卡、数控加工工序卡以外，还包括数控加工刀具卡。另外为方便编程也可以将各工步的加工路线绘成文件形式的加工路线图。不同的数控机床，其数控加工工艺文件的内容也有所不同，为了加强技术文件管理，数控加工工艺文件也应向标准化、规范化的方向发展。但目前由于种种原因，国家尚未制定统一的标准，各企业应根据本单位的特点制定上述必要的工艺文件。下面介绍数控机床常用的数控加工工序卡和数控加工刀具卡，仅供参考。

1. 数控加工工序卡

数控加工工序卡是用来编制程序的依据，以及用来指导操作者进行生产的一种工艺文件。其内容包括工序及各工步的加工内容，本工序完成后工件的形状、尺寸和公差，各工步切削参数，本工序所使用的机床、刀具和工艺工装等，见表5-1。若在数控机床上只加工零件的一个工步时，也可不填写工序卡。在工序加工内容不十分复杂时，可把零件草图反映在工序卡上，并注明编程原点和对刀点。

表5-1　数控加工工序卡

单位名称			零件名称		零件图号	
程序号	夹具名称	使用设备	数控系统		场地	
工步号	工步内容	刀具号	主轴转速/$(r\cdot min^{-1})$	进给量/$(mm\cdot min^{-1})$	背吃刀量/mm	备注
编制	审核	批准	日期		共　页	第　页

2. 数控加工刀具卡

数控加工刀具卡主要包括刀具的详细资料，有刀具号、刀具名称及规格、刀辅具等。不同类型的数控机床刀具卡也不完全一样。数控加工刀具卡同数控加工工序卡一样，是用来编制零件加工程序和指导生产的重要工艺文件。数控加工刀具卡见表5-2。

表5-2　数控加工刀具卡

零件名称			零件图号				
序号	刀具号	刀具名称	数量	加工表面	半径补偿号及补偿值/mm	长度补偿号	备注
编制		审核	批准	日期		共　页	第　页

5.3 数控铣床与加工中心的程序编制

5.3.1 数控铣床与加工中心编程特点

数控铣床与加工中心编程主要有以下几个特点。

(1) 在编写程序时可以用绝对值编程,也可以用相对值编程。可根据零件的尺寸标注方式选择。

(2) 对于带孔类零件,可通过数控系统本身具有的固定循环功能来完成加工,以简化编程。

(3) 为了方便编程中的数值计算,在数控铣床及加工中心上的编程中广泛采用刀具补偿来进行编程。

(4) 对于具有特殊形状的零件结构,则可以选择特殊编写方法进行编程,如子程序、宏程序、坐标旋转、比例缩放和镜像加工等编程方法。

5.3.2 数控铣床与加工中心系统的功能代码

数控铣床与加工中心系统的功能代码同样包括准备功能代码(G 代码)、辅助功能代码(M 代码)、进给功能代码(F 代码)、主轴功能代码(S 代码)和刀具功能代码(T 代码)等。

1. 准备功能代码

数控铣床与加工中心的准备功能代码(G 代码)也是由字母"G"和其后的两位数字组成,常用的也是 G00～G99,但有些 G 代码代表的功能与数控车床 G 代码有所不同。现在有些数控系统准备功能指令已扩展至 G150。

FANUC 0i 系统常用 G 代码见表 5-3。

表 5-3 常用 G 代码及功能

G 代码	组 别	用于数控铣床的功能	特 性	G 代码	组 别	用于数控铣床的功能	特 性
▲G00	01	快速定位	模态	G56	14	第三工件坐标系	模态
G01		直线插补	模态	G57		第四工件坐标系	模态
G02		顺时针圆弧插补	模态	G58		第五工件坐标系	模态
G03		逆时针圆弧插补	模态	G59		第六工件坐标系	模态
G04	00	暂停	非模态	G65	00	程序宏调用	非模态
▲G10		数据设置	模态	G66	12	程序宏模态调用	模态
G11		数据设置取消	模态	▲G67		程序宏模态调用取消	模态
▲G17	02	*XY* 平面选择	模态	G68	16	坐标系旋转	模态
G18		*ZX* 平面选择	模态	G69		坐标系旋转取消	模态
G19		*YZ* 平面选择	模态	G73	09	高速深孔钻孔循环	非模态
G20	06	英制(in)	模态	G74		左旋攻螺纹循环	非模态
G21		公制(mm)	模态	G75		精镗循环	非模态

续表 5－3

G 代码	组　别	用于数控铣床的功能	特　性	G 代码	组　别	用于数控铣床的功能	特　性
▲G22	09	行程检查功能打开	模态	▲G80	09	钻孔固定循环取消	模态
G23		行程检查功能关闭	模态	G81		钻孔循环	模态
G27	00	参考点返回检查	非模态	G82		钻孔或镗孔循环	模态
G28		返回到参考点	非模态	G84		右旋攻螺纹循环	模态
G29		由参考点返回	非模态	G85		镗孔循环	模态
▲G40	07	刀具半径补偿取消	模态	G86		镗孔循环	模态
G41		刀具半径左补偿	模态	G87		背镗循环	模态
G42		刀具半径右补偿	模态	G89		镗孔循环	模态
G43	08	刀具长度正补偿	模态	▲G90	03	绝对坐标编程	模态
G44		刀具长度负补偿	模态	G91		相对坐标编程	模态
▲G49		刀具长度补偿取消	模态	G92	00	设定工件坐标系	模态
G52	00	局部坐标系设置	非模态	▲G94	05	每分钟进给	模态
G53		机床坐标系设置	非模态	G95		每转进给	模态
▲G54	14	第一工件坐标系	模态	▲G98	10	循环返回起始点	模态
G55		第二工件坐标系	模态	G99		循环返回参考平面	模态

注：带▲为系统默认指令。G 指令的前置“0”允许省略，如 G1 表示 G01，G3 表示 G03。

2. 辅助功能代码

辅助功能代码也称 M 代码。M 代码同样也会因不同的数控系统而有所差别，其组成及功能详见第 3 章表 3－1。

3. 进给功能代码

F 代码又称 F 指令，用以指定切削时的进给速度。一般数控铣削编程进给速度采用每分钟进给。

指令格式：G94 F_；每分钟进给量，单位 mm/min。

G95 F_；每转进给量，单位 mm/r。

说明：

① G94 为数控机床缺省状态。

② 在数控机床操作面板上有进给速度倍率开关，进给速度可在 0％～150％内以每级 10％进行调整。在零件试切削时，进给速度的修调可使操作者选取最佳的进给速度。

4. 主轴功能代码

主轴功能也称为 S 功能，用来指定主轴的转速。S 代码用地址 S 及其后的数字来表示，S 后面的数字表示主轴转速，单位是 r/min。

指令格式：S_；

5. 刀具功能代码

刀具功能 T 也称为 T 指令，用以选择加工中所用的刀具。T 代码用地址 T 及其后的数字来表示刀具号。

指令格式：T_；

5.3.3 数控铣床与加工中心常用编程指令

1. 系统设定指令

(1) 设定工件坐标系指令 G92

指令格式:G92 X_ Y_ Z_;

G92 指令可以确定当前工件坐标系坐标原点(也称为程序原点)。坐标(X,Y,Z)为刀具刀位点在工件坐标系中的初始位置。执行 G92 指令后,也就确定了刀具刀位点的初始位置(也称为程序起点或起刀点)与工件坐标系坐标原点的相对位置,建立了工件坐标系,如图 5-20 所示,刀具起刀点坐标为(40,30,30)。程序段为

```
G92 X40.0 Y30.0 Z30;
```

(2) 选择工件坐标系指令 G54～G59

数控机床可以设定不同的工件坐标系零点,预设 G54～G59 六个工件坐标系,这六个工件坐标系的坐标原点在机床坐标系中的值可通过 MDI 方式输入,存储于机床存储器内,重新开机后仍然有效。在程序中可分别选择其中之一,被选择的工件坐标系原点即为当前程序原点,例如程序:

```
G54 G00 G90 X20.0 Y40.0;
G55 G00 X40.0 Y30.0;
```

执行第一个程序段时,系统会选定 G54 作为当前工件坐标系,再执行 G00 移动到该坐标系中的 A 点;当执行第二个程序段时,系统会选定 G55 作为当前工件坐标系,再执行 G00 移动到该坐标系中的 B 点,如图 5-21 所示。

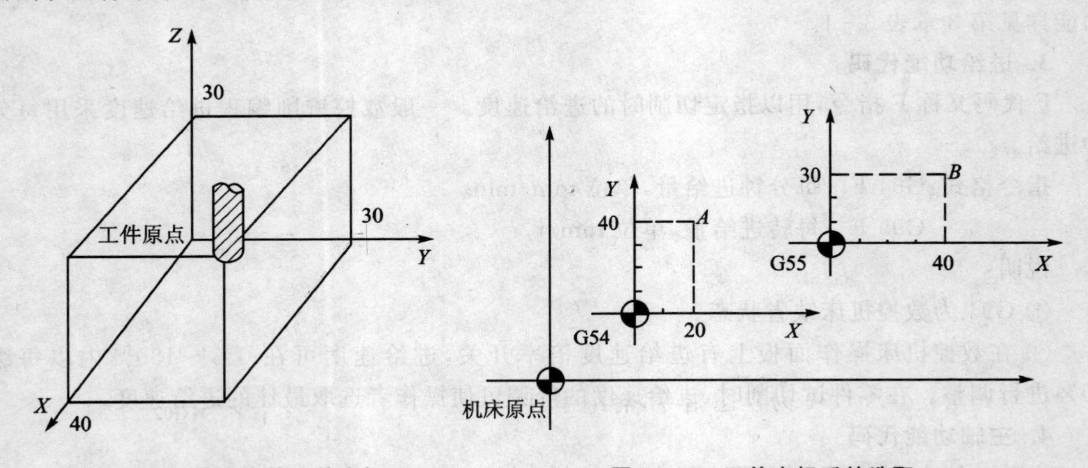

图 5-20 G92 设定的工件坐标系　　图 5-21 工件坐标系的选取

(3) 绝对坐标编程和相对坐标编程指令 G90、G91

指令格式:$\left.\begin{matrix}\text{G90}\\\text{G92}\end{matrix}\right\}$G00 X_ Y_ Z_;

在 G90 指令方式下,所有移动指令中的坐标值都是以事先设定的工件坐标系的原点为参考点,即刀具移动的位置坐标是相对于程序原点的坐标。

在 G91 指令方式下,所有移动指令中的坐标值都是以刀具当前点的位置作为参考点,即

刀具移动的位置坐标是刀具从当前位置到下一个位置之间的增量。

(4) 平面选择指令 G17、G18、G19

平面选择指令 G17、G18、G19 分别用来指定圆弧插补平面和刀具半径补偿平面。G17 选择 *XY* 平面，G18 选择 *ZX* 平面，G19 选择 *YZ* 平面。

(5) 自动返回参考点指令 G28

指令格式：G28 X_ Y_ Z_；

X、*Y*、*Z* 为返回机床参考点时所经过的中间点坐标。

该指令使指令轴以快速定位的速度经中间点返回机床参考点，中间点的指定方式既可以是绝对值方式的也可以是增量值方式的，这取决于当前的模态。一般该指令用于整个加工程序结束后使工件移出加工区，以便卸下加工完毕的零件和装夹待加工的零件。注意：为了安全起见，在执行该命令以前应该取消刀具半径补偿和长度补偿。

执行手动返回参考点以前执行 G28 指令时，各轴从中间点开始的运动与手动返回参考点的运动一样，从中间点开始的运动方向为正向。

(6) 英制和公制转换指令 G20、G21

指令格式：G20(G21)；

说明：

① G20 表示英制输入，G21 表示公制输入。G20 和 G21 是两个可以相互取代的代码，但不能在一个程序中同时使用 G20 和 G21。

② 机床缺省状态为 G21。

2. 基本编程指令

(1) 快速定位指令 G00

指令格式：G00 X_ Y_ Z_；

G00 指令为刀具以各轴预先设定的快速移动速度，由当前点快速移动到程序段指令的定位目标点。*X*、*Y*、*Z* 为定位终点坐标。不运动的轴相应的坐标可以不写。各轴快速移动速度可分别用机床参数设定，也可由操作面板上的快速修调旋钮来调整控制。

G00 指令一般用于加工前快速定位或加工后快速退刀，不能用于切削加工。在执行 G00 指令时，为避免刀具与工件或夹具发生碰撞，通常将 *Z* 轴移动到安全高度，再执行 G00。

(2) 直线插补指令 G01

指令格式：G01 X_ Y_ Z_ F_；

G01 指令为刀具以 F 指令的进给速度从当前点沿直线移动到指定点。G01 为模态指令，有继承性，在没有被同组其他指令注销之前一直有效，不必在每个程序段中都写入 G01 指令。F 为进给速度，同样具有继承性。

(3) 圆弧插补指令 G02、G03

G02 为顺时针圆弧插补指令，G03 为逆时针圆弧插补指令。圆弧顺、逆方向的判别方法是：沿着垂直于圆弧平面的坐标轴向负方向看，顺时针方向为 G02，逆时针方向为 G03，如图 5－22 所示。G02 和 G03 为模态指令，有

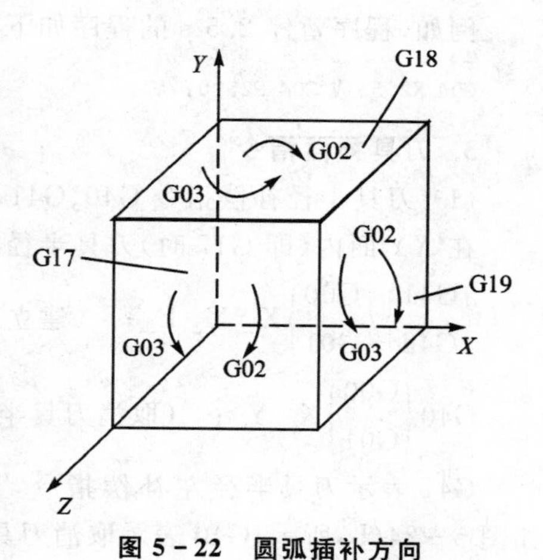

图 5－22　圆弧插补方向

继承性，继承方式与 G01 相同。

指令格式：

$$G17\begin{Bmatrix}G02\\G03\end{Bmatrix}X\_Y\_\begin{Bmatrix}R\_\\I\_J\_\end{Bmatrix}F\_;$$

$$G18\begin{Bmatrix}G02\\G03\end{Bmatrix}X\_Z\_\begin{Bmatrix}R\_\\I\_K\_\end{Bmatrix}F\_;$$

$$G19\begin{Bmatrix}G02\\G03\end{Bmatrix}Y\_Z\_\begin{Bmatrix}R\_\\J\_K\_\end{Bmatrix}F\_;$$

X、*Y*、*Z* 为圆弧终点坐标值，可以用绝对值，也可以用增量值，由 G90 或 G91 决定。*R* 为圆弧半径，当圆弧圆心角小于 180°时，*R* 为正值，否则 *R* 为负值。*I*、*J*、*K* 为圆心相对于圆弧起点的偏移值(等于圆心的坐标减去圆弧起点的坐标)，在 G90 或 G91 有效时，都以增量方式指定，如图 5-23 所示。加工整圆时，只能用 *I*、*J*、*K* 编程。

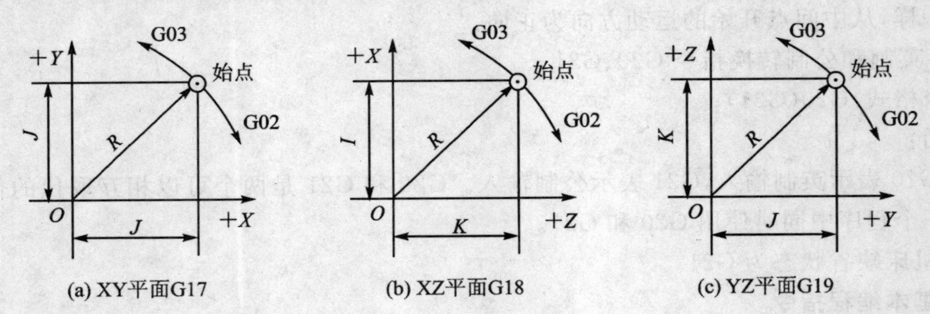

图 5-23　不同平面 *I*、*J*、*K* 的选择

(4) 暂停指令 G04

指令格式：G04 X_；或 G04 P_；

说明：

① G04 指令按给定时间延时，不做任何动作，延时结束后再自动执行下一段程序。该指令用于孔加工时，可使刀具在短时间无进给方式下进行光整加工。

② X 表示秒(s)，P 表示毫秒(ms)。程序延时时间为 16ms～9 999.999s。

例如，程序暂停 2.5 s 的程序如下：

G04 X2.5；或 G04 P2500；

3. 刀具补偿指令

(1) 刀具半径补偿指令 G40、G41、G42

在 *XY* 面内(即 G17 时)刀具半径补偿指令格式：

$$\begin{Bmatrix}G41\\G42\end{Bmatrix}\begin{Bmatrix}G00\\G01\end{Bmatrix}X\_\ Y\_\ D\_;$$ （建立刀具半径补偿）

$$G40\begin{Bmatrix}G00\\G01\end{Bmatrix}X\_\ Y\_;$$ （取消刀具半径补偿）

G41 表示刀具半径左补偿指令，如图 5-24(a)所示；G42 表示刀具半径右补偿指令，如图 5-24(b)所示；G40 表示取消刀具半径补偿指令。D 及其后面的数字表示刀具半径补偿号，刀补号码D00～D99，它代表了刀补表中对应的半径补偿值。例如，D03表示调用3号存储器中的数值作为刀具半径补偿值。

在建立和取消刀具半径补偿时，必须与G01或G00指令组合完成，不能与G02或G03指令组合。建立和取消刀具半径补偿是逐渐偏移的过程，应使刀具沿直线移动一段距离，以免发生过切现象。X、Y是建立或取消刀补运动终点坐标。

在ZX、YZ面内刀具半径补偿格式与上述类似，在此不再赘述。

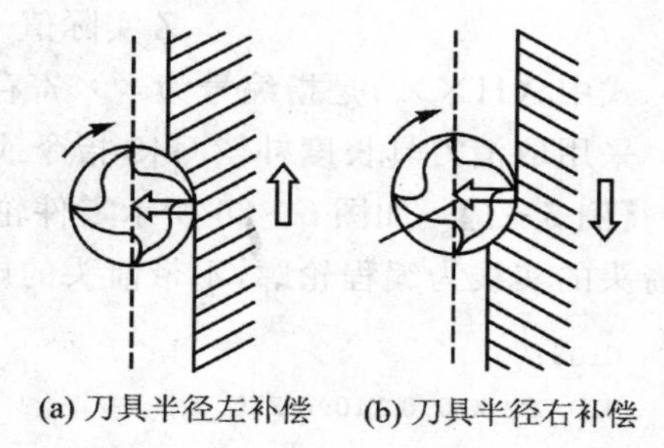

图5-24 刀具半径左补偿和右补偿判断图

(2)刀具长度补偿指令G43、G44、G49

刀具长度补偿指令一般用于刀具轴向的补偿，它使刀具在轴向上的实际移动量比程序给定值增加或减少一个偏置量。这样在程序编制过程中可不必考虑刀具的实际长度。另外，当刀具磨损或刀具安装有误差时，也可使用刀具长度补偿指令，补偿刀具在长度方向上的尺寸变化，不必重新编制加工程序，重新对刀或重新调整刀具。

指令格式：

$$\left.\begin{matrix}G17\\G18\\G19\end{matrix}\right\}\left\{\begin{matrix}G43\\G44\end{matrix}\right\}\left\{\begin{matrix}G00\\G01\end{matrix}\right\}X\_\ Y\_\ Z\_\ H\_;$$ （建立刀具长度补偿）

$$G49\left\{\begin{matrix}G00\\G01\end{matrix}\right\}X\_\ Y\_\ Z\_;$$ （取消刀具长度补偿）

其中：

G43为刀具长度正补偿指令，G44为刀具长度负补偿指令，G49为取消刀具长度补偿指令。

H及其后面的数字表示刀具长度补偿号，刀补号码从H00至H99，除H00寄存器必须置0外，其余寄存器存放刀具长度补偿值。G17有效时，刀具长度补偿轴为Z轴；G18有效时，刀具长度补偿轴为Y轴；G19有效时，刀具长度补偿轴为X轴。

如图5-25所示，执行G43时：

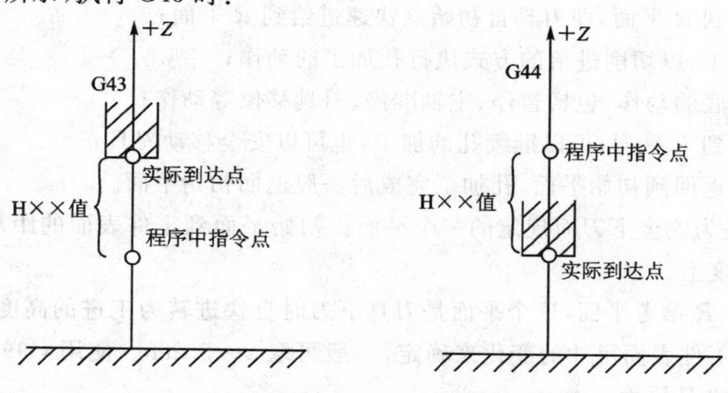

图5-25 刀具长度补偿

$$Z 实际值 = Z 指令值 +(H××)$$

执行 G44 时：

$$Z 实际值 = Z 指令值 -(H××)$$

式中，(H××)是指编号为××寄存器中的补偿值。

采用取消刀具长度补偿 G49 指令或用 G43 H00 和 G44 H00 可以撤销补偿指令。

【例 5-1】 如图 5-26 所示零件轮廓，切削深度为 5 mm，设起刀点为(10,10,50)。图中带箭头的实线为编程轮廓，不带箭头的虚线为刀具中心的实际路线。试编写程序。

```
O100;
N10 G92 X10.0 Y10.0 Z50.0;
N20 G90 G00 Z2.0;
N30 M03 S600 M07;
N40 G42 G00 X4.0 Y10.0 D01;   刀补建立
N50 G01 Z-10.0 F150;
N60 X30.0;
N70 G03 X40.0 Y20.0 R10.0;
N80 G02 X30.0 Y30.0 R10.0;
N90 G01 X10.0 Y20.0;
N100 Y5.0;
N110 G00 Z50.0 M05 M09;
N120 G40 X10.0 Y10.0;   刀补取消
N130 M30;
%
```

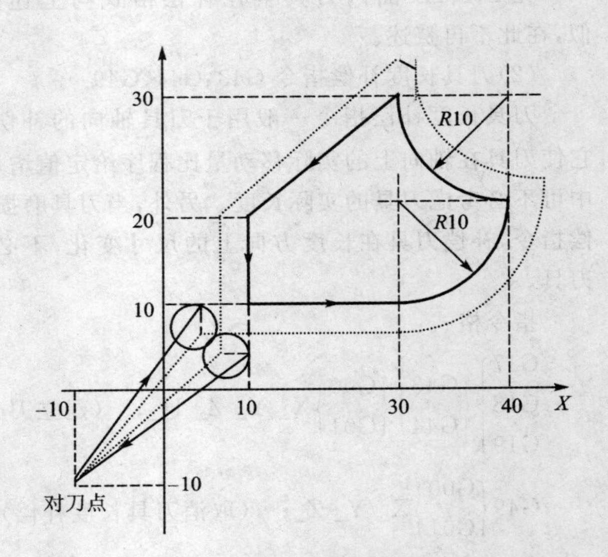

图 5-26 刀具半径补偿

4. 固定循环指令

加工中心配备的固定循环功能主要用于孔的加工，包括钻孔、扩孔、锪孔、铰孔、镗孔、攻丝等，使用一个程序段就可以完成一个孔加工的全部动作，继续加工时，只改变孔的位置而不需要改变孔的加工动作，程序中所有的模态代码的数据可以不必重写，因此可以简化程序。

如图 5-27 所示，孔加工通常由下述 6 个动作组成：

动作 1：孔定位，使刀具快速定位到孔加工的位置；

动作 2：快进到 *R* 平面，即刀具自初始点快速进给到 *R* 平面；

动作 3：孔加工，以切削进给的方式执行孔加工的动作；

动作 4：在孔底的动作，包括暂停、主轴准停、刀具移位等动作；

动作 5：返回到 *R* 平面，可以继续孔的加工，也可以安全移动刀具；

动作 6：快速返回到初始平面，孔加工完成后一般返回初始平面。

初始平面：是为安全下刀而规定的一个平面。初始平面到零件表面的距离可以任意设定在一个安全的高度上。

R 平面：又称 *R* 参考平面，这个平面是刀具下刀时自快进转为工进的高度平面，距工件表面的距离主要由工件表面尺寸的变化来确定，一般可取 2～5 mm。使用 G99 指令时，刀具将返回到该平面上的 *R* 平面。

孔底平面：加工盲孔时，孔底平面为孔底的 *Z* 轴高度；加工通孔时一般刀具还要伸出工件底平面一段距离，主要是要保证全部孔深都加工到尺寸；钻削加工时还应考虑钻头对孔深的影响。

固定循环的坐标数值形式可以采用固定循环绝对坐标（G90）和相对坐标（G91）表示，如图 5－28所示。采用 G90 方式时，如图 5－28(a)所示，*R* 和 *Z* 一律取其终点坐标值；采用 G91 方式时，如图 5－28(b)所示，*R* 则指从初始点到 *R* 点的距离，*Z* 是指从 *R* 点到孔底平面上 *Z* 点的距离。

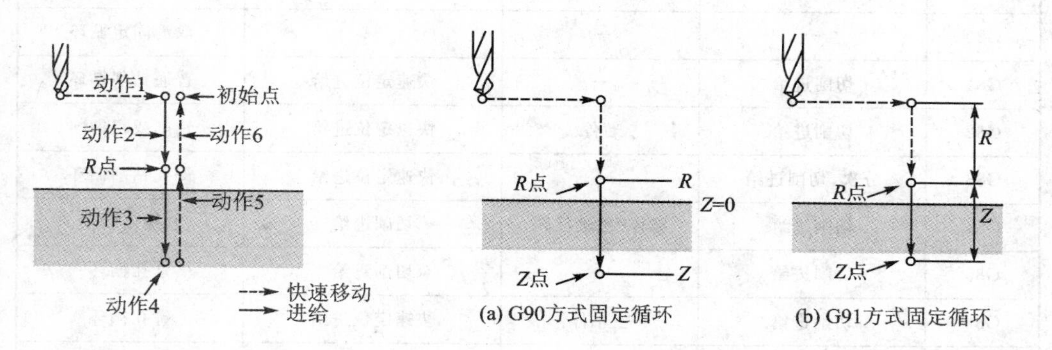

图 5－27　孔加工动作　　　**图 5－28　孔加工固定循环**

固定循环的程序格式包括数据形式、返回点平面、孔加工方式、孔位置数据、孔加工数据和循环次数。数据形式（G90 或 G91）在程序开始时就已指定，因此在固定循环程序格式中不必注出。固定循环指令格式如下：

$$\begin{Bmatrix} G98 \\ G99 \end{Bmatrix} G\_\ X\_\ Y\_\ Z\_\ R\_\ Q\_\ P\_\ F\_\ K\_\ ;$$

其中：

G98——返回初始平面，为默认方式。

G99——返回 *R* 参考平面。

G——固定循环代码，主要有 G73、G74、G76 和 G81～G89，见表 5－3。

X、*Y*——孔位坐标（G90）或加工起点到孔位的距离（G91）。

R——*R* 点的坐标（G90）或初始点到 *R* 点的距离（G91）。

Z——孔底坐标（G90）或 *R* 点到孔底的距离（G91）。

Q——每次进给深度（G73、G83）。

P——刀具在孔底的暂停时间。

F——切削进给速度。

K——固定循环的次数，系统默认为 K1。当指定 K0 时，则只存储孔加工数据而不执行加工动作。选择 G90 时，刀具在原来的孔位重复加工；选择 G91 时，则用一个程序段就可实现分布在一条直线上的若干个等距孔的加工。*K* 仅在被指定的程序段中有效。

取消孔加工方式使用指令 G80，如果中间出现了任何 01 组的 G 代码，如 G00、G01、G02 等指令，则孔加工的方式也会自动取消。因此用 01 组的 G 代码取消固定循环，其效果与用 G80 指令是完全一样的。表 5－4 给出了各类孔加工固定循环指令。

表 5-4 孔加工固定循环指令

G 代码	钻孔动作(Z 轴负向)	孔底动作	退刀动作(Z 轴正向)	应 用
G73	分次,切削进给	—	快速移动	高速深孔钻削
G74	切削进给	暂停-主轴正转	切削进给	左旋螺纹攻丝
G76	切削进给	主轴定向,让刀	快速定位进给	精镗循环
G80	—	—	—	取消固定循环
G81	切削进给	—	快速定位进给	普通钻削循环
G82	切削进给	暂停	快速定位进给	钻削或粗镗削
G83	分次,切削进给	—	快速定位进给	深孔钻削循环
G84	切削进给	暂停-主轴反转	切削进给	右螺纹攻丝
G85	切削进给	—	切削进给	镗孔循环
G86	切削进给	主轴停	快速定位进给	镗孔循环
G87	切削进给	主轴正转	快速定位进给	背镗循环
G88	切削进给	暂停-主轴停	手动	镗孔循环
G89	切削进给	暂停	切削进给	镗孔循环

(1) 高速深孔钻削循环指令 G73

指令格式:G73 X_ Y_ Z_ R_ Q_ F_ K_;

G73 用于深孔加工,它执行间歇进给直到孔的底部,同时从孔中排除切屑。每次背吃刀量为 Q。退刀距离为 d。孔加工动作如图 5-29 所示,通过 Z 轴的间歇进给可以较容易地断屑、排屑。

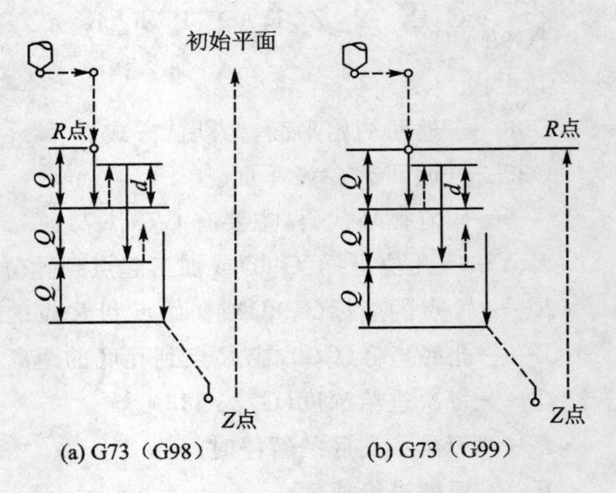

图 5-29 G73 深孔钻削循环

(2) 攻左旋螺纹循环指令 G74 和攻右旋螺纹循环指令 G84

指令格式:G74(G84) X_ Y_ Z_ R_ P_ F_ K_;

其中:

X、Y——孔的位置,Z——攻螺纹深度,F——攻螺纹进给速度。

攻螺纹过程要求主轴转速与进给速度成严格的比例关系,编程时需要根据主轴转速计算进给速度(公式:F=导程×主轴转速)。G74 攻左旋螺纹动作如图 5-30 所示,进给时主轴反转,到达孔底时变为正转并以进给速度进行退刀,返回到 R 点时再恢复反转;G84 攻右旋螺纹动作则恰恰相反,进给时主轴正转,到达孔底时变为反转并以进给速度进行退刀,返回到 R 点时再恢复正转,如图 5-31 所示。在攻螺纹过程中,进给速度的倍率调节旋钮和进给保持开关均无效,以保证螺距的准确。

（3）钻削循环指令 G81

指令格式：G81 X_ Y_ Z_ R_ F_ K_；

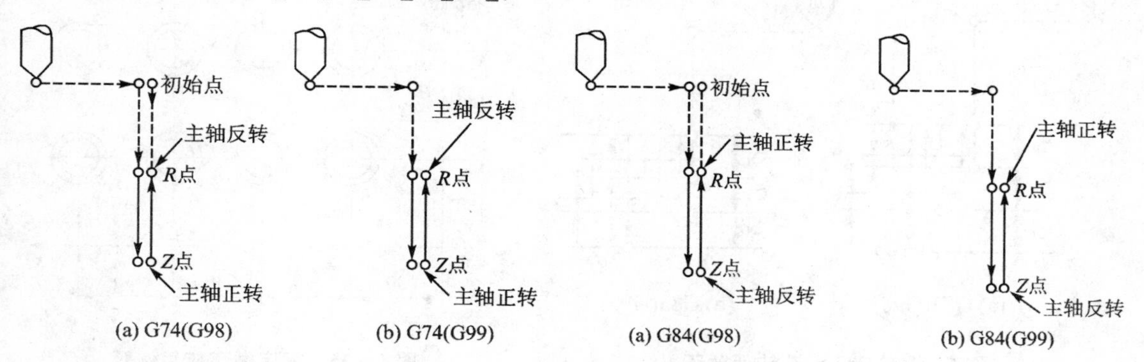

图 5-30　G74 攻左旋螺纹循环　　**图 5-31　G84 攻右旋螺纹循环**

G81 钻削循环指令动作如图 5-32 所示，主轴正转，刀具以进给速度向下运动钻孔，到达孔底位置后，快速退回。

（4）钻削、镗削循环指令 G82

指令格式：G82 X_ Y_ Z_ R_ P_ F_ K_；

G82 的加工动作如图 5-33 所示，与 G81 相比较，唯一不同的是 G82 在孔底增加了进给暂停动作，即加工到孔底时，刀具不做进给运动，而保持旋转状态，使孔的表面更加光滑，因而适用于锪孔、镗孔的加工。

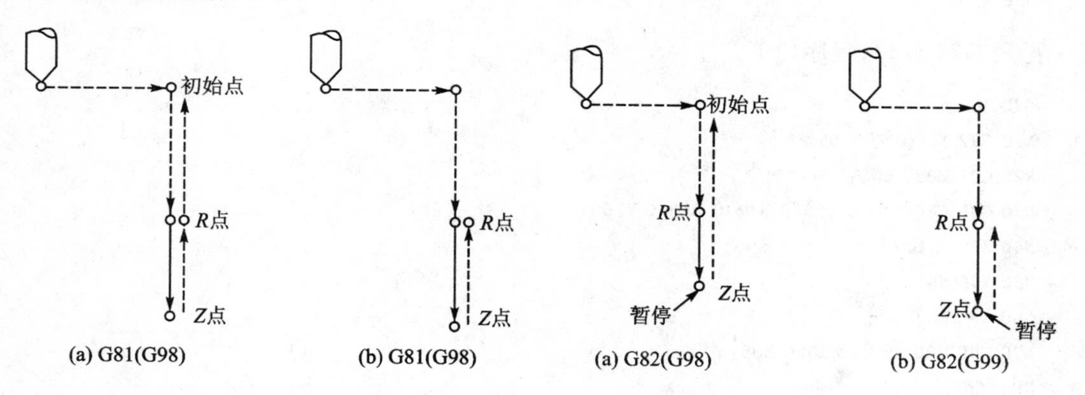

图 5-32　G81 钻削循环　　**图 5-33　G82 钻削、镗削循环**

（5）深孔钻削循环指令 G83

指令格式：G83 X_ Y_ Z_ R_ Q_ F_ K_；

G83 与 G73 都是深孔加工指令，略有不同的是 G83 每次刀具间歇进给后快速退回到 R 点平面，排屑更彻底。如图 5-34 所示，d 为每次退刀后，再次进给时，由快速进给转换为切削进给时距上次加工面的距离。

【例 5-2】　如图 5-35 所示，用 G81、G84 编制螺纹孔的加工程序，设刀具起点为(0,0,50)，切削深度为 10 mm。

先用 G81 钻孔，参考程序如下：

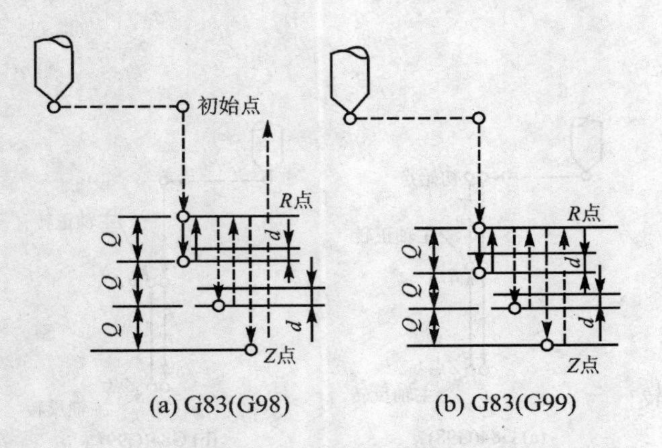

图 5-34　G83 深孔钻削循环

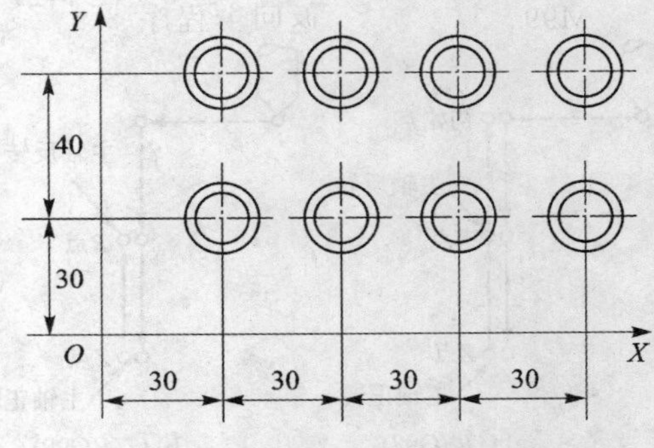

图 5-35　固定循环应用例题

```
O1000
N10 G92 X0 Y0 Z50.0;
N20 G91 M03 S600;
N30 G99 G81 X30.0 Y30.0 Z? 12.0 R-48.0 F200;
N40 G91 X30.0 L3;
N50 Y40.0;
N60 X-40.0 L3;
N70 G90 G80 X0 Y0 Z50.0 M05;
N80 M30;
```

再用 G84 攻丝，程序如下：

```
O2000
N10 G92 X0 Y0 Z50.0;
N20 G91 M03 S600;
N30 G99 G84 X30.0 Y30.0 R42.0 Z18.0 F100;
N40 X30.0 L3;
N50 Y40.0;
N60 X-30.0 L3;
N70 G90 G80 X0 Y0 Z50.0 M05;
N80 M30;
%
```

5. 子程序

加工程序分为主程序和子程序。一般的，NC 执行主程序的指令，但当执行到一条子程序调用指令时，NC 转向执行子程序，在子程序中执行到返回指令时，再回到主程序。

当加工程序需要多次运行一段同样的轨迹时，可以将这段轨迹编成子程序存储在机床的程序存储器中，每次在程序中需要执行这段轨迹时便可以调用该子程序。

当一个主程序调用一个子程序时，该子程序可以调用另一个子程序，这样的情况称之为子程序的双重嵌套。一般机床可以允许最多达四重的子程序嵌套。在调用子程序指令中，可以指令重复执行所调用的子程序，调用次数最多达 999 次。

一个子程序应该具有如下格式：

O××××；　　子程序号

……　　　　子程序内容

M99；　　　返回主程序

在程序的开始，应该有一个由地址 O 指定的子程序号，在程序的结尾，返回主程序的指令 M99 是必不可少的。M99 可以不出现在一个单独的程序段中，作为子程序结尾，这样的程序段也是可以的：

G90 G00 X0.0 Y100.0 M99；

在主程序中，调用子程序的程序段应包含如下内容：

M98 P×××××××；

在这里，地址 P 后面所跟的数字中，前面的三位用于指定调用的重复次数，后面的四位用于指定被调用的子程序的程序号。

M98 P51002；　调用 1002 号子程序，重复 5 次

M98 P1002；　调用 1002 号子程序，重复 1 次

M98 P50004；　调用 4 号子程序，重复 5 次

子程序调用指令可以和运动指令出现在同一程序段中：

G90 G00 X75.0 Y50.0 Z53. M98 P40035；

该程序段指令 X、Y、Z 三轴以快速定位进给速度运动到指令位置，然后调用执行 4 次 35 号子程序。

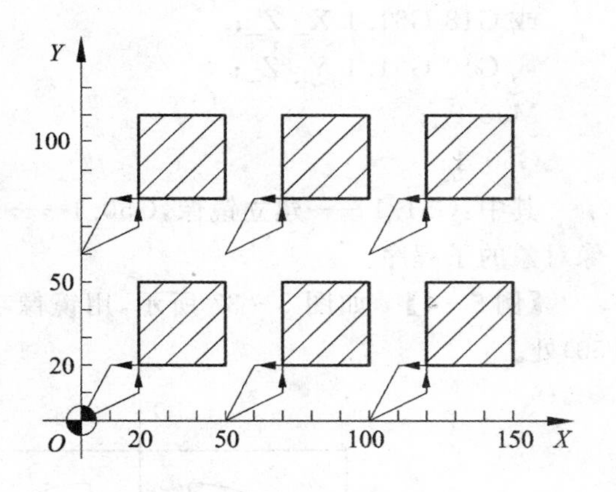

图 5-36　子程序调用例题

【例 5-3】 如图 5-36 所示 6 个方形凸台轮廓，高度为 5mm，已知刀具起始位置为(0,0,50)，试编制程序。

程序如下：

```
O100;  主程序
N10 G92 X0 Y0 Z50.0;  设定工件坐标系
N20 M03 S630 M07;  启动主轴,冷却液开
N30 G90 G00 Z2.0;  快速定位到工件零点上方 2mm
N40 M98 P003 0099;  调用子程序 O0099,并连续调用 3 次,完成 3 个方形轮廓的加工
N50 G90 G00 X0 Y60.0;  快速定位到加工另 3 个方形轮廓的起始点位置
N60 M98 P003 0099;  调用子程序 O0099,并连续调用 3 次,完成 3 个方形轮廓的加工
N70 G90 G00 X0 Y0 Z50.0;  回到起刀点
N80 M05 M09;  主轴停,冷却液关
N90 M30;  程序结束
%
O0099;  子程序,加工一个方形轮廓的轨迹路径
N10 G91 G01 Z-7.0 F100;  相对坐标编程,进切深到工件表面以下 5 mm 处
N20 G41 X20.0 Y10.0 D01;  建立刀具半径左补偿
N30 Y40.0;  直线插补
N40 X30.0;  直线插补
N50 Y-30.0;  直线插补
```

```
N60 X-40.0;  直线插补
N70 G40 X-10.0Y-20.0;  取消刀补
N80 G00 Z7.0;  快速退刀
N90 M99;  子程序结束
%
```

在使用子程序编程时，应注意主、子程序使用不同的编程方式。一般主程序中使用 G90 指令，而子程序使用 G91 指令，避免刀具在同一位置加工。

6. 简化编程指令

(1) 镜像功能指令 G50.1、G51.1

当工件相对于某一轴具有对称形状时，可以利用镜像功能和子程序，只对工件的一部分进行编程，而能加工出工件的对称部分，这就是镜像功能。当某一轴的镜像有效时，该轴执行与编程方向相反的运动。

指令格式：

G17 G51.1 X_ Y_；

或 G18 G51.1 X_ Z_；

或 G19 G51.1 Y_ Z_；

M98 P_；

G50.1；

其中：G51.1——建立镜像，G50.1——取消镜像；X、Y、Z——镜像轴；M98 P_——调用镜像对象的子程序。

【例 5-4】 如图 5-37 所示，用镜像功能编制轮廓的加工程序，已知刀具起点为(0,0,50)处。

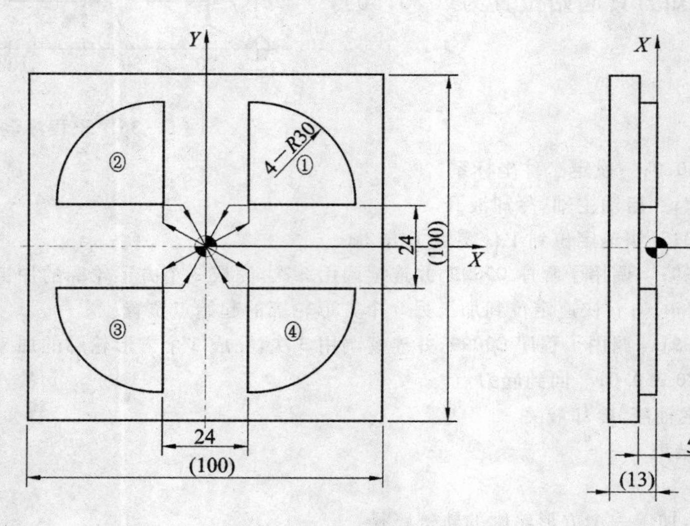

图 5-37 镜像功能编程

程序如下：

```
O200;  主程序
N10 G92 X0 Y0 Z50.0;  设定工件坐标系
```

```
N20 M03 S630 M08;  启动主轴,冷却液开
N30 G90 G00 Z2.0;  快速定位到工件零点上方 2mm
N40 M98 P0010100;  加工①
N50 G51.1 X0;  Y 轴镜像
N60 M98 P0010100;  加工②
N70 G51.1 X0 Y0;  X、Y 轴镜像
N80 M98 P0010100;  加工③
N90 G50.1 X0;  Y 轴镜像取消,X 轴镜像继续有效
N100 M98 P0010100;  加工④
N110 G50.1;  X 轴镜像取消
N120 G00 Z50.0;  快速返回到起刀点
N130 M05 M09;  主轴停,冷却液关
N140 M30;  程序结束
%
O0100;  子程序,加工①轮廓的轨迹路径
N10 G01 Z-5.0 F100;  进切深到工件表面以下 5 mm 处
N20 G41 X12.0 Y10.0 D01;  建立刀具半径左补偿
N30 Y42.0;  直线插补
N40 G02 X42.0 Y12.0 R30.0;  圆弧插补
N50 G01 X10.0;  直线插补
N60 G40 X0 Y0;  取消刀补
N70 G00 Z2.0;  快速退刀
N80 M99;  子程序结束
%
```

当使用镜像指令时,进给路线与前一加工轮廓进给路线相反,此时,圆弧插补旋转方向反向,即 G02 变成 G03 或 G03 变成 G02;刀补偏置方向相反,即 G41 变成 G42 或 G42 变成 G41。所以,对连续形状一般不使用镜像功能,防止走刀中有刀痕,使轮廓不光滑或加工轮廓间不一致。

(2) 缩放功能指令 G50、G51

指令格式:

G51 X_ Y_ Z_ P_;

M98 P_;

G50;

其中:G51——建立缩放,G50——取消缩放;X、Y、Z——缩放中心的坐标值;P——缩放倍数。

在 G51 后,运动指令的坐标值以(X,Y,Z)为缩放中心,按 P 规定的缩放比例进行计算。在有刀具补偿的情况下,先进行缩放,然后才进行刀具半径补偿、刀具长度补偿。

G51 既可指定平面缩放,也可指定空间缩放。G51、G50 为模态指令,可相互注销,G50 为缺省值。

【例 5-5】 试编制如图 5-38 所示的轮廓加工程序,已知刀具起始点位置为(0,0,50)。

程序如下:

```
O500;  主程序
```

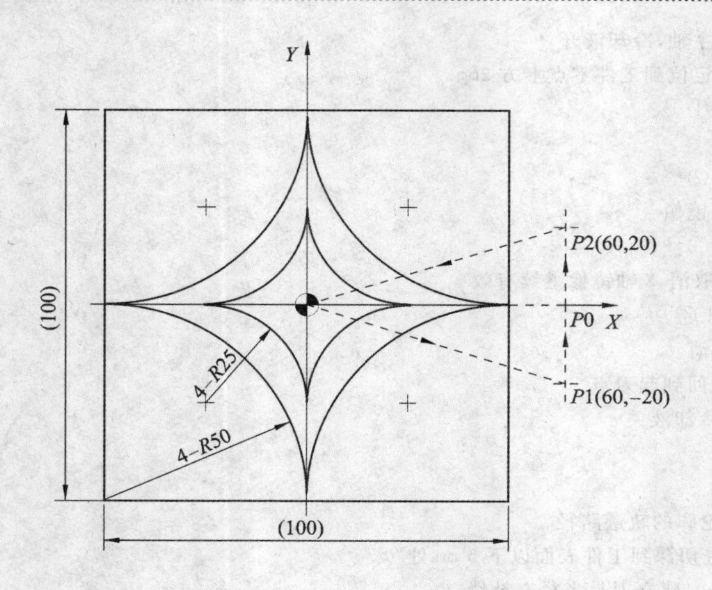

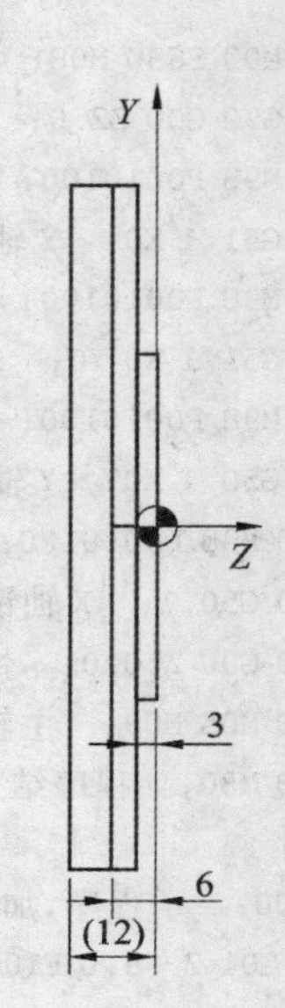

图 5-38　缩放功能编程

```
N10 G92 X0 Y0 Z50.0;  设定工件坐标系
N20 M03 S630 M08;  启动主轴,冷却液开
N30 G90 G00 X60.0 Y-20.0 Z2.0;  快速定位到起刀点位置
N40 M98 P0010100;  加工 4-R50 轮廓
N50 G51 X0 Y0 P0.5;  缩放中心为(0,0),缩放比例为 0.5
N60 M98 P0010100;  加工 4-R25 轮廓
N70 G50;  缩放功能取消
N80 M05 M09;  主轴停,冷却液关
N90 G00 X0 Y0 Z50.0;  快速返回到起刀点
N100 M30;  程序结束
%
O0100;  子程序(4-R50 轮廓加工轨迹)
N10 G90 G01 Z-6.0 F120;  进切深到工件表面以下 6 mm 处
N20 G41 Y0 D01;  建立刀具半径左补偿
N30 X50.0;  直线插补
N40 G03 X0 Y-50.0 R50.0;  圆弧插补
N50 X-50.0 Y0 R50.0;  圆弧插补
N60 X0 Y50.0 R50.0;  圆弧插补
N70 X50.0 Y0 R50.0;  圆弧插补
N80 G01 X60.0;  直线插补
N90 G40 Y10.0;  取消刀补
N100 G00 Z2.0;  快速退刀
N110 X0 Y0;  返回到程序原点
N110 M99;  子程序结束
%
```

比例缩放功能不能缩放偏置量。例如,刀具半径补偿量、刀具长度补偿量等,图形缩放后,刀具半径补偿量不变。

(3) 旋转变换指令 G68、G69

指令格式：

G17 G68 X_ Y_ P_；

或 G18 G68 X_ Z_ P_；

或 G19 G68 Y_ Z_ P_；

M98 P_；

G69；

其中：G68——建立旋转，G69——取消旋转。X、Y、Z——旋转中心的坐标值。

P——旋转角度，取值范围 $0 \leqslant P \leqslant 360°$；"+"表示逆时针方向加工，"－"表示顺时针方向加工；可为绝对值，也可为增量值；当为增量值时，旋转角度在前一个角度上增加该值。

对程序指令进行坐标系旋转后，再进行刀具偏置(如刀具半径补偿、长度补偿等)计算；在有缩放功能的情况下，先缩放后旋转。G68、G69 为模态指令，可相互注销，G69 为缺省值。

【例 5－6】 如图 5－39 所示，使用旋转功能编制轮廓的加工程序，设刀具起点为(0,0,50)。

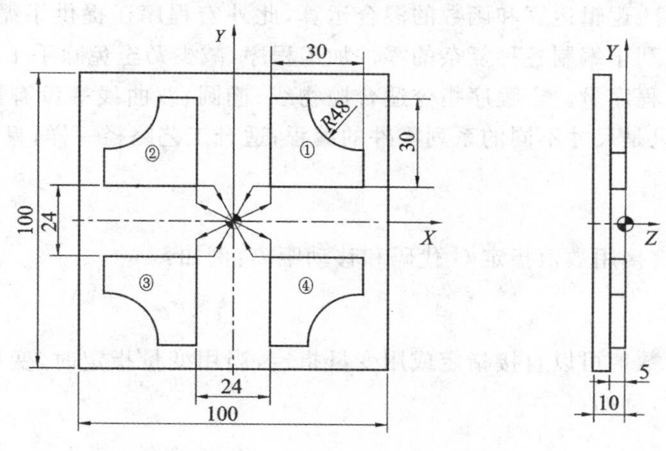

图 5－39　旋转变换功能编程

```
O300;  主程序
N10 G92 X0 Y0 Z50.0;  设定工件坐标系
N20 M03 S630 M07;  启动主轴,冷却液开
N30 G90 G00 Z2.0;  快速定位到起刀点位置
N40 M98 P0010100;  加工轮廓①
N50 G68 X0 Y0 P90;  旋转中心为(0,0),旋转角度为 90°
N60 M98 P0010100;  加工轮廓②
N70 G68 X0 Y0 P180;  旋转中心为(0,0),旋转角度为 180°
N80 M98 P0010100;  加工轮廓③
N90 G68 X0 Y0 P270;  旋转中心为(0,0),旋转角度为 270°
N100 M98 P0010100;  加工轮廓④
N110 G69;  旋转功能取消
N120 G00 Z50;  快速返回到起刀点
N130 M05 M09;  主轴停,冷却液关
N140 M30;  程序结束
%
```

```
O0100;  子程序(①轮廓加工轨迹)
N10 G01 Z-5.0 F120;  进切深到工件表面以下 5 mm 处
N20 G41 X12.0 Y10.0 D01 F200;  建立刀具半径左补偿
N30 Y42.0;  直线插补
N40 X24.0;  直线插补
N50 G03 X42.0 Y24.0 R18.0;  圆弧插补
N60 G01 Y12.0;  直线插补
N70 X10.0;  直线插补
N80 G40 X0 Y0;  取消刀补
N90 G00 Z2;  快速返回到安全高度
N100 M99;  子程序结束
%
```

7. 宏程序

FANUC 0i 数控系统为用户配备了强有力的类似于高级语言的宏程序功能,用户可以使用变量进行算术运算、逻辑运算和函数的混合运算,此外宏程序还提供了循环语句、分支语句和子程序调用语句,利于编制各种复杂的零件加工程序,减少乃至免除手工编程时进行繁琐的数值计算,以及精简程序量。宏程序指令适合抛物线、椭圆、双曲线等没有插补指令的曲线编程;适合图形一样,只是尺寸不同的系列零件的编程;适合工艺路径一样,只是位置参数不同的系列零件的编程。

(1) 变　量

普通加工程序直接用数值指定 G 代码和移动距离:例如:

```
G01 X100.0;
```

使用宏程序时,数值可以直接指定或用变量指定,当用变量指定时,变量值可以用程序或由 MDI 设定或修改,例如:

```
#11 = #22 + 123;
G01 X#11 F500;
```

1) 变量的表示

计算机中允许使用变量名,用户宏程序则不行,变量需用变量符号“#”和后面的变量号指定。例如:#11。

表达式可以用指定变量号,这时表达式必须封闭在括号中,例如:#[#11+#12−123]。

2)变量的类型

变量从功能上主要可以归纳为两种:

系统变量(系统占用部分),用于系统内部运算时各种数据的存储。

用户变量,包括局部变量和公共变量,用户可以单独使用,系统作为处理资料的一部分,FANUC 0i 系统的变量类型见表 5-5。

表 5-5　FANUC 0i 变量类型

变量名	类　型	功　能
#0	空变量	该变量总是空,没有值能赋予该变量

续表 5－5

变量名		类　型	功　能
用户变量	＃1～＃33	局部变量	局部变量只能在宏程序中存储数据，例如运算结果。断电时，局部变量清除(初始化为空) 可以在程序中对其赋值
	＃100～＃199 ＃500～＃999	公共变量	公共变量在不同的宏程序中的意义相同(即公共变量对于主程序和从这些主程序调用的每个宏程序来说是共用的) 断电时，＃100～＃199 清除(初始化为空)，通电时复位到“0”；而＃500～＃999 数据，即使在断电时也不清除
＃1000 以上		系统变量	系统变量用于读和写 CNC 运行时各种数据变化，例如刀具当前位置和补偿值

3）变量的引用

在程序中使用变量值时，应指定变量号的地址。当用表达式指定变量时，必须把表达式放在括号中，例如：

```
G01 X[＃11 + ＃22] F＃3;
```

被引用变量的值根据地址的最小设定单位自动舍入。

改变引用变量值的符号，要把负号“－”放在“＃”的前面。例如，G00 X－＃11。

当引用非定义的变量时，变量及地址都被忽略。例如，当变量＃11 的值是 0 并且变量＃22 的值为空时，G00 X＃11 Y＃22 的执行结果为 G00 X0。

不能用变量代表的地址符有：程序号 O、顺序号 N、任选程序段跳转号/。

另外，使用 ISO 代码编程时，可用“＃”表示变量；若为 EIA 代码，则应用“&”代替“＃”，因为 EIA 代码中没有“＃”。

(2) 算数和逻辑运算

表 5－6 中列出的运算可以在变量中运行。等式右边的表达式可以包含常量或由函数或运算符组成的变量。表达式中的变量＃j 和＃k 可以用常量赋值。等式左边的变量也可以用表达式赋值。其中算数运算主要是指加、减、乘、除函数等，逻辑运算为比较运算。

(3) 赋值与变量

赋值是指将一个数据赋予一个变量。如＃1＝0 表示＃1 的值为 0。其中＃1 代表变量，“＃”为变量符号(注意：根据数控系统的不同，它的表示方法可能有差别)，0 就是给变量＃1 赋的值。这里的“＃”是赋值符号，起语句定义作用。

赋值的规律如下：

1）赋值号“＃”两边的内容不能随意互换，左边只能是变量，右边可以是表达式、数值或变量。

2）一个赋值语句只能给一个变量赋值。

3）可以多次给一个变量赋值，新变量值将取代原变量值。

4）赋值语句具有运算功能，它的一般形式为：变量＝表达式。在赋值运算中，表达式可以是变量自身与其他数据的运算结果，如＃1＝＃1＋1 表示＃1 的值为＃1＋1。需要强调的是，“＃1＋＃1＋1”形式的表达式是宏程序运行的“原动力”，任何宏程序几乎都离不开这种类型的赋值运算。

表 5-6 FANUC 0i 算数和逻辑运算一览表

功能		格式	备注
定义、置换		#i=#j	
算数运算	加法	#i=#i+#k	
	减法	#i=#i-#k	
	乘法	#i=#i*#k	
	除法	#i=#i/#k	
	正弦	#i=SIN[#j]	三角函数及反三角函数的数值均以度为单位来指定,如90°30′应表示为90.5°
	反正弦	#i=ASIN[#j]	
	余弦	#i=COS[#j]	
	反余弦	#i=ACOS[#j]	
	正切	#i=TAN[#j]	
	反正切	#i=ATAN[#j]/[#k]	
	平方根	#i=SQRT[#j]	
	绝对值	#i=SQRT[#j]	
	舍入	#i=ROUND[#j]	
	指数函数	#i=EXP[#j]	
	(自然)对数	#i=LN[#j]	
	上取整	#i=FIX[#j]	
	下取整	#i=FUP[#j]	
逻辑运算	与	#i AND #j	
	或	#i OR #j	
	异或	#i XOR #j	
从BCD转为BIN		#i=BIN[#j]	用于与PMC的信号交换
从BIN转为BCD		#i=BCD[#j]	

注:① 上取整和下取整:无条件地舍去小数部分为上取整;小数部分进到整数为下取整,对负数的处理要特别小心,如#2=-1.2,当执行#3=FUP[#2]时,结果为#3=-2.0。

② 混合运算时的运算顺序为函数运算→乘除法运算→加减法运算。

③ 对应括号嵌套情况,里层的[ ]优先计算,括号最多可以嵌套5级。

5)赋值表达式的运算顺序与数学运算顺序相同。

(4)转移和循环

在程序中,使用GOTO语句和IF语句可以改变程序的流向。有三种转移和循环操作可供使用。

1)无条件转移(GOTO语句)

指令格式:GOTO n;

其中:n——顺序号(其值为1～99 999)。

含义:转移(跳转)到标有顺序号n的程序段。

2)条件转移(IF语句)

指令格式：IF [<条件表达式>] GOTO n

表示如果指定的条件表达式满足时，则转移(跳转)到标有顺序号 n 的程序段。如果不满足指定的条件表达式，则顺序执行下个程序段：

IF [<条件表达式>] THEN

如果条件表达式满足时，则执行指定的宏程序语句，而且只执行一个宏程序语句：

```
IF [#1 EQ #2] THEN #3=10;
```

如果#1=#2 时，#3=10。

说明：

① 条件表达式必须包括运算符，并且用“[ ]”封闭。

② 运算符由 2 个字母组成(见表 5-7)，用于两个值的比较，以决定它们是相等，还是一个值小于或大于另一个值。

表 5-7　运算符

运算符	含　义	英文注释
EQ	等于(=)	Equal
NE	不等于(≠)	Not Equal
GT	大于(>)	Great Than
GE	大于或等于(≥)	Great Than or Equal
LT	小于(<)	Less Than
LE	小于或等于(≤)	Less Than or Equal

3) 循环(WHILE 语句)

在 WHILE 后指定一个条件表达式。当条件满足时，则执行从 DO 到 END 之间的程序。否则，转到 END 后的程序段。

DO 后面的数字是指定程序执行范围的标号，标号值为 1,2,3。

指令格式：

WHILE [条件表达式] DO m(m=1,2,3)

……

END m

综上所述，在宏程序的应用中，应熟练掌握这些知识。在编制宏程序时应优先考虑的是数学表达是否正确，思路是否简洁，逻辑是否严密，最后用相应的程序语句表达自己的编程思想，至于用什么语句来实现，则不必拘泥。

【例 5-7】 如图 5-40 所示凹半球曲面零件图，凹半球的半径为 30mm，零件毛坯尺寸为 100mm×80mm×40mm，选用 ϕ10mm 的键槽铣刀粗加工凹球面。试运用宏程序指令编制加工程序。

自变量赋值说明如下：

#1=(A)；(内)球面的圆弧半径 R

#2=(B)；平底铣刀半径 r

#3=(C)；Z 坐标设为自变量，赋初始值 0

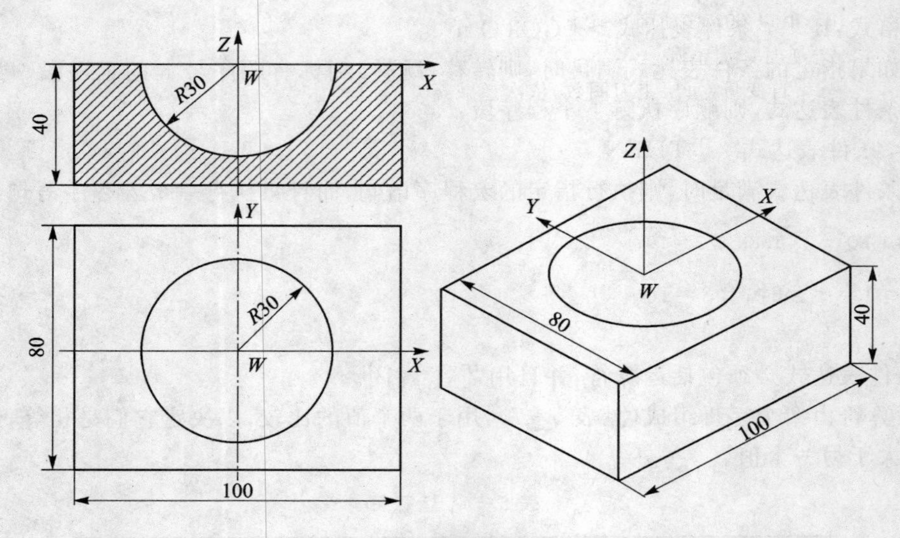

图 5-40　凹半球曲面零件图

#4=(I);平底铣刀到达内球面底部时的 Z 坐标

#17=(Q);Z 坐标每次递减量(每层切深)

#24=(X);球心在工件坐标系 G54 中的 X 坐标

#25=(Y);球心在工件坐标系 G54 中的 Y 坐标

#26=(Z);球心在工件坐标系 G54 中的 Z 坐标

主程序:

```
O1002;
T01 M06;
S1000 M03;
G54 G90 G00 X0 Y0 Z100.0;  建立工件坐标系
G65 P0002 X0 Y0 Z0 A30.0 B10.0 C0 I-29.58 Q5.0;  调用宏程序,并传递参数值
M30;程序结束
%
```

宏程序:

```
O0002;
G52 X#24Y#25Z#26;  在球心处建立局部坐标系
G00 X0 Y0 Z30.0;  定位至球心上方安全高度
#5=1.6*#2;  步距,设为刀具直径的80%
#3=#3-#17;  自变量#3,赋予第1刀初始值
WHILE[#3GT#4] DO 1;  如果#3>#4,继续循环1
Z[#3+1.0];  G00下降至Z#3以上1.0处
G01 Z#3 F150;  下降至当前加工深度
#7=SQRT[#1*#1-#3*#3]-#2;  任意深度刀具中心对应的X坐标
#8=FIX[#7/#5];  刀具中心在该深度内腔的最大回转半径除以步距并取整
WHILE [#8GE0] DO 2;  还未走到最外一圈,继续循环2
#9=#7-#8*#5;  每圈在X方向上移动的X坐标目标值
```

```
G01 X#9 F400;  以 G01 移动到目标点
G03 I-#9;  逆时针走整圆
#8=#8-1;  自变量(每层走刀圈数)依次递减至 0
END 2;  结束循环 2
G00 Z1.0;  G00 提刀至安全高度
X0 Y0;  返回局部坐标系原点准备下一层加工
#3=#3-#17;  Z 坐标自变量#3-#17
END 1;  结束循环 1
G00 Z[#1+30.0];  G00 提刀至安全高度
G52 X0 Y0 Z0;  恢复 G54 原点
M99;  宏程序结束
%
```

5.3.4 数控铣床与加工中心编程综合实例

1. 综合实例一

如图 5-41 所示，工件毛坯为 50mm×50mm×11mm，工件材料为硬铝，根据零件图编制加工程序，完成凸台轮廓的加工。

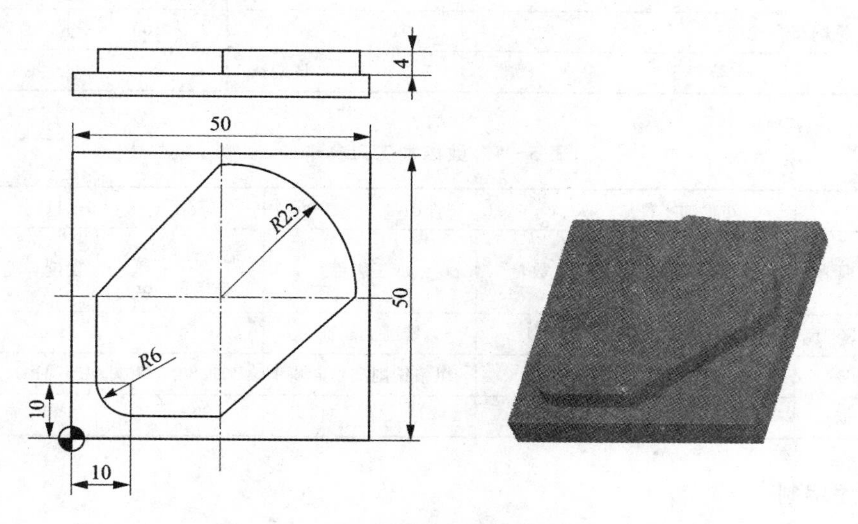

图 5-41　平面外轮廓类零件加工

(1) 加工方案

1) 本例毛坯为方形，选择机用虎钳进行装夹，毛坯高出钳口 10mm 左右。一次装夹完成平面外轮廓粗精加工。

2) 工步顺序见表 5-8 数控加工工序卡。

(2) 选择机床设备

根据零件图样，没有尺寸公差和表面粗糙度要求，选用 XH715D 立式加工中心。

(3) 选择刀具

根据加工要求，选用刀具 T01 为 ϕ40 的立铣刀即可，详细见表 5-9 数控加工刀具卡。同时把刀具的长度补偿和半径补偿值输入相应的刀具补偿参数中。

(4) 确定切削用量

切削用量的具体数值应根据该机床性能、相关的手册并结合实际经验确定，详见表5-8数控加工工序卡。

(5) 确定工件坐标系、对刀点和换刀点

本例零件轮廓并非对称状，故工件坐标系的原点设在工件上表面角点上。

表5-8　数控加工工序卡

<table>
<tr><td rowspan="2">单位名称</td><td colspan="7" rowspan="2"></td><td colspan="2">零件名称</td><td colspan="2">零件图号</td></tr>
<tr><td colspan="2">外轮廓零件</td><td colspan="2">5-41</td></tr>
<tr><td colspan="2">程序号</td><td colspan="3">夹具名称</td><td colspan="3">使用设备</td><td colspan="2">数控系统</td><td colspan="2">场地</td></tr>
<tr><td colspan="2">O0001</td><td colspan="3">平口钳</td><td colspan="3">XH715D</td><td colspan="2">FANUC 0i-mate</td><td colspan="2">数控实训中心</td></tr>
<tr><td>工步号</td><td colspan="6">工步内容</td><td>刀具号</td><td>主轴转速/(r·min⁻¹)</td><td>进给量/(mm·min⁻¹)</td><td>背吃刀量/mm</td><td>备注</td></tr>
<tr><td>1</td><td colspan="6">平口钳装夹工件，盘铣刀将上表面铣平，保证10mm高度</td><td></td><td></td><td></td><td></td><td>手动</td></tr>
<tr><td>2</td><td colspan="6">粗铣削凸台轮廓</td><td>T01</td><td>S600</td><td>200</td><td>4</td><td>O0001</td></tr>
<tr><td>3</td><td colspan="6">精铣削凸台轮廓</td><td>T01</td><td>S1000</td><td>100</td><td></td><td>O0001</td></tr>
<tr><td>编制</td><td colspan="2"></td><td>审核</td><td colspan="2"></td><td>批准</td><td></td><td>日期</td><td></td><td>共1页</td><td>第1页</td></tr>
</table>

表5-9　数控加工刀具卡

<table>
<tr><td colspan="2">零件名称</td><td colspan="2">外轮廓零件</td><td colspan="3">零件图号</td><td colspan="3">5-41</td></tr>
<tr><td>序号</td><td>刀具号</td><td colspan="2">刀具名称</td><td>数量</td><td colspan="2">加工表面</td><td>半径补偿号及补偿值/mm</td><td>长度补偿号</td><td>备注</td></tr>
<tr><td>1</td><td>T05</td><td colspan="2">φ80盘铣刀</td><td>1</td><td colspan="2">铣削上表面</td><td></td><td></td><td>手动</td></tr>
<tr><td>2</td><td>T01</td><td colspan="2">φ40立铣刀</td><td>1</td><td colspan="2">粗精铣削凸台轮廓</td><td>D01(20.6/20)</td><td>H01</td><td></td></tr>
<tr><td>编制</td><td></td><td>审核</td><td></td><td>批准</td><td></td><td>日期</td><td></td><td>共1页</td><td>第1页</td></tr>
</table>

(6) 程序编制

```
O0001;  粗精加工程序，通过该变刀具半径补偿值实现粗精加工
N1 T01 M06;  换1号立铣刀
N2 S600 M03;
N3 G54 G00 X25.0 Y-25.0 M08;  建立工件坐标系，工件外下刀
N4 G00 Z50.0;
N5 G00 Z2.0;
N6 G01 Z-4.0 F500;  不切削，只是下刀
N7 G41 G01 X25.0 Y4.0 D01 F200;  粗加工D01=r+Δ=20.6，精加工D01=r
N8 G01 X10.0 Y4.0;
N9 G02 X4.0 Y10.0 R6.0;
N10 G01 X4.0 Y25.0;
N11 X25.0 Y48.0;
```

```
N12 G02 X48.0 Y25.0 R23.0;
N13 G01 X25.0 Y4.0;
N14 G40 G01 X25.0 Y-25.0 M09;  取消刀具半径补偿
N15 G00 Z100.0 M05;
N16 M30;
%
```

2. 综合实例二

如图 5-42 所示，工件毛坯为 50mm×50mm×11mm，工件材料为硬铝，根据零件图编制加工程序，完成凸台轮廓的加工。

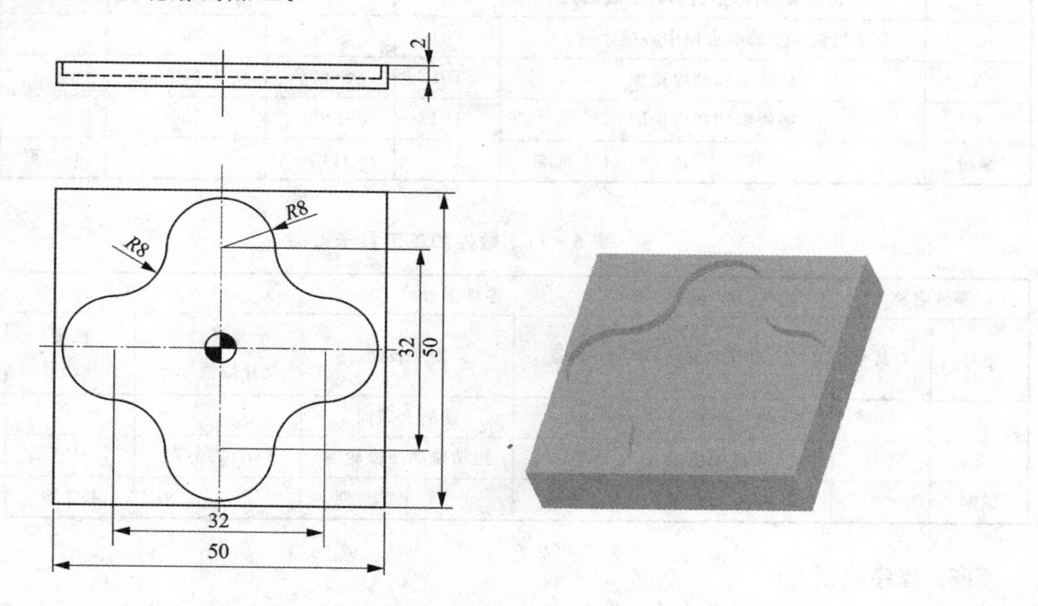

图 5-42　挖槽加工

(1) 加工方案

1) 本例毛坯为方形，选择机用虎钳进行装夹，毛坯高出钳口 5mm 左右。一次装夹完成平面外轮廓粗精加工。

2) 工步顺序见表 5-10 数控加工工序卡。

(2) 选择机床设备

根据零件图样，没有尺寸公差和表面粗糙度要求，选用 XH715D 立式加工中心。

(3) 选择刀具

由于 $R8$ 圆弧的限制，选用刀具 T01 为 $\phi14$ 的键槽铣刀即可实现粗加工和精加工，详见表 5-11数控加工刀具卡。同时把刀具的长度补偿和半径补偿值输入相应的刀具补偿参数中。

(4) 确定切削用量

切削用量的具体数值应根据该机床性能、相关的手册并结合实际经验确定，详见表 5-10 数控加工工序卡。

(5) 确定工件坐标系、对刀点和换刀点

本例零件轮廓为对称状，故工件坐标系的原点设在工件上表面圆心处。

表 5-10　数控加工工序卡

单位名称				零件名称		零件图号	
				内轮廓零件		5-42	
程序号	夹具名称	使用设备		数控系统		场地	
O0001	平口钳	XH715D		FANUC 0i-mate		数控实训中心	
工步号	工步内容		刀具号	主轴转速 /(r·min^{-1})	进给量 /(mm·min^{-1})	背吃刀量 /mm	备注
1	平口钳装夹工件，盘铣刀将上表面铣平						手动
2	粗铣 ϕ12 的圆去掉中心处余量		T01	S600	200	4	O0001
3	粗铣削凹槽内轮廓		T01	S600	200		O0002
4	精铣削凹槽内轮廓		T01	S1200	100		O0002
编制	审核	批准		日期		共 1 页	第 1 页

表 5-11　数控加工刀具卡

零件名称		内轮廓零件	零件图号		5-42		
序号	刀具号	刀具名称	数量	加工表面	半径补偿号及补偿值/mm	长度补偿号	备注
1	T05	ϕ80 盘铣刀	1	铣削上表面			手动
2	T01	ϕ14 键槽铣刀	1	粗精铣削凹槽轮廓	D01(7.6/7)	H01	自动
编制		审核	批准	日期		共 1 页	第 1 页

(6) 程序编制

1) 粗铣 ϕ12 的圆去掉中心处余量

```
O0001;
N1 T01 M06;  换上 ϕ14 键槽铣刀
N2 S600 M03;
N3 G54 G00 X0 Y0 M08;
N4 G00 Z50.0;
N5 Z5.0;
N6 G01 Z-2.0 F100;  键槽铣刀直接下刀
N7 G01 X6.0 Y0 F200;
N8 G02 X6.0 Y0 I-6.0 J0;  通过铣圆去掉中心处余量
N9 G00 Z50.0 M05;
N10 G00 X0 Y0 M09;
N11 M30;
%
```

2) O0002;粗精铣削凹槽内轮廓

```
N1 T01 M06;  换上 ϕ14 键槽铣刀
N2 S600 M03;  粗加工的主轴转速，精加工时改为 S1200
```

```
N3 G54 G00 X0 Y-5.0 M08;
N4 G00 Z50.0;
N5 Z2.0;
N6 G01 Z-2.0 F200;
N7 G42 G01 X0 Y-24.0 D01 F200;  粗加工 D01 = r + Δ = 7.6,精加工 D01 = 7
N8 G02 X-8.0 Y-16.0 R8.0;
N9 G03 X-16.0 Y-8.0;
N10 G02 X-16.0 Y8.0 R8.0;
N11 G03 X-8.0 Y16.0 R8.0;
N12 G02 X8.0 Y16.0 R8.0;
N13 G03 X16.0 Y8.0 R8.0;
N14 G02 X16.0 Y-8.0 R8.0;
N15 G03 X8.0 Y-16.0 R8.0;
N16 G02 X0 Y-24.0 R8.0;
N17 G40 G01 X0 Y0 M09;
N18 G00 Z100.0 M05;
N19 M30;
%
```

3. 综合实例三

如图5-43所示为液压泵中的零件配油盘,毛坯材料为45钢,请编制加工程序。

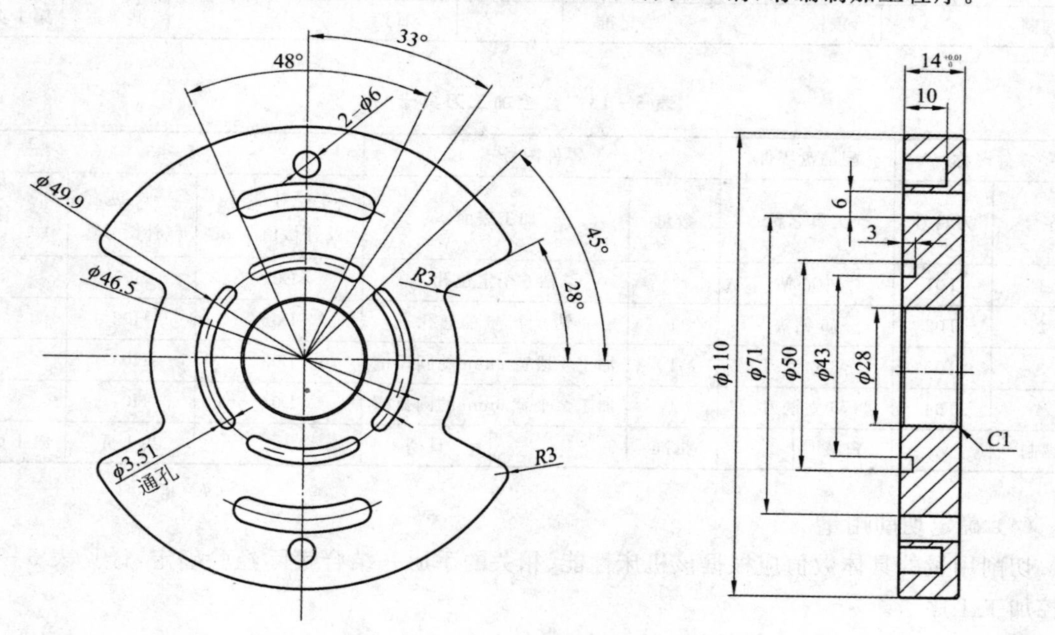

图5-43　配油盘零件

(1) 加工方案

1) 本例毛坯为通心圆盘,采用下表面为定位基准,用三爪卡盘进行装夹。一次装夹完成全部粗精加工。

2) 工步顺序见表5-12数控加工工序卡。

(2) 选择机床设备

根据零件图样的尺寸公差和表面粗糙度要求，选用 XH715D 立式加工中心。

(3) 选择刀具

刀具选择见表 5－13 数控加工刀具卡。同时把刀具的长度补偿和半径补偿值输入相应的刀具补偿参数中。

表 5－12　数控加工工序卡

单位名称				零件名称		零件图号	
				内轮廓零件		5－43	
程序号	夹具名称		使用设备	数控系统		场地	
0002	三爪卡盘		XH715D	FANUC 0i－mate		数控实训中心	
工步号	工步内容		刀具号	主轴转速/(r·min^{-1})	进给量/(mm·min^{-1})	背吃刀量/mm	备注
1	三爪卡盘装夹零件并找正						手动
2	钻 6 个定位孔		T01	1 000	100		O0002
3	钻 2 个 $\phi6$ 的通孔		T02	650	60		O0002
4	加工 4 段宽 3mm 的圆弧槽		T03	1 000	100		O0002
5	加工 2 个宽 6mm 的圆弧槽		T04	1 000	40		O0002
编制		审核	批准	日期		共 1 页	第 1 页

表 5－13　数控加工刀具卡

零件名称		配油盘零件	零件图号		5－43		
序号	刀具号	刀具名称	数量	加工表面	半径补偿号及补偿值/mm	长度补偿号	备　注
1	T01	中心钻	1	钻 6 个定位孔	D01	H01	
2	T02	$\phi6$ 钻头	1	钻 2 个 $\phi6$ 的通孔	D02	H02	
3	T03	$\phi3$ 立铣刀	1	加工 4 段宽 3mm 的圆弧槽	D03	H03	
4	T04	$\phi6$ 立铣刀	1	加工 2 个宽 6mm 的圆弧槽	D04	H04	
编制		审核	批准	日期		共 1 页	第 1 页

(4) 确定切削用量

切削用量的具体数值应根据该机床性能、相关的手册并结合实际经验确定，详见表 5－12 数控加工工序卡。

(5) 确定工件坐标系、对刀点和换刀点

本例槽和孔呈前后、左右对称状，故工件坐标系的原点设在工件中心上表面上，换刀点选在工件表面上 50mm 位置。

(6) 程序编制

```
O0002
G91 G28 Z0
```

```
T01 M06;  换刀具 T01,准备钻 2 个 ϕ6 定位孔和 2 个宽 6mm 的圆弧起终点工艺孔
G54 G90 G00;
G43 H01 Z50. 0;  引入刀具长度补偿
S1000 M03;
M08;
G81 X0 Y46.0 Z-3.0 R3.0 F100;  钻孔
X-12.87 Y36.28;
X12.87 Y36.28;
X0 Y-46.0;
X12.87 Y-36.28;
X-12.87 Y-36.28;
G80;
M05 M09;
T02 M06;  换刀具 T02,准备钻 2 个 ϕ6 的通孔
G43 H02 G00 Z50.0;  引入刀具长度补偿
S650 M03;
G00 X0 Y46.0;
M08;
G81 Z-9.5 R3.0 F60;
X-12.87 Y36.28 Z-18. 0;
X12.87 Y36.28;
X0 Y-46.0 Z-9.5;
X12.87 Y-36.28 Z-18.0;
X-12.87 Y-36.28;
G80;
M05 M09;
G91 G28 G00 Z0.0;
T03 M06;  换刀具 T03,准备加工 4 段宽度为 3mm 的圆弧槽
S1000 M03;
G43 G00 Z10.0 H03;
G00 X-11.1593 Y20.3969 M08;
G00 Z1.0;
G01 Z-3.0 F100;
G02 X-11.1593 Y20.3969 R28.5;
G00 Z1.0;
G00 X17.6342 Y15.1712;
G01 Z-3.0 F100;
G02 X17.6342 Y-15.1712 R28.5;
G00 Z1.0;
G00 X11.1593 Y-20.3969;
G01 Z-3.0 F100;
G02 X-11.1593 Y-20.3969 R28.5;
G00 Z1.0;
G00 X-17.6342 Y-15.1712;
G01 Z-3.0 F100;
```

```
G02 X-17.6342 Y15.1712 R28.5;
G00 Z1.0;
G90 G40 G00 Z200.0;
M05 M09;
G28 G00 Z0.0;
T04 M06;   换刀具 T04,准备加工两个宽 6mm 的圆弧槽
M00;
G54 G90 G00;
G43 H04 Z50.0;
S1000 M03 M08;
G00 X-12.87 Y36.28;
Z10.0;
G01 Z-5.0 F40;
G03 X-12.87 Y36.28 R38.5;
G01 Z-10.0 F40;
G03 X-12.87 Y36.28 R38.5;
G01 Z-15.3 F40;
G03 X-12.87 Y36.28 R38.5;
G00 Z5.0;
G00 X-12.87 Y-36.28;
G01 Z-5.0 F40;
G02 X-12.87 Y-36.28 R38.5;
G01 Z-10.0 F40;
G02 X-12.87 Y-36.28 R38.5;
G01 Z-15.3 F40;
G02 X-12.87 Y-36.28 R38.5;
G00 Z20.0;
G28 G00 Z0;
M30;
%
```

4. 综合实例四

图 5-44 所示为液压泵中的零件定子,其材料为 45 钢,试编制数控加工程序完成内轮廓和孔的加工。

(1) 加工方案

1) 本例毛坯为通心圆盘,下表面为定位基准,用三爪卡盘进行装夹。一次装夹完成全部粗精加工。

2) 工步顺序见表 5-14 数控加工工序卡。

(2) 选择机床设备

根据零件图样的尺寸公差和表面粗糙度要求,选用 XH715D 立式加工中心。

(3) 选择刀具

刀具选择见表 5-15 数控加工刀具卡。同时把刀具的长度补偿和半径补偿值输入相应的刀具补偿参数中。

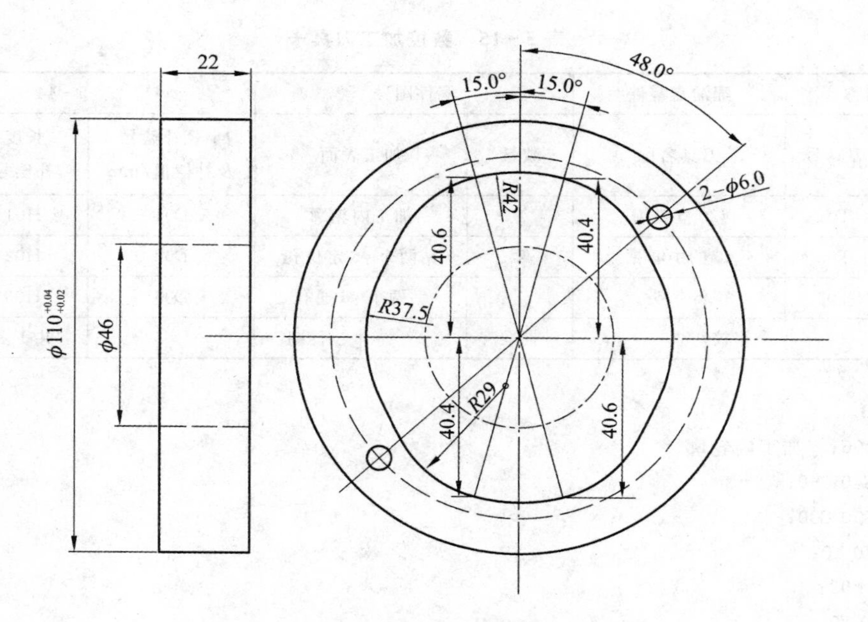

图 5-44 定子零件

表 5-14 数控加工工序卡

单位名称				零件名称	零件图号	
				内轮廓零件	5-44	
程序号	夹具名称	使用设备		数控系统	场地	
	三爪卡盘	XH715D		FANUC 0i-mate	数控实训中心	
工步号	工步内容	刀具号	主轴转速 /(r·min^{-1})	进给量 /(mm·min^{-1})	背吃刀量 /mm	备注
1	三爪卡盘装夹零件并找正					手动
2	加工内形轮廓	T01	450	150		O0003
3	钻两个 ϕ6 定位孔	T01	650	60		O0003
4	钻两个 ϕ6 通孔	T02	800	100		O0003
编制	审核	批准		日期	共 1 页	第 1 页

(4) 确定切削用量

切削用量的具体数值应根据该机床性能、相关的手册并结合实际经验确定，详见表 5-14 数控加工工序卡。

(5) 确定工件坐标系、对刀点和换刀点

本例槽和孔呈前后、左右对称状，故工件坐标系的原点设在工件中心上表面上，换刀点选在工件表面上 50 mm 位置。

(6) 程序编制

表 5-15 数控加工刀具卡

零件名称		配油盘零件		零件图号		5-44		
序号	刀具号	刀具名称	数量	加工表面		半径补偿号及补偿值/mm	长度补偿号	备注
1	T01	ϕ20 立铣刀	1	加工内轮廓		D01	H01	
2	T02	ϕ6 的中心钻	1	钻两个 ϕ6 定位孔		D02	H02	
3	T03	ϕ6 钻头	1	钻两个 ϕ6 通孔		D03	H03	
编制		审核		批准	日期		共 1 页	第 1 页

```
O0003
T01 M06;  加工内轮廓
G17 G40 G80;
G54 G90 G00;
G00 X0 Y0;
S450 M03;
X26.0 Y0;
G00 Z2.0;
G01 Z-24.0 F100;
M08;
G41 G01 X34.06 Y15.69 D01 F150;
G03 X28.92 Y26.05 R200.0;
X10.83 Y40.42 R29.0;
X-10.87 Y40.57 R42.0;
X-29.09 Y25.95 R29.0;
X-34.23 Y15.32 R200.0;
X-34.06 Y-15.69 R37.5;
X-28.92 Y-26.05 R200.0;
X-10.83 Y-40.42 R29.0;
X10.87 Y-40.57 R42.0;
X29.09 Y-25.95 R29.0;
X34.23 Y-15.32 R200.0;
X34.06 Y15.69 R37.5;
X28.92 Y26.05 R200.0;
G00 X0.0;
G40 Y0.0;
G00 Z200.0;
T02 M06;  钻两个 ϕ6 定位孔
G54 G90 G00 X0 Y0;
G43 G00 Z50.0 H02;  引入 T02 刀具长度补偿
S800 M03;
G00 Z50.0;
G16 X46.0 Y42.0;  采用极坐标编程
G81 Z-5.0 R5.0 F100;  钻孔
```

```
X46.0 Y222.0;
G15;  取消极坐标编程
G00 X0 Y0;
M05;
M01;
T03 M06;  用 φ6 钻头钻 φ6 通孔
G54 G90 G00 X0 Y0;
G43 G00 Z50.0 H03;
S800 M03;
G00 Z50. 0;
G16 X46.0 Y42.0;  采用极坐标编程
G83 Z-26.0 R5.0 Q5.0 F100;
X46.0 Y222.0;
G15;  取消极坐标编程
G00 X0 Y0;
G91 G28 Y0;
M05 M30;
%
```

5. 综合实例五

如图 5-45 所示行星架零件，在第 4 章如图 4-71 所示已经完成前一道工序，即车削部分的加工，在这里需要完成 3-ϕ27±0.05 和 3-ϕ35 圆柱的加工，试编制数控加工程序。

(1) 加工方案

1) 本例毛坯为短圆柱形，下表面为定位基准，用三爪卡盘进行装夹，保证加工部位敞开。一次装夹完成全部粗精加工。

2) 工步顺序见表 5-16 数控加工工序卡。

(2) 选择机床设备

根据零件图样的尺寸公差和表面粗糙度要求，选用 XH715D 立式加工中心。

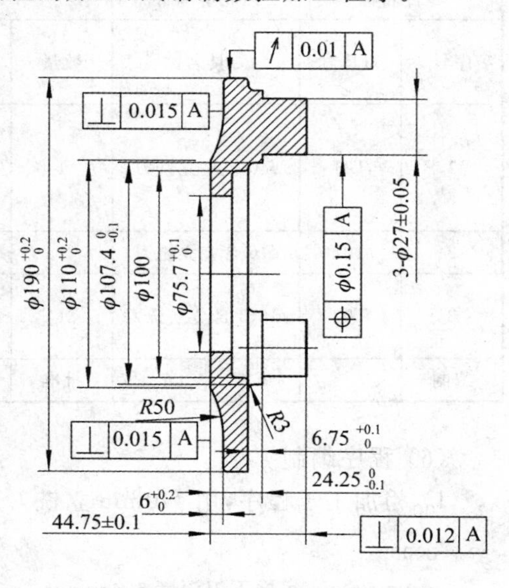

图 5-45　行星架零件

(3) 选择刀具

刀具选择见表 5-17 数控加工刀具卡。同时把刀具的长度补偿和半径补偿值输入相应的刀具补偿参数中。

(4) 确定切削用量

切削用量的具体数值应根据该机床性能、相关的手册并结合实际经验确定，详见表 5-16 数控加工工序卡。

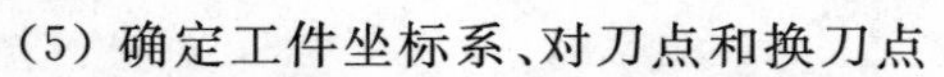

(5) 确定工件坐标系、对刀点和换刀点

本例零件轮廓为对称状，故工件坐标系的原点设在工件下表面圆心处。

表 5-16　数控加工工序卡

单位名称			零件名称		零件图号	
			内轮廓零件		5-45	
程序号	夹具名称	使用设备	数控系统		场地	
O0001	三爪卡盘	XH715D	FANUC 0i-mate		数控实训中心	
工步号	工步内容	刀具号	主轴转速 /(r·min^{-1})	进给量 /(mm·min^{-1})	背吃刀量 /mm	备注
1	三爪卡盘装夹零件并找正					手动
2	粗加工,开 3 个宽 40mm 槽,如图 5-46 中 *AB* 段所示	T01	800	120	5.4	O0050
3	开 40mm 槽后还有 6 小段余量,见图 5-46 中 *CD* 和 *EF* 段,并完成圆柱粗加工	T01	800	120	5.4	O0051
4	精加工 ϕ27±0.05 圆柱	T02	1 000	65		O0052
5	精加工 ϕ35 圆柱,刀具保证 *R*3 尺寸	T03	1 000	65		O0053
编制	审核	批准	日期		共 1 页	第 1 页

表 5-17　数控加工刀具卡

零件名称		内轮廓零件		零件图号		5-45	
序号	刀具号	刀具名称	数量	加工表面	半径补偿号及补偿值/mm	长度补偿号	备注
1	T01	ϕ40 机夹立铣刀	1	粗加工,开 3 个宽 40mm 槽及开槽后的余量,见图 5-46	D01(20)	H01	
2	T02	ϕ16 合金立铣刀	1	精加工 ϕ27±0.05 圆柱	D02(8)	H02	
3	T03	ϕ16r3 合金立铣刀	1	精加工 ϕ35 圆柱,刀具保证 *R*3 尺寸	D03(8)	H03	
编制		审核	批准		日期	共 1 页	第 1 页

(6) 程序编制

1) 粗加工子程序,用 ϕ40mm 立铣刀开 3 个 40mm 宽的槽,如图 5-46 所示 *AB* 段。

```
O0050;
#1=5.4;  每层下刀深度 5.4mm
G90 G00 X0 Y15.0 Z90.0;  定位下刀点 A 点
WHILE [#1LE27.0] DO 3;  总深=44.75-24.25+6.75=27.25,取 27 且能整除 5.4
G00 Z[50.0-#1];  下刀
G01 Z[44.4-#1] F120;  Z=(24.25-6.75)(0-0/-0.1-0.1)+27=44.5(0/-0.2),取 44.4
Y103.8;  切槽终点 B 点
G00 Z100;  抬刀
```

X0 Y15.0；　回到 A 点

＃1 = ＃1 + 5.4；　层层递增，为下刀做准备

END3；

G90 G00 Z100.0；

M99；　子程序结束

%

2）粗加工子程序，开 40mm 槽后还有 6 小段余量，见图 5 - 46 中 *CD* 段和 *EF* 段。

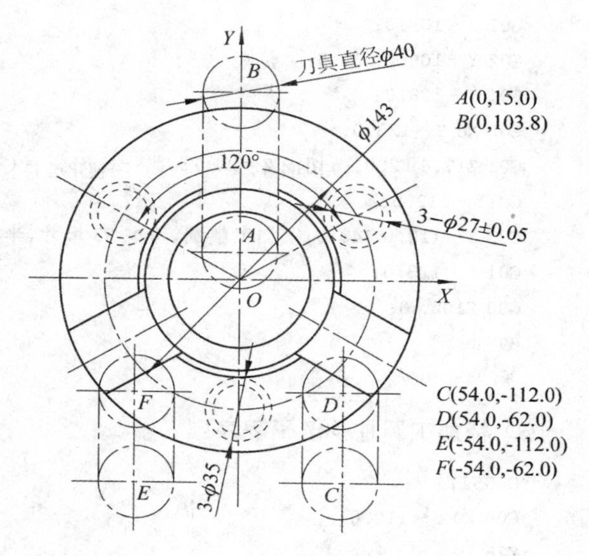

图 5 - 46　粗加工路线

O0051；

＃1 = 5.4；　每层下刀深度

G90 G00 X - 54.0 Y - 112.0 Z90. 0；　定位下刀 E 点

WHILE [＃1LE27.0] DO 3；　总深 = 44.75 - 24.25 + 6.75 = 27.25，取 27 且能整除 5.4

G01 Z[44.4 - ＃1] F120；　Z = (24.25 - 6.75)$_{-0.1-0.1}^{\ 0-0}$ + 27 = 44.5$_{-0.2}^{\ 0}$，取 44.4

Y - 62.0；　切到 F 点

Y - 112.0；　退回 E 点

＃1 = ＃1 + 5.4；

END3；

G90 G00 Z100.0；

＃1 = 5.4；

G90 G00 X54.0 Y - 112.0 Z90.0；　定位下刀 C 点

WHILE　[＃1 LE 27.0] DO 2；　同上

G01 Z[44.4 - ＃1] F120；　同上

Y - 62.0；　切到 D 点

Y - 112.0；　退回 C 点

＃1 = ＃1 + 5.4；

END2；

G90 G00 Z100.0；

M00；　程序停止，检测后按循环启动

＃1 = 5.0；　开始粗加工 φ27 圆柱

G00 X0 Y - 128.0；

G00 Z60.0；

WHILE [＃1 LE 20.0] DO 1；　总深 = 44.75 - 24.25 = 20.5，取 20 且能整除 5

G01 Z[44.2 - ＃1] F120；　保证 24.25$_{-0.1}^{\ 0}$，Z = 24.25$_{-0.1}^{\ 0}$ + 5 × 4 = 44.25$_{-0.1}^{\ 0}$，取 44.2

G01 Y - 105. F120；　加工圆柱 φ27，刀具直径 φ40，定位圆弧起点

G02 Y - 105. J33.5；　R = 27/2 + 20 = 33.5，刀具实际直径要略小一些，目的是为精加工留余量

G01Y - 128.0；　退刀

＃1 = ＃1 + 5.0；

END1；

G00 X0 Y - 128.0；　加工 φ35 的圆台，分两层来切削

G01 Z20.5 F200；　第一层，切深 20.5

```
G01 Y-109.0;
G02 Y-109.0 J37.5;  整圆
G01 Y-128.0;
G00 X0 Y-128.0;
G01 Z17.4 F200;  切深 $Z=24.25_{-0.1}^{0}-6.75_{0}^{0.1}=(24.25-6.75)_{-0.1-0.1}^{0-0}=17.5_{-0.2}^{0}$，取 17.4
G01Y-112.0;
G02 Y-112.0 J40.5;  加工整圆，考虑 R3 尺寸，半径 R=35/2+3+20=40.5mm
G01 Y-128.0;
G00 Z100. 0;
M99;
%
```

3）精加工圆柱 $\phi27$ 子程序：

```
O0052;
G00 X0 Y-110.0;
Z28.0;
G01 Z24.25 F65;
G41Y-100.0 D02;  引入刀具半径补偿
G03 Y-93.0 R7.0;  R7 圆弧切入
G02 Y-93.0 J21.5;  整圆
G03Y-100.R7.F100;  R7 圆弧切出
G00Z100.0;
M99
%
```

4）精加工圆柱 $\phi35$ 的子程序：

```
O0053;
G00X0Y-110.0;
Z20. 0;
G01 Z17.5  F65;
G41 Y-100.0 D03;  引入刀具半径补偿
G03 Y-97.0 R3.0;  R3 圆弧切入
G02 Y-97.0 J25.5;  整圆
G03 Y-100.0 R3.0 F100;  R3 圆弧切出
G00 Z100.0;
M99;
%
```

5）主程序：

```
O0054;
T01 M06;  换 φ40 机夹立铣刀
G54 G90 G00 X0 Y0;
G43 H01 Z100.0;
S800 M3;
M98 P50 L1;  调用子程序，开第一个 40mm 宽的槽
```

```
G68 X0 Y0 R120;  坐标系旋转 120°
M98 P50 L1;  调用子程序,开第二个 40mm 宽的槽
G69;  取消坐标系旋转
G68 X0 Y0 R240;  坐标系旋转 240°
M98 P50 L1;  调用子程序,开第三个 40mm 宽的槽
G69;  取消坐标系旋转
M98 P51 L1;  清除第一个圆柱余量并粗加工第一个圆柱
G68 X0 Y0 R120;  坐标系旋转 120°
M98 P51 L1;  清除第二个圆柱余量并粗加工第二个圆柱
G69;  取消坐标系旋转
G68 X0 Y0 R240;  坐标系旋转 240°
M98 P51 L1;  清除第三个圆柱余量并粗加工第三个圆柱
G69;  取消坐标系旋转
G90 G00 Z100.0;
M05;
M01;  程序计划停止
T02 M06;  换上 φ16 合金立铣刀
G00 X0 Y0;
G43 H02 Z100.0;
S1000 M3;
M08;
M98 P52 L1;  精加工第一个 φ27 圆柱
G68 X0 Y0 R120;  坐标系旋转 120°
M98 P52 L1;  精加工第二个 φ27 圆柱
G69;  取消坐标系旋转
G68 X0 Y0 R240;  坐标系旋转 240°
M98 P52 L1;  精加工第二个 φ27 圆柱
G69;  取消坐标系旋转
G90 G00 Z100.0;
M05 M09;
M01;  程序计划停止
T03 M06;
G90 G00 X0 Y0;
G43 H03 Z100.0;  引入 T03 刀具长度补偿
S1000 M3;
M08;
M98 P53 L1;  精加工第一个 φ35 圆柱和用刀具保证 R3 圆角
G68 X0 Y0 R120;  坐标系旋转 120°
M98 P53 L1;  精加工第二个 φ35 圆柱和用刀具保证 R3 圆角
G69;  取消坐标系旋转
G68X0Y0R240;  坐标系旋转 240°
M98P53L1;  精加工第三个 φ35 圆柱和用刀具保证 R3 圆角
G69;  取消坐标系旋转
G90 G00 Z100.0;
```

```
M09;  切削液关闭
M01;  程序计划停止
G91 G28 X0 Y0;  从当前点回参考点
M05 M30;
%
```

5.4 数控铣床及加工中心的操作

本节以 FANUC 0i Mate－D 数控系统 XH715D 型立式数控铣床为例进行操作面板及操作的介绍。操作面板可分为上下两个部分,其中上部为 CRT/MDI 面板或称为编辑键盘,下部为机械操作面板也称控制面板。

5.4.1 FANUC 0i Mate－D 数控系统操作面板

XH715D 立式加工中心 MDI 键盘及控制面板如图 5－47 所示。

(1) MDI 键盘各个键的主要功能如表 5－18 所列。

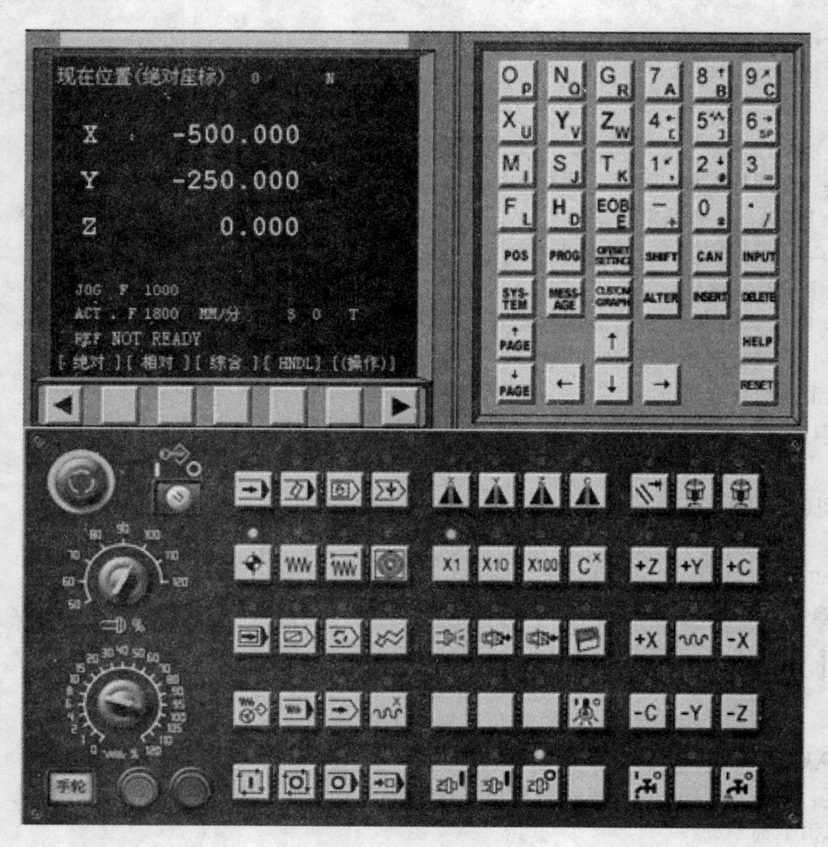

图 5－47 XH715D 立式加工中心 MDI 键盘及控制面板

表 5－18　MDI 键盘各个键的功能

MDI 软键	功　能
↑PAGE ↓PAGE	软键↑PAGE实现左侧 CRT 中显示内容的向上翻页；软键↓PAGE实现左侧 CRT 显示内容的向下翻页
↑ ← ↓ →	软键↑实现光标的向上移动；软键↓实现光标的向下移动；软键←实现光标的向左移动；软键→实现光标的向右移动
Op NQ GR Xu Yv Zw MI SJ TK FL HD EOB E	实现字符的输入，点击SHIFT键后再点击字符键，将输入右下角的字符。例如，点击Op将在 CRT 的光标所处位置输入“O”字符，点击软键SHIFT后再点击Op将在光标所处位置处输入 P 字符；软键EOB E中的“EOB”将输入“;”号表示换行结束
7A 8B 9C 4[5] 6SP 1, 2# 3= -+ 0* ./	实现字符的输入，例如，点击软键5将在光标所在位置输入“5”字符，点击软键SHIFT后再点击5将在光标所在位置处输入“]”
POS	在 CRT 中显示坐标值
PROG	CRT 将进入程序编辑和显示界面
OFFSET SETTING	CRT 将进入参数补偿显示界面
SYS-TEM	显示系统画面
MESS-AGE	显示信息画面
CUSTOM GRAPH	在自动运行状态下将数控显示切换至轨迹模式
SHIFT	输入字符切换键
CAN	删除单个字符

续表 5－18

MDI 软键	功　能
INPUT	将数据域中的数据输入到指定的区域
ALTER	字符替换
INSERT	将输入域中的内容输入到指定区域
DELETE	删除一段字符
HELP	本软件不支持
RESET	机床复位

（2）机床操作面板操作键的主要功能见表 5－19。

表 5－19　机床操作面板操作键的主要功能

类　型	按钮/名称		功能说明
模式选择	自动		按此按钮后，系统进入自动加工模式
	编辑		按此按钮后，系统进入程序编辑模式
	MDI		按此按钮后，系统进入 MDI 模式，手动输入并执行指令
	DNC		按此按钮后，系统进入 DNC 模式，可进行输入/输出数控程序
	回原点模式		按此按钮后，系统进入回原点模式
	JOG		按此按钮后，系统进入手动模式
	增量		按此按钮后，系统进入增量模式
	手轮		按此按钮后，系统进入手轮模式
	电源开		接通电源
	电源关		关闭电源
	急停按钮		按下急停按钮，使机床移动立即停止，并且所有的输出如主轴的转动等都会关闭

续表 5-19

类　型	按钮/名称	功能说明
	主轴倍率	旋转此旋钮可以调节主轴倍率
	进给倍率	旋转此旋钮可以调节进给倍率
	坐标轴选择开关	用于手轮方式下进给坐标轴的选取
	手轮	手摇方式实现坐标轴进给
	循环启动	程序开始运行，系统处于“自动运行”或“MDI”位置时按下有效，其余模式下使用无效
	循环保持	程序运行暂停，在程序运行过程中，按下此按钮运行暂停。按“循环启动”恢复运行
	单段	此按钮被按下后，运行程序时每次执行一条数控指令
	跳段	此按钮被按下后，数控程序中的注释符号“/”有效
	选择性停止	按此按钮后，“M01”代码有效
	辅助功能锁定	按此按钮后，所有辅助功能被锁定
	空运行	点击该按钮后系统进入空运行状态
	机床锁定	锁定机床，无法移动
X1 X10 X100	增量/手轮倍率	在增量或手轮状态下，按此键可以调节步进倍率
	主轴吹气	
	松开主轴	手动方式按下此键可进行手动夹刀
	主轴正转	控制主轴转向为正向转动

续表 5-19

类 型	按钮/名称	功能说明
	主轴反转	控制主轴转向为反向转动
	主轴停止	控制主轴停止转动
	超程解除	在手动方式下,按此键伺服上电,再按下超程轴的相反方向键退出极限即可解除超程
	刀库正转	
	刀库正转	
 +Z	*Z* 正方向按钮	手动方式下,点击该按钮主轴向 *Z* 轴正方向移动
 -Z	*Z* 负方向按钮	手动方式下,点击该按钮主轴向 *Z* 轴负方向移动
 +Y	*Y* 正方向按钮	手动方式下,点击该按钮主轴向 *Y* 轴正方向移动
 -Y	*Y* 负方向按钮	手动方式下,点击该按钮主轴向 *Y* 轴负方向移动
 +X	*X* 正方向按钮	手动方式下,点击该按钮主轴将向 *X* 轴正方向移动
 -X	*X* 负方向按钮	手动方式下,点击该按钮主轴向 *X* 轴负方向移动
	快速按钮	点击该按钮系统进入手动快速按钮
	冷却液启动键	
	气冷启动键	

5.4.2 数控铣床的基本操作过程

1. 机床上电

点击“电源开”按钮,此时机床电源指示灯变亮。

检查“急停”按钮是否处于松开状态,若未松开,旋转“急停”按钮,将其松开。

2. 机床回参考点

点击操作面板上的“回原点模式” ，进入回参考点模式。先将 X 轴回参考点，点击操作面板上的 X 轴正方向按钮 ，此时 X 轴回参考点完成，CRT 上的 X 坐标变为“0.000”。同样，再分别点击 Y 轴正方向按钮 ，Z 轴正方向按钮 ，分别完成 Y 轴、Z 轴回参考点。

3. 主轴装刀

点击操作面板上的按钮 ，指示灯变亮 ，则系统转入 MDI 运行模式。

点击 MDI 键盘上的 PROG 键，在 CRT 界面上，利用 MDI 键盘输入“T01 M06;”，按 INSERT 键，点击循环启动 按钮，则刀具 T01 被装载在主轴上。

4. 手动操作

点击操作面板中的“手动按钮” ，指示灯变亮 ，系统进入手动操作方式；适当的点击按钮 、+Z、+Y 及按钮 -Z、-Y、-X，可以移动机床并控制移动方向及移动距离。

点击按钮 ，控制主轴的转动和停止。

5. 手轮方式

点击操作面板上的手轮模式按钮 ，指示灯变亮 ，系统进入手轮模式状态，即手动脉冲模式。

通过转动旋钮 ，选择进给坐标轴。

将轴选择旋钮 旋至 X 轴。调节手轮步长按钮 X1 X10 X100，选择进给倍率后，逆时针转动手轮 ，X 坐标轴向负方向运动，反之向正方向运动。

选择“手轮倍率”按钮 X1 X10 X100，可调整手轮倍率。

6. 对　刀

数控程序一般按工件坐标系编程，对刀的过程就是建立工件坐标系与机床坐标系之间关系的过程。立式加工中心将工件上表面中心点设为工件坐标系原点。

立式加工中心在选择刀具后，刀具被放置在刀架上。对刀时，首先要使用基准工具在 X 轴、Y 轴方向对刀，再拆除基准工具，将所需刀具装载在主轴上，在 Z 轴方向对刀。方形料与圆形料建立工件坐标系分别如图 5－48 和图 5－49 所示。

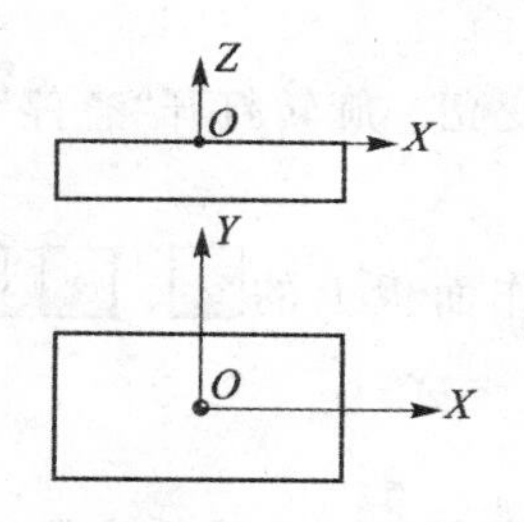

图 5－48　工件坐标系原点(方形料)

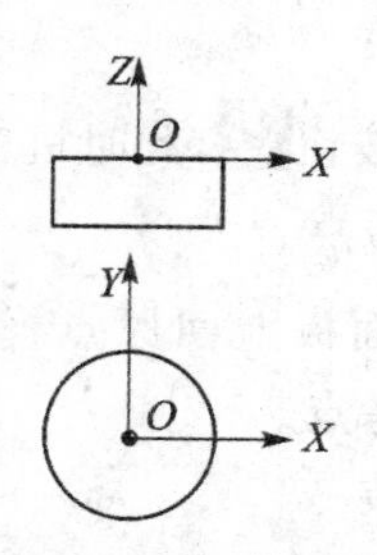

图 5－49　工件坐标系原点(圆形料)

7. 程序的输入

数控铣床的键盘程序输入有如下两种方法。

（1）程序存储、编辑操作前的准备

1）把程序保护开关置于 ON 上，接通数据保护键。

2）将操作方式置为编辑方式。

3）按显示机能键 PROG 或【程序】软体键，显示程序后方可编辑程序。

（2）把程序存入存储器中

用 MDI 键盘键入方法如下：

1）方式选择为编辑方式。

2）按【LIB】软键，用键输入地址 O。

3）如果存储器中没有该程序的话，输入"O0009"，按 INSERT。

4）通过上述操作存入程序号，之后把程序中的每个字用键输入，然后按 INSERT 便将键入的程序存储起来。

8. 自动运行的启动

1）选择自动方式。

2）按 PROG 选择程序。

3）按机床操作面板上循环启动按钮。

5.4.3 数控铣床与加工中心的操作示例

如图 5-45 所示行星架零件，第 4 章图 4-71 所示零件已经完成前一道工序，即车削部分的加工，在这里需要完成 3-ϕ27±0.05 和 3-ϕ35 圆柱的加工，试用 FANUC 0i Mate-TC 系统编制数控加工程序，并在机床上加工。

1. 工艺分析及编写程序

本例毛坯为短圆柱形，根据零件图样要求，选用 XH715D 立式加工中心加工。采用下表面为定位基准，用三爪卡盘进行装夹，要保证加工部位敞开。零件加工的工步顺序、切削用量的确定如表 5-16 数控加工工序卡所列，刀具的选择如表 5-17 数控加工刀具卡所列。本例呈中心对称形状，故工件坐标系的原点设在工件下表面圆心处。根据加工要求编写零件程序 O0050、O0051、O0052、O0053 和 O0054，其中前 4 个为子程序，O0054 为主程序。

2. 机床操作过程及内容

（1）机床上电

点击"电源开"按钮，此时机床电源指示灯灯变亮。旋转打开"急停"按钮。

（2）机床回参考点

点击选择操作面板上回原点模式，分别点击操作面板上的 +X、+Y、+Z 按钮，完成 *X* 轴、*Y* 轴、*Z* 轴回参考点。

（3）工件的安装

将三爪卡盘打开到适当位置，将已擦净的适当圆形垫块放入卡盘中心孔内，然后将已擦净的待加工的工件放入并夹紧。用百分表头压在工件上平面靠近外沿处，作 *X*、*Y* 向移动（十字轨迹），使指针偏转控制在 0.02 之内。

(4) 刀具的安装

把刀具 T01、T02、T03 逐次装入刀库,其操作步骤如下:

1) 确认刀库中相应的刀号位置处没有刀具。

2) 选择 MDI 方式,输入"T01 M06;",按键,执行换刀操作后在手动主轴上装入 01 号刀具。

3) 输入"T02 M06;",按键,这时将 T01 换入刀库指定位置,再手动在主轴上装入 02 号刀具。

4) 输入"T03 M06;",按键,这时将 T02 换入刀库,再手动在主轴上装入 03 号刀具,按循环启动按键,这时 T03 装入刀库。

这样三把刀都装入刀库。

(5) 工件坐标原点的设置

对刀要解决加工坐标系的设定、刀具长度补偿参数设置。

随着对刀仪、寻边器等的普遍应用,对刀的过程越来越方便。这里介绍最普遍的试切法对刀,零件的编程原点在工件上表面的几何中心。基准刀对刀的方法如下:

1) 主轴安装第一把刀 T01,启动主轴。若主轴启动过,直接在"手动方式"下按主轴正转即可;否则在"MDI 方式"下输入 M03S×××,再按键。

2) X 轴原点的确定:移动 X 轴到与工件的一边接触(为了不破坏工件表面,操作时可在工件表面贴上薄纸片)→把 X 坐标清零→提刀→移动刀具到工件的对边,使其与工件表面接触,再次提刀→把 X 的相对坐标值除以 2,使刀具移动 $X/2$ 位置,该点就是编程坐标系 X 轴的原点。

3) 用相同的方法可找到 Y 轴方向的原点。

4) 移动刀具使刀位点与工件上表面接触即可找到 Z 轴原点。

5) 工件坐标原点设定:对刀完成后,在【综合坐标】页面中查看并记下各轴的 X、Y、Z 值。选择 MDI 模式→按"OFFSET/SETING(补正/设置)"键→按【工件系】软键→把 X、Y、Z 的机械坐标值输入坐标系的 G54 中。

(6) 刀具长度补偿参数设置

刀具长度补偿参数可以通过移动基准刀具和其他各把刀具,使刀具接触到机床上的指定点,测量刀具长度并将刀具长度的偏置值存储到补偿存储器中,方法如下:

1) 换上刀具 T01,启动主轴,在"手轮"模式下→移动 Z 轴使刀具与工件上表面(或指定点)刚好接触,此时按"POS(位置)"键,在综合坐标中,按面板上的"Z"键,当 CRT 上的"Z"闪动时,按【归零】,或按 Z0【预定】,Z 轴相对坐标变为 0。

2) 用自动换刀方式换上另一把刀具,如"T02 M06"。

3) 在"手轮"模式下移动 Z 轴,使 T02 号刀具与工件上表面(或指定点)刚好接触,查看坐标显示页面,记下此时相对坐标的 Z 值。

4) 选择 MDI 模式,按"OFFSET/SETING(补正/设置)"键→按【补正】软键→将光标移动到目标刀具的补偿号码上→把 Z 坐标的相对值输入到相应的刀具补正 H 中(或输入地址键 Z→按【INP. C.】软键,则 Z 轴的相对坐标值被输入,并被显示为刀具长度补偿值)。

5）设置 T03 刀具的长度补偿。

（7）刀具半径补偿参数设置

选择 MDI 模式，按“OFFSET/SETING（补正/设置）”键，按【补正】软键，将 T01、T02 和 T03 的实际半径尺寸，同时考虑粗、精加工时的尺寸控制需要适当改变半径值后输入到相应的刀具补正 D 中。

（8）程序的调试

程序输入完成后，进行程序预演。根据机床的实际运动位置、动作以及机床的报警等来检查程序是否正确。

1）图形模拟

图形显示功能能够在屏幕上画出正在执行程序的刀具轨迹。通过观察屏幕上的轨迹，可以检查加工过程。画图之前，必须设定图形参数，包括显示轴和设定图形范围。图形模拟按以下步骤进行：

① 输入程序，检查光标是否在程序起始位置。

② 按键，按【参数】软键显示图形参数画面，对图形显示进行设置。

③ 按键，然后按键→按键→按键→按键→再按键。

④ 在“CUSTOM/GRAPH（用户宏/图形）”模式中，按【图形】软键，进入图形显示，检查刀具路径是否正确，否则须对程序进行修改。若有语法和格式问题，会出现报警（P/SALARM）和一个报警号，查看光标停留位置，光标后面的两个程序段就是可能出错的程序段，根据不同的报警号查出错误产生的原因并做相应的修改。

在检查完程序的语法和格式后，检查 X、Y、Z 轴的坐标和余量是否和图纸以及刀具路径相符。

2）抬刀运行程序

① 输入程序，检查光标是否在程序起始位置。

② 选择 MDI 模式，按“OFFSET/SETING（补正/设置）”，再按【工件系】软键，翻页显示到 G54.1，在 G54.1 的 Z 轴上设置一个正的平移值，如 50.0。

③ 选择“自动运行”模式，按“机床空运行”，按键。

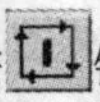

④ 观察刀具的运动轨迹和机床动作，通过坐标轴剩余移动量判断程序及参数设置是否正确，同时检验刀具与工装、工件是否有干涉。

（9）首件试切

程序的调试结束后，选择“自动运行”模式，按键，开始加工。

思考与练习题

1. 数控铣削的主要加工对象有哪些？其特点是什么？
2. 数控铣床与加工中心的主要区别在哪里？
3. 数控加工工序的划分有几种方式？各适合什么场合？
4. 数控铣削的刀具半径补偿在什么情况下使用，如何进行？

5. 加工中心换刀指令是什么？说明编程时怎样换刀？

6. 采用数控刀具半径补偿指令编程加工如图5-50所示模具的内外表面，刀具直径ϕ10mm。

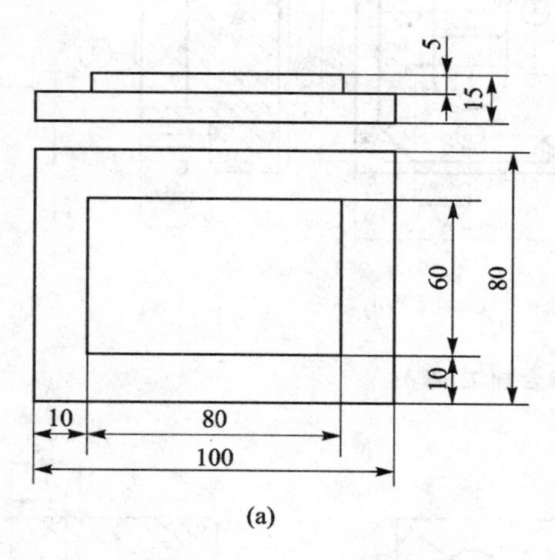

(a)

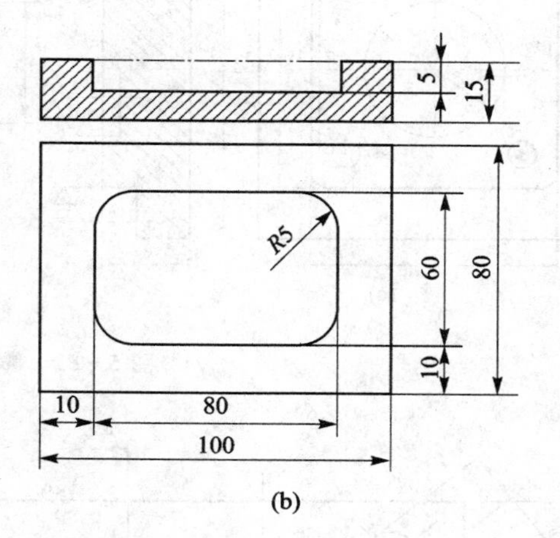

(b)

图5-50　模具零件

7. 如图5-51所示，已知毛坯件为45钢，铣削深度为5mm，要求编制数控加工程序并完成零件的加工。

8. 请选用合适的方法编制图5-52所示零件的加工程序，并制定工艺流程。

9. 如图5-53所示，试完成以下工作。

1)分析零件加工要求；2)编制工艺卡片；3)编制刀具卡片；4)编制加工程序。

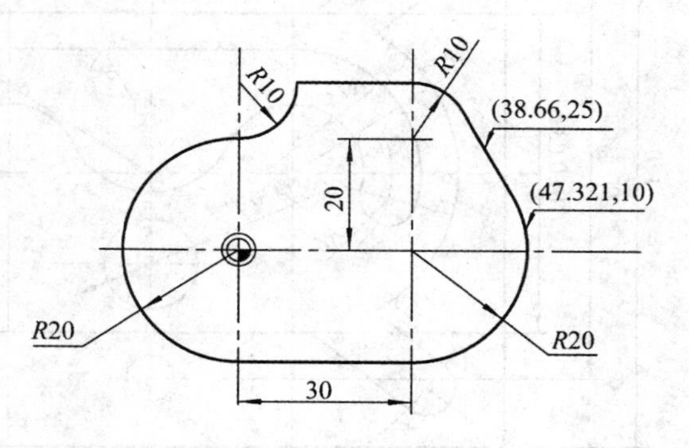

图5-51　外轮廓零件

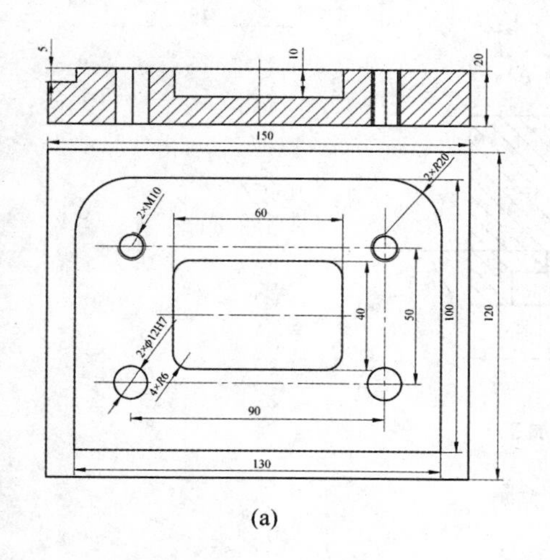

(a)

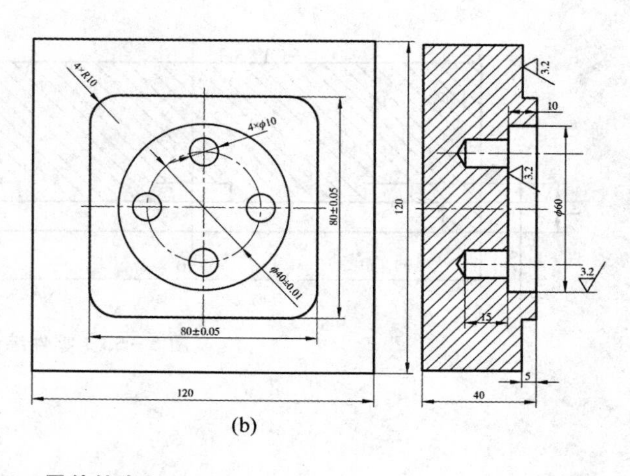

(b)

图5-52　零件综合加工

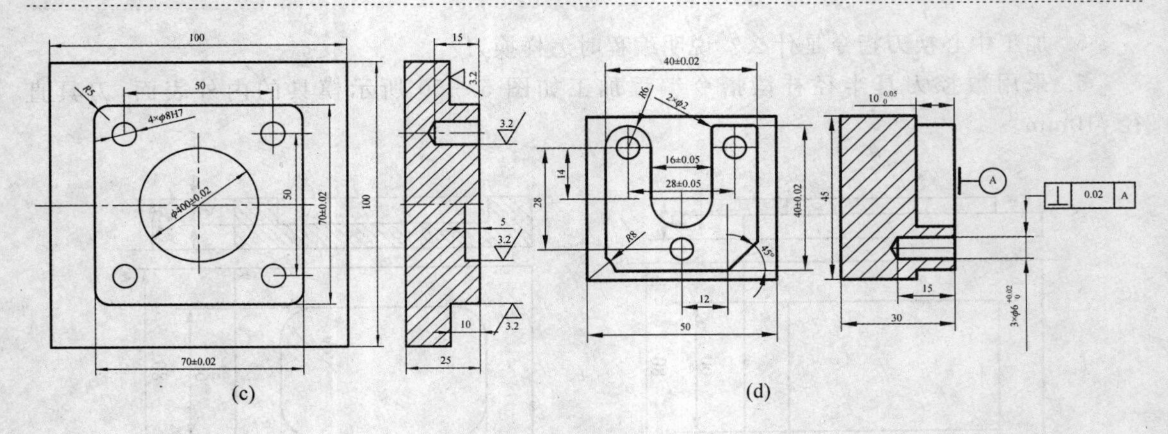

图 5-52 零件综合加工(续)

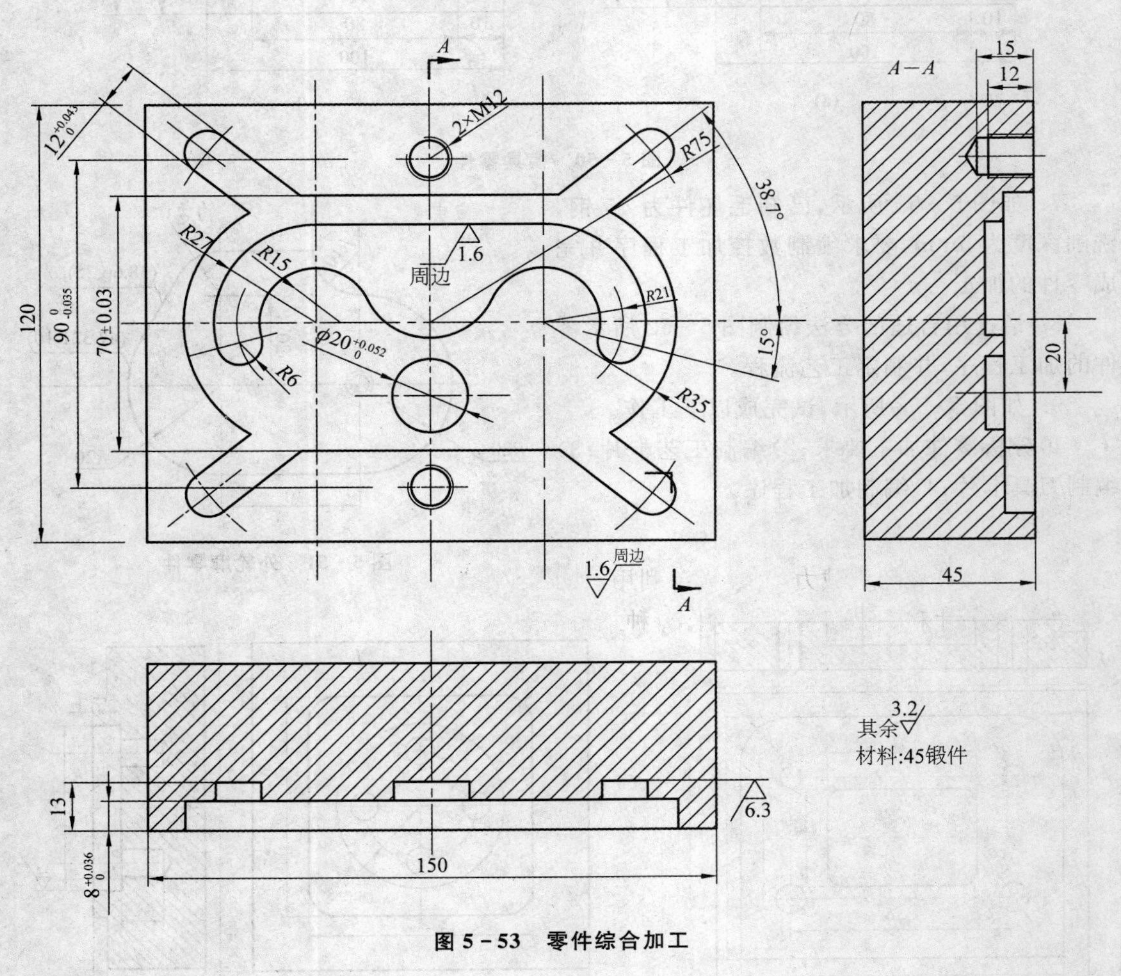

图 5-53 零件综合加工

第6章 数控电火花加工技术

【知识要点】

数控电火花加工技术：着重介绍电火花成形和电火花线切割两种电加工技术。介绍电火花成形加工技术分别从电火花成形加工工艺、电极的制作及电极与工件的装夹校正和电火花成形机基本操作几个方面阐述；介绍电火花线切割加工技术，分别从线切割加工的工艺分析、线切割加工的程序编制和数控电火花线切割机床的基本操作几个方面阐述。学习的重点在这两种电加工技术的工艺、编程和操作。

【知识目标】

了解电加工技术的机理、特点和应用范围；掌握电加工技术工艺方面知识；掌握电极制作及电极与工件的装夹校正；掌握典型电火花成形机基本操作。了解数控电火花线切割机床的概念，熟悉数控电火花线切割机床的加工特点及应用；掌握数控电火花线切割机床的组成及各部分作用，了解数控电火花线切割机床的分类；掌握数控电火花线切割机床的加工工艺分析；掌握线切割加工的程序编制；掌握典型数控电火花线切割机床的基本操作。

随着工业生产的发展和科学技术的进步，具有高熔点、高硬度、高强度、高韧性的新型模具材料不断涌现，而其结构复杂和工艺要求特殊的模具也越来越多。这样，仅仅采用传统的机械加工方法来加工，就会让人感到十分困难甚至无法加工。因此，人们除了进一步完善和发展机械加工方法外，还借助于现代科学技术的发展，开发了一种有别于传统机械加工的新型加工方法，即特种加工。

特种加工与机械加工有着本质的不同，它不要求工具材料比工件材料更硬，也不需要在加工过程中施加明显的机械力，而且直接利用电能、化学能、光能和声能对工件进行加工，以达到一定的形状尺寸和表面粗糙度要求。特种加工的内容很多，广泛应用的有电火花成形加工、电火花线切割加工、电解加工、电铸成形、电化学抛光、化学加工、超声波加工等。

电火花加工是特种加工的一种。根据应用范围不同可分为电火花成形加工（习惯上称为电火花加工）和电火花线切割加工（习惯上称为线切割加工）。电火花加工可以加工各种高熔点、高硬度、高强度、高纯度、高韧性、高脆性的金属材料，广泛应用于加工各类冲压模、热锻模、压铸模、塑料模、胶木模等型腔，以及型孔（圆孔、方孔或异形孔等）、曲线孔（弯孔、螺纹孔等）以及窄缝、小孔、微孔等的加工。

6.1 电火花加工技术概述

6.1.1 电火花加工的历史

特种加工最先发展的加工方法是电火花加工。苏联的拉扎柯夫妇在1934年研究电器元件时，发现电器开关的接触铜片上有不少小坑（即蚀点），他们对这一现象进一步研究，发现是开关开合过程中，在接触片间产生的火花造成的。随后，他们将这一发现现象用于机械加工，发明了电火花加工。

电火花加工又称放电加工（Electrical Discharge Machining，EDM），也有称为电脉冲加工的，它是一种直接利用热能和电能进行加工的新工艺。电火花加工在加工过程中，工具和工件不接触，而是靠工具和工件之间不断的脉冲性火花放电，产生局部、瞬时的高温把金属材料逐步蚀除掉。由于放电过程可见到火花，所以称为电火花加工。

6.1.2 电火花加工原理

电火花加工从原理上讲就和自然界中的雷电现象一样，只不过是人为控制的放电现象。电火花加工原理如图 6-1 所示。工件 4 与工具电极 5 分别与脉冲电源 7 的两个不同极性输出端相接，借助于自动进给调节装置 6，保持工件 4 与工具电极 5 之间的放电间隙。当两电极间加上脉冲电压后，在间隙最小处或绝缘强度最低处将工作液击穿，形成放电火花。放电通道中等离子瞬时高温使工件和工具电极表面都被腐蚀掉一小部分材料，使各自形成一个微小的放电坑。脉冲放电结束后，经过一段时间间隔，使工作液恢复绝缘，下一个脉冲电压又加在两极上，同样进行另一个循环，形成另一个小凹坑。这样一个过程以高频率重复进行时，工具电极不断地调整与工件的相对位置，加工出所需要的工件。

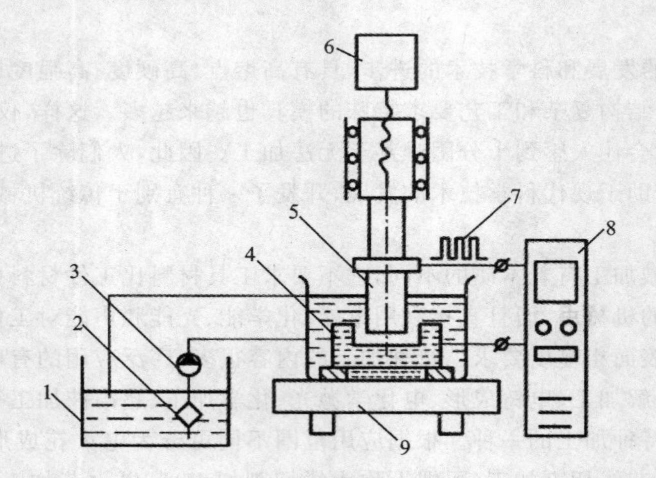

1—工作液箱；2—滤清器；3—泵；4—工件；5—工具电极；6—自动进给调节装置；7—脉冲电源；8—控制柜；9—工作台

图 6-1 电火花加工原理

1. 电火花加工需具备的条件

(1) 要有脉冲电源。

(2) 工具与工件之间要有间隙。

(3) 要有绝缘介质。

2. 放电过程

放电过程大致可分为四个阶段。

(1) 放电击穿介质

当工具接近工件时，电场强度加大，在工具与工件间隙间的正、负离子受电场力的作用产生运动,并互相碰撞产生新的带电粒子(这种现象称为雪崩式电离),从而在工具与工件之间形成放电通道,这一过程被称之为放电击穿介质,如图 6－2 所示。

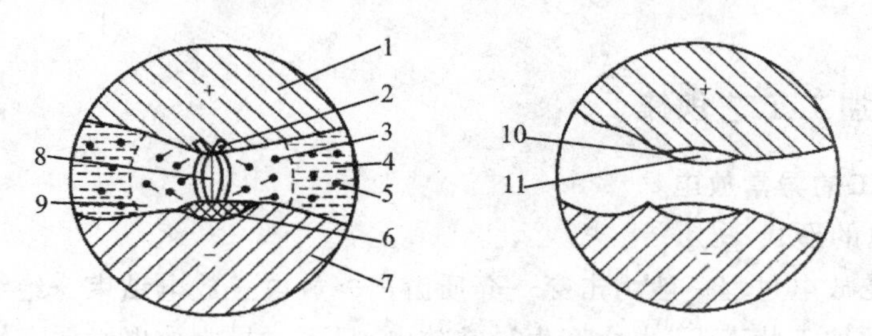

1—阳极;2—阳极抛出金属的区域;3—融化的金属颗粒;4—工作液;5—工作液中凝固的金属颗粒;6—阴极抛出金属的区域;7—阴极;8—放电通道;9—气泡;10—翻边凸起;11—凹坑

图 6－2　放电过程

(2) 产生瞬间高温熔化气化金属

当工具与工件之间放电后,由于粒子之间的碰撞,电火花加工过程释放出大量热能,产生瞬间高温,可在瞬间达到 10 000 ℃,从而使工件上的金属迅速熔化、气化。

(3) 抛出熔融材料

当工件与工具之间瞬间高温产生后,工件和工具间的固体材料由固态直接气化,体积迅速膨胀产生爆炸。这种微小爆炸产生的冲击波将工件上熔融的物质抛出,在工件表面形成小坑。

(4)恢复绝缘

为了保证工件表面均匀放电,在放电后应终止放电,恢复极间的绝缘以保证电火花下次在另一点(间隙最小处)放电,从而保证表面形成均匀的小坑。

通过这四个过程,电火花将工件上的材料熔化、气化掉,去除金属材料,达到加工的目的。所以,电火花加工是不接触加工,无切削力。

6.1.3　电火花加工的特点和应用范围

1. 电火花加工的特点

电火花加工不用机械能量,不靠切削力去除金属,而是直接利用电能和热能来去除金属,相对于机械加工而言电火花加工具有以下特点:

(1) 工具与工件不接触,无切削力。

(2) 可加工难切削材料及淬火后硬度很高的零件。

(3) 可以加工形状非常复杂的零件。

(4) 主要加工导电材料。

(5) 加工速度较慢。

(6) 存在电极损耗。

2. 电火花加工的应用范围

电火花加工有独特的优越性,再加上数控水平和工艺技术的不断提高,其应用领域日益扩大,主要用于各种难加工材料、复杂形状零件和有特殊要求的具有导电性能的零件制造,成为常规加工、磨削加工的重要补充。目前,电火花加工主要应用于高硬度零件加工、型腔尖角部位加工、深腔部位的加工、小孔加工、表面处理等方面的加工。

6.2 电火花加工工艺

6.2.1 电火花加工工艺规律

1. 电火花加工的异常放电

(1) 异常放电的形式

正常的电火花放电过程一般为击穿→介质游离→放电→放电结束→绝缘恢复。实验表明即使在正常稳定的加工状态下,也会产生异常放电,只不过异常放电微弱而短暂。常见的异常放电有烧弧、桥接、短路等几种形式。

(2) 异常放电产生的原因

异常放电产生的原因主要有以下几点:

1) 电蚀产物的影响。电蚀产物中金属微粒、炭黑以及气体都是异常放电的媒介。

2) 进给速度的影响。一般来说,进给速度太快是造成异常放电的直接原因。为保持加工状态而不产生异常放电,进给速度应该略低于蚀除速度。

3) 电规准的影响。电规准的强弱和电规准的选择不当,容易造成异常放电。一般来说,在电规准较强、放电间隙不大时,易产生异常放电。

2. 表面变质层

(1) 表面变质层的产生

放电时产生的瞬间高温高压,以及工作液快速冷却作用,使工件与电极表面在放电结束后产生与原工件材料性能不同的变质层,如图 6-3 所示。

工件表面变质层从外向内大致可以分为三层,即熔化凝固层、淬火层和回火层。熔化凝固层是放电时被高温熔化后未被抛出的金属材料颗粒,受工作液快速冷却而凝固黏结在工件表面的金属层;淬火层是靠近熔化凝固层的材料受放电高温作用及工作液极冷作用形成的金属层;回火层是距表面更深一点的金属材料层受温度变化影响而形成的金属层。

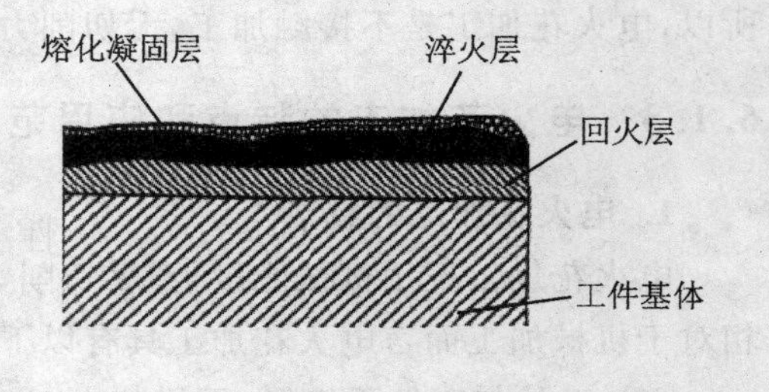

图 6-3 工件表面的变质层

(2) 表面变质层对加工的影响

表面变质层的结构和性质会因金属材料的不同而有差异。一般情况下,表面变质层对加工结果的影响是不利的,主要表现在表面粗糙度、表面硬度、耐磨性和耐疲劳性能等方面。

(3) 改进方法

1) 改善电火花加工参数。对表面质量要求较高的工件,应尽量采用较小的电规准,或者在粗加工后尽可能进行精加工。

2) 进行适当的后处理。在电加工中留足够余量供研磨或抛光,还可以使用回火和喷丸等工艺处理,降低表面残余应力,从而提高工件的耐疲劳性能。

3. 电蚀产物

（1）电蚀产物的种类

电火花加工的电蚀产物分为固相、气相和辐射波三种。固相电蚀产物按其形状的大小可分为大型颗粒、中型颗粒、小型颗粒和微型颗粒几种；气相电蚀产物主要包括一氧化碳和二氧化碳；辐射波主要有声波和射频辐射两部分。

（2）电蚀产物的危害

固相电蚀产物的大中型颗粒通常在强电规准的粗加工场合中产生，这种颗粒对电火花加工有一定的影响，容易产生短路和烧弧现象，从而破坏工件的加工精度和表面粗糙度；小型颗粒通常在型腔和穿孔的粗加工中产生，除易产生短路和烧弧现象外，还有可能引起二次放电；微型颗粒的产生是不可避免的，任何电火花加工都将产生，容易产生烧弧，降低加工稳定性。气相电蚀产物中由于包含有毒气体，所以必须及时排除，否则对人体有一定的危害。通常采用强制抽风或风扇排风以降低影响。

（3）电蚀产物的排除

电蚀产物的排除必须采用强制排屑的方法，主要有抬刀、圆形电极转动的方法以及工件或电极振动、开排气孔、喷射法、冲油法和抽油法等形式。在实际工作中，应根据工艺条件采用不同的排屑法。

4. 电极损耗

电极损耗是加工中衡量加工质量的一个重要指标，它不仅仅取决于工具的损耗速度 v_E，还要看同时能达到的加工速度 v_W，因此，通常采用相对损耗来衡量工具电极耐损耗的指标，其计算公式为

$$\theta = v_E / v_W \times 100\%$$

在实际加工过程中，降低电极的相对损耗具有很现实的意义。

6.2.2 电极材料和电火花工作液

1. 电极材料

电极材料必须具备以下特点：导电性能良好、损耗小、造型容易、加工稳定、效率高、材料价格便宜。最常用的电极材料是紫铜和石墨，一般精密及小电极用紫铜制作，大电极用石墨制作。

2. 电火花工作液

我国过去普遍采用煤油作为电火花加工的工作液。近些年在引进国外不同类型的电火花加工液的同时，国内一些企业也开发了一些电火花加工液，如放电加工油、电火花机油等。表 6－1 所列为煤油与电火花加工液的特性比较。

表 6－1　煤油与电火花加工液的特性比较

项　目	煤　油	电火花加工液
气味及颜色	气味重，使用后普遍发黄，会麻痹神经	无色、无味、无毒、清澈如水
着火点及安全性	40℃易燃、危险	114～120℃安全
抗氧化性	低抗氧化性，易炭化、积炭和结焦	高抗氧化性，不易炭化，减少废油残渣的产生

续表 6-1

项目	煤油	电火花加工液
耗用量及使用寿命	易被工件带走而且用量多,利用率低,寿命短	被工件带走量少,损耗是煤油的1/4,利用率高,寿命长达2年以上
挥发性及厂房环境	高挥发性;因高烟雾、高油雾、加工环境恶化,地板会有油且打滑	低挥发性,减少液体的流失和操作者对雾化气体的接触。低油雾,厂房无油污且干净
热传导性	普通,油温升高快	优,不致使工件回火
起泡性及清洗效果	起泡性高;清洗效果不稳定	几乎无起泡性;清洗效果稳定
环保型及附加价值	滤芯、滤纸须频繁更换	本身生物可分解性高,反复使用污染少

6.2.3 选择加工规准

1. 电规准及其对加工的影响

(1) 电规准的重要参数

1) 脉冲宽度 T_{on},又称持续放电时间;

2) 脉冲间隔 T_{off},又称放电停歇时间;

3) 脉冲峰值电流 I_p,正常放电时的脉冲电流幅值。

除此之外,击穿电压,脉冲放电波形,放电脉冲的前、后沿,平均加工电流,单个脉冲能量和脉宽峰值比等参数对加工也有一定影响。

大多数脉冲电源输出的放电脉冲是固定的(T_{on}、T_{off}、I_p),改变参数要人工调节。适应控制的脉冲电源则可以根据加工状态的不同,自动调节 T_{on}、T_{off}、I_p中的一个或全部。

(2) 电规准对加工的影响

一般情况下,其他参数不变,增大脉冲宽度 T_{on}将减少电极损耗,使表面粗糙度变差,加工间隙增大,表面变质层增厚,斜度变大,生产率提高,稳定性会好一些。

脉冲间隔 T_{off}对加工稳定性影响最大,T_{off}越大,稳定性越好。一般情况下,它对其他工艺指标影响不明显,但当 T_{off}减小到某一数值时,它对电极损耗会有一定影响。

增大峰值电流 I_p将提高生产效率,改善加工稳定性,但表面粗糙度变差,间隙增大,电极损耗增加,表面变质层增厚。

脉宽峰值比 T_{on}/I_p是衡量电极损耗的重要依据。电极损耗小于1%的低损耗加工必须使 T_{on}/I_p大于一定的值。脉宽 T_{on}一般在 $0.1\sim2\,000\mu m$ 范围内。能作低损耗加工的脉冲电源必须输出较大的 T_{on}脉冲。

2. 正确选择加工规准

为了能正确选择电火花加工参数规准,人们根据工具电极、工件材料、加工极性、脉冲宽度、脉冲间隔、峰值电流等主要参数对主要工艺指标的影响,预先制定工艺曲线图表,以此来选择电火花加工的规准。电火花加工参数调整的一般规律如下:

(1) 放电时间(PA)越大,光洁度越差,但损耗小,所以一般粗加工时选 150~600(即150~600μs);精加工时数值逐渐减小。

(2) 放电休止时间(PB)增大时,电极损耗会增大,但有利于排渣。EDM 机床一般没有自动匹配功能,脉间(PB)由自动匹配而定。若发现积碳严重时,可将自动匹配后的脉间(PB)再加大一挡。

(3) 一般加工时，高压电流 BP 选为 0 或者 1。在加工大面积或深孔时，可适当加大高压电流，以利于排渣，防止积碳。高压电流大时，电极损耗会稍有所增加。

(4) 低压电流 AP 是根据电极放电面积确定的。一般每平方厘米不超过 6A，AP 选择过大虽然加工速度提高了，但会增加电极损耗。

(5) 粗加工时，间隙电压(GP)选取较低，以利于提高加工效率；精加工时选取较高，以利于排渣，一般情况下 EDM 自动匹配而定。

(6) SP(伺服敏感度)、DN(机头下降时间)、UP(机头上升时间)一般情况由 EDM 自动匹配而定。伺服敏感度 SP 的调整必须与放电时间配合，以目视电压表稳定为准。在积碳较严重时，可以用减少放电时间或加大机头上升时间来解决。

(7) F1 为大面积加工专用开关。当被加工零件面积大于 $100mm^2$时，再执行修细加工，因电极离加工物很近，而电极快速上下会产生一股吸力，以致电极脱落或加工物偏移，所以此时应将“F1＝ON”才可克服此项缺点。F2 为深孔加工或侧面修细加工专用开关。当在执行深孔加工或侧面修细加工时，常因排渣问题使电极产生二次放电，以致电极一直在退刀排渣，而无法放电下去，所以此时应将“F2＝ON”才可克服此项缺点。

6.3　电极的制作及电极与工件的装夹校正

6.3.1　工具电极的制作

1. 电极的分类

电火花成形机的电极按照制作材料的不同可以分为紫铜电极和石墨电极等；按结构形式的不同可分为整体式电极、组合式电极、镶拼式电极和分解式电极。

(1) 整体式电极

用一块整体材料加工而成的电极称整体式电极。图 6－4 所示为整体式电极，小型电极大多采用这种电极，如果横截面积及质量较大，一般要加工出减重孔。

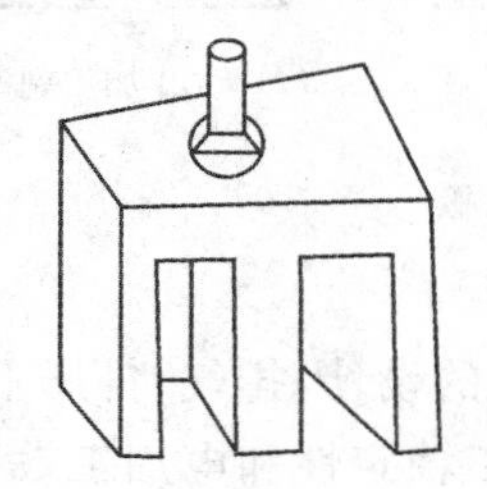

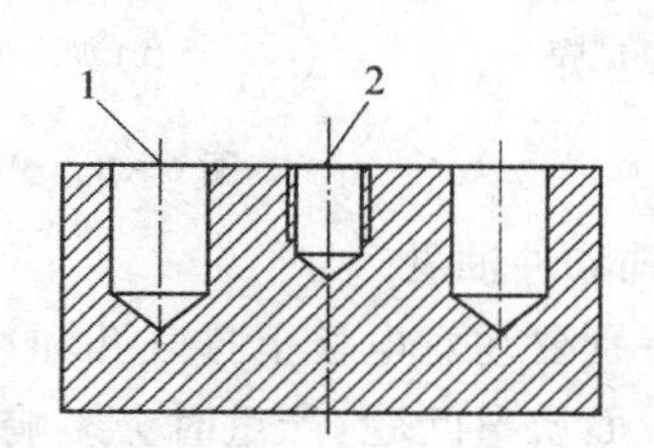

1—减重孔；2—固定用螺孔

图 6－4　整体式电极

(2) 组合式电极

组合式电极是指将多个独立的电极(形状相同或不同)组合在一块板上，使之在机械上和电气上成为一个整体的电极，图 6－5 所示为组合式电极。

(3) 镶拼式电极

镶拼式电极是指对于电极形状架构复杂，或尺寸较大，整体加工有困难的电极，其分成几块，分别制作出来，然后再镶拼成一个完整的电极，图 6－6 所示为镶拼式电极。

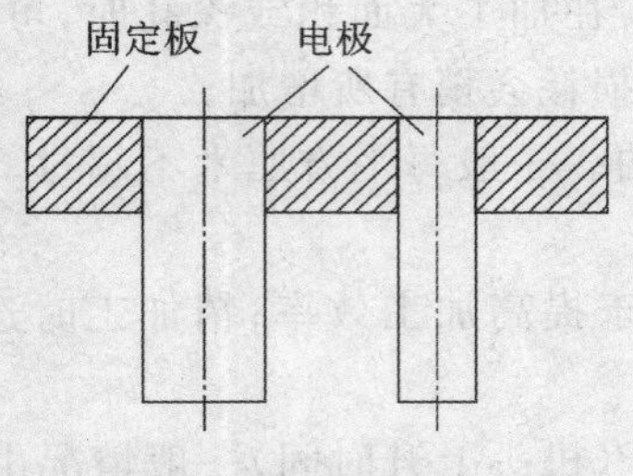

图 6－5　组合式电极

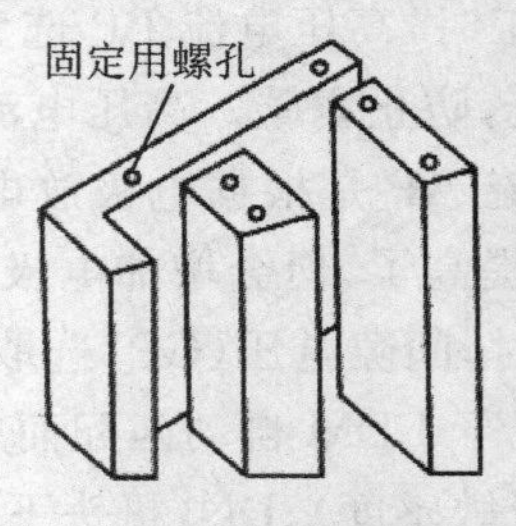

图 6－6　镶拼式电极

大型电极多用石墨来制造，也可以通过镶拼技术对电极进行拼装。在进行石墨拼接时要注意，同一电极的各个拼块都应该采用同一牌号的石墨材料，并且使其纤维组织的方向要一致，如图 6－7 所示。

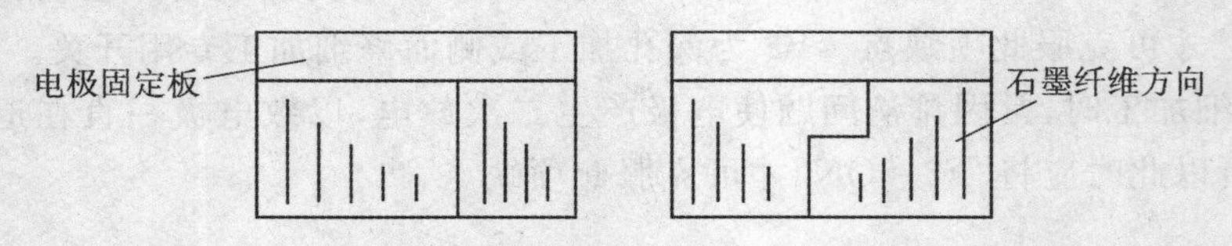

图 6－7　石墨纤维方向及拼块组合

(4) 分解式电极

分解式电极是指用整体电极加工较困难，将电极分解成多个分电极分别加工。如图 6－8(a)所示的型腔，在实际中先用大电极加工主型腔，如图 6－8(b)所示；再用小电极加工副型腔，如图 6－8(c)所示。

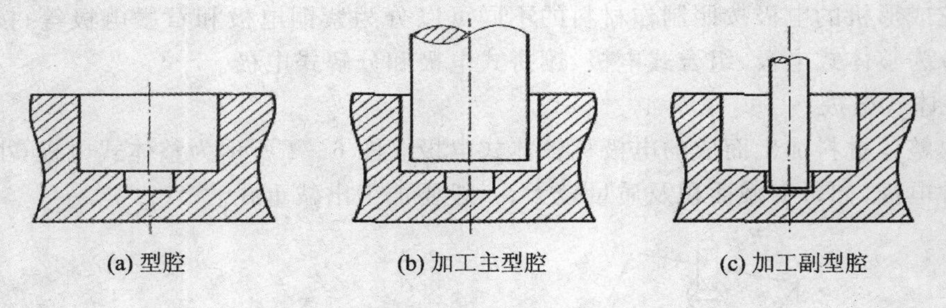

(a) 型腔　(b) 加工主型腔　(c) 加工副型腔

图 6－8　分解式电极

2. 电极的排气孔和冲油孔

在加工型腔时特别要注意电极上排气孔和冲油孔的设计，排气、排屑不畅会造成二次放电和加工斜度等工件表面质量问题，严重时会影响到加工稳定性和电加工效率，因此设计电极时需要很好地解决排气和冲油排屑问题。

冲油和抽油方式是穿孔加工最常用的方法。冲油是将清洁的工作液冲入加工区域，如图 6－9所示；抽油是从加工区域吸出工作液和电蚀产物，如图 6－10 所示。在穿孔加工时在工件上先开设预孔，这为冲油和抽油提供条件。

一般情况下，冲油孔应设计在难以排屑的拐角、窄缝等处，而排气孔要设计在蚀除面积较大的位置和电极端部有凹入的位置。图 6－11 所示为有冲油孔的电极，图 6－12 所示为有排气孔的电极。

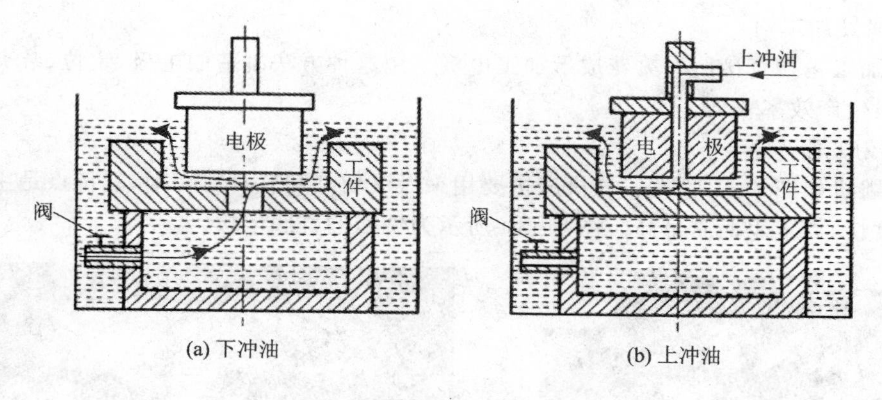

图 6-9　冲油

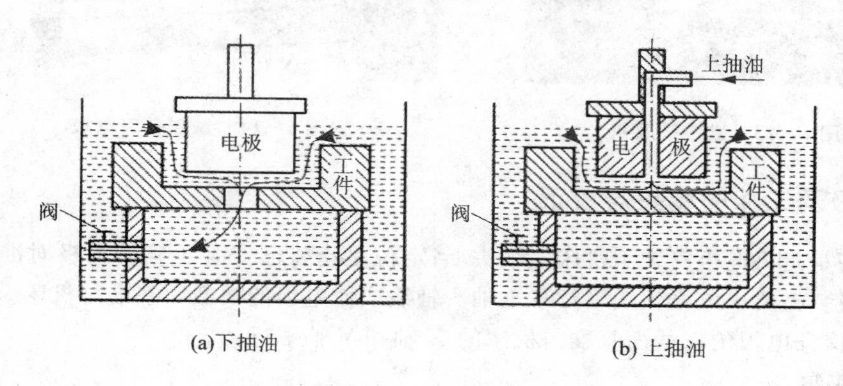

图 6-10　抽油

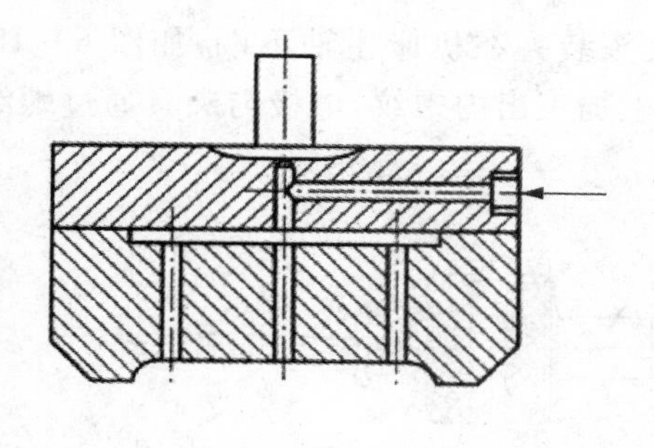

图 6-11　有冲油孔的电极

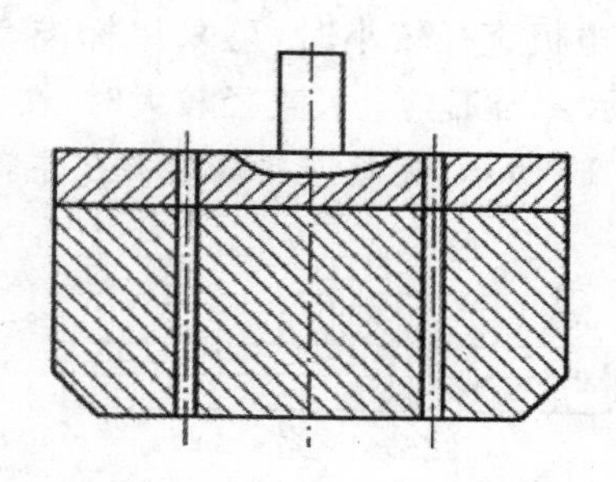

图 6-12　有排气孔的电极

3. 电极的制作

制作电极时，应根据电极材料、类型、几何形状、复杂程度及精度要求，采用不同的加工方法。

（1）机械加工方法

对几何形状比较简单的电极，可用一般的切削方法来进行加工，如车、铣、刨、磨、手工修磨、化学腐蚀或电镀、样板检验等方法。

（2）线切割加工电极

异形截面和薄片电极等用机械加工方法无法完成或很难保证精度的电极可用线切割加工。

(3) 反拷贝加工

反拷贝加工是指直接用电火花成形加工电极。用这种方法制造的电极,定位、装夹均方便且误差小,但生产效率较低。

(4) 数控雕刻

数控铣雕机如图 6-13 所示,该机床主要用来做浅切削和软材料切削,其特点是主轴转速高,切削速度快,加工表面质量高。图 6-14 所示为铣雕的鞋底电极。

图 6-13 数控铣雕机

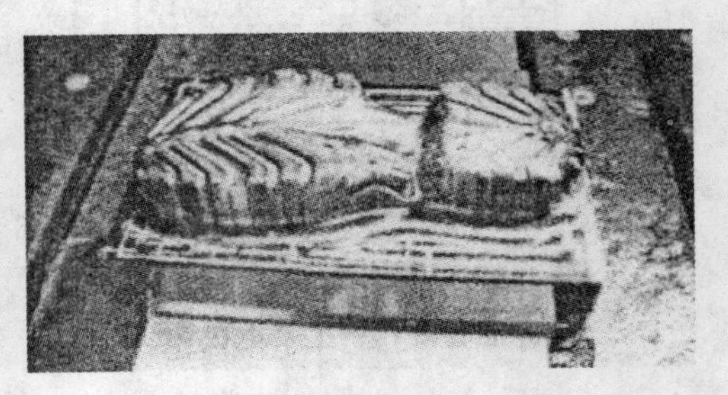

图 6-14 铣雕鞋底电极

6.3.2 电极及工件的装夹与校正

电极装夹是指将电极安装于机床主轴头上;定位是指将已安装正确的电极对准工件的加工位置。电极装夹要求电极轴线平行于主轴头轴线或使电极的横截面基准与机床纵横拖板平行;定位要求保证电极的横截面基准与机床的 X 轴和 Y 轴平行。

1. 电极夹具

(1) 标准套筒夹具、钻夹头夹具、螺纹夹头夹具

当工具电极直径较小时,可采用标准套筒、钻夹头装夹在机床主轴下端,如图 6-15 和图 6-16所示。当工具电极直径较大时,在工具电极上加工出内螺纹,电极与夹具通过螺纹相连,如图 6-17 所示,夹具连接杆装夹在主轴下端。

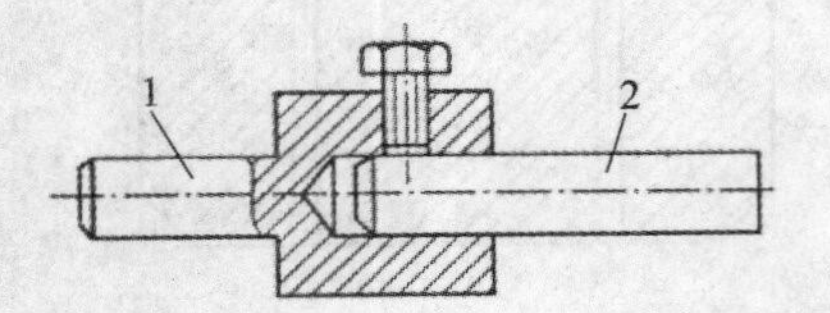

1—标准套筒;2—工具电极

图 6-15 标准套筒夹具图

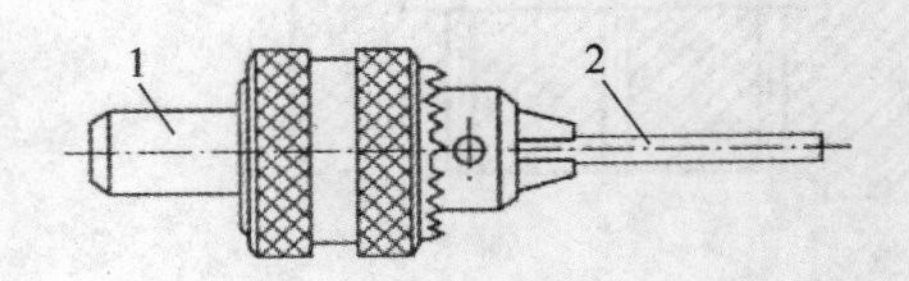

1—钻夹头;2—工具电极

图 6-16 钻夹头夹具

(2) 万向可调式夹具

万向可调式夹具是一种带水平转角和垂直调节装置的工具电极夹具,能使工具电极的轴线与主轴轴线重合或者平行,并能在水平范围转一定角度。

图 6-18 所示为钢球铰链调节式电极夹头,其夹具体 1 固定在机床的主轴孔内,工具电极装夹在电极装夹套 5 内,装夹套 5 与夹具体 1 之间由钢球连接。转动两个调整螺钉 6,可以使工具电极绕轴线做微量转动。工具电极的垂直度可用四个调整螺钉 7 进

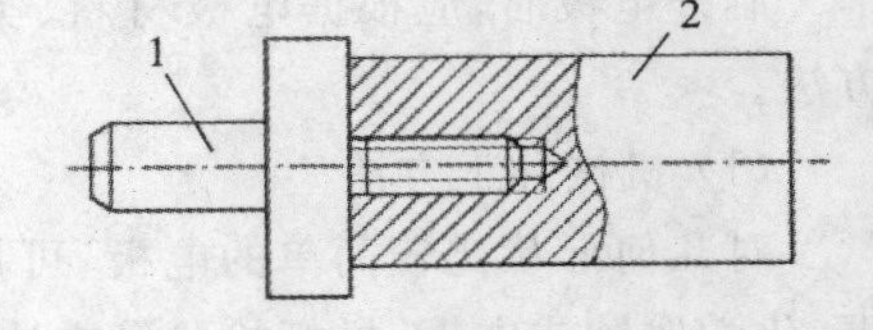

1—连接杆;2—工具电极

图 6-17 螺纹夹头夹具

行调整，螺钉7下面是球面垫圈副，其最大调整范围可达±15。转动某个螺钉时需稍微松开与之相对的另外一个螺钉，在千分表的配合下反复地逐个细调拧紧，直到工具电极垂直度达到要求为止。图6-19所示为一种万向可调式工具电极夹头的实物图，调节方法与钢球铰链调节式电极夹头大体相同。

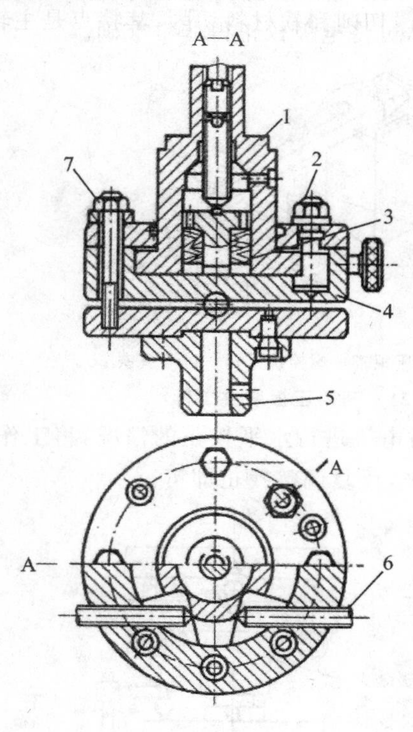

1—夹具体；2—电线连接螺栓；3—弹簧；4—支撑套；
5—电极装夹套；6—调整螺钉；7—垂直度调节螺钉

图6-18 钢球铰链调节式电极夹头

1,6—左右垂直度调节螺钉；2,5—水平转角调节螺钉；
3—水平转角刻度；4—前后垂直度调节螺钉；
7—绝缘环；8—电极紧固螺栓；9—工具电极

图6-19 万向可调式工具电极夹头

2. 工件夹具

(1) 磁力吸盘

磁力吸盘分为永磁吸盘、电磁吸盘和电永磁吸盘三种，电火花成形机床上使用的是永磁吸盘，如图6-20所示。永磁吸盘不用供电即可使用，操作简便，装夹工件非常方便，使用方法是：将工件放到吸盘上，将扳手插入轴孔内再转到“ON”位置，即可吸住铁质工件及工作台，逆转到“OFF”位置再松开工件及工作台。

(2) 压板

压板是一种简单实用的工件夹具，如图6-21所示。在固定工件时，垫块的高度应与工件的高度一致，确保固定可靠。

3. 工具电极及工件的校正

工具电极及工件的正确安装是非常重要的。一般电加工的加工余量都很小，特别是精加工，因此必须进行校正。校正过程一般是先校正工具电极，再校正工件。

(1) 工具电极的校正

工具电极的校正主要是检查其垂直度，使其轴心线或电极轮廓的素线垂直于机床工作台面，在某些情况下电极横截面上的基准还应与机床工作台拖板的纵横运动方向平行。

1) 电极垂直度校正。图 6-22 所示为用千分表来校正电极垂直度的情况，将主轴上下移动，电极的垂直度误差可由千分表反映出来，反复找正，可将电极校正得非常准确。

图 6-20 永磁吸盘

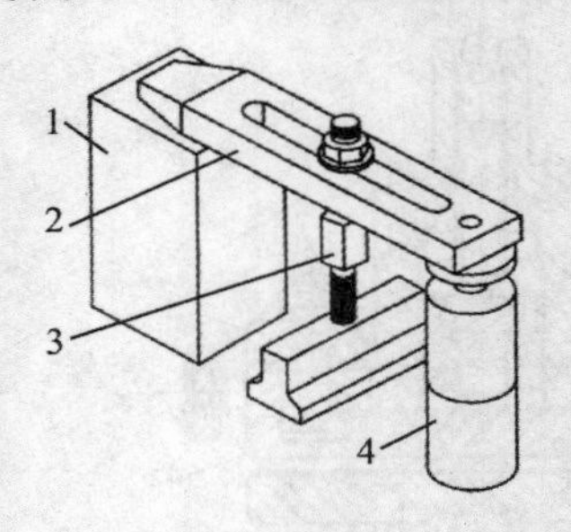

1—工件；2—压板；3—螺栓螺母；4—可调垫铁

图 6-21 利用压板装夹工件

2) 电极水平度校正。图 6-23 所示为用百分表对电极进行水平校正的情况，将工作台纵向或横向移动，电极的水平度误差可由百分表反映出来，反复调整找正即可。

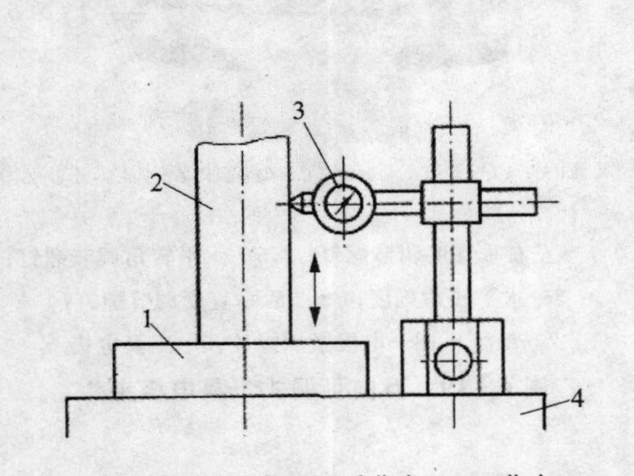

1—工件；2—电极；3—千分表；4—工作台

图 6-22 用千分表校正电极垂直度

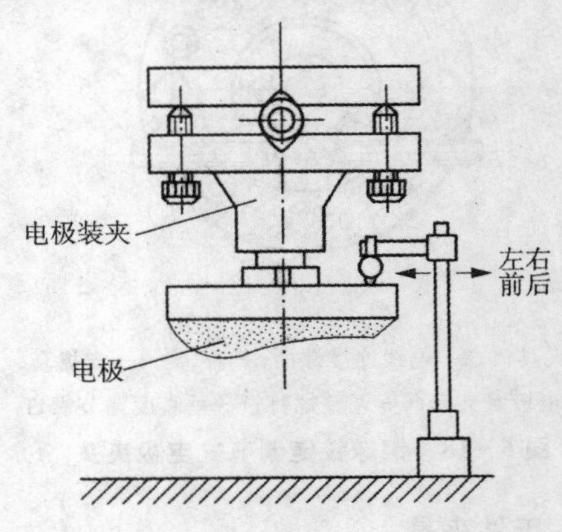

图 6-23 用百分表校正电极水平度

(2) 工件的校正

校正工件时，如果工件毛坯留有较大余量，可先划线，然后用目测法大致调整好电极与工件的相互位置，使用脉冲电源弱规准加工出一个浅印。根据浅印进一步调整工件和电极的相互位置，使周边加工余量尽量一致，如果加工余量少，需借助量具(量块、百分表等)进行精确校正。

常用的校正方法有划线找正法、量块角尺找正法、定位板找正法。

1) 划线法

以已经精确校正的电极作为工件定位的位置基准，在电极或电极固定板的 4 个侧面划出十字中心线，同时在工件毛坯上也划出十字中心线，再将电极垂直下降，靠近工件表面，调整工件的位置，利用角尺找准电极及工件上对应的中心线使之对齐，如图 6-24 所示，然后将工件用压板压紧，试加工并观察工件的定位情况，用纵横拖板做最后的补充调整。

2）量块角尺校正法

以已经精确校正的电极为工件定位的位置基准，以电极的实际尺寸来计算出其与工件两个侧面的实际距离，将电极下降至接近工件，用量块组合和角尺来校正工件的精确位置，并将其压紧，如图 6－25 所示。这种操作方法简单方便，工件的校正定位精度较高。

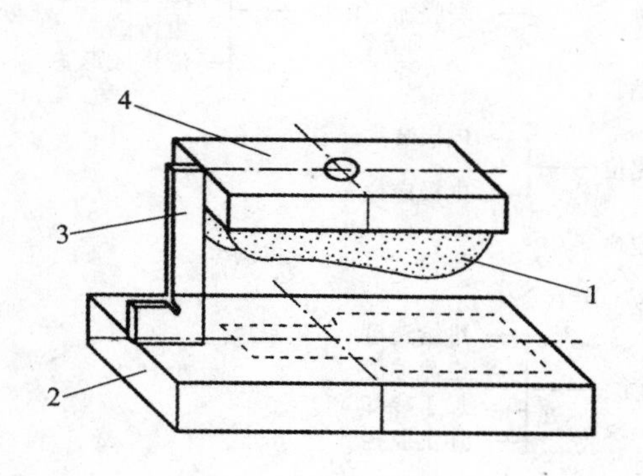

1—电极；2—工件；3—角尺；4—电极固定板

图 6－24　工件的十字线定位法

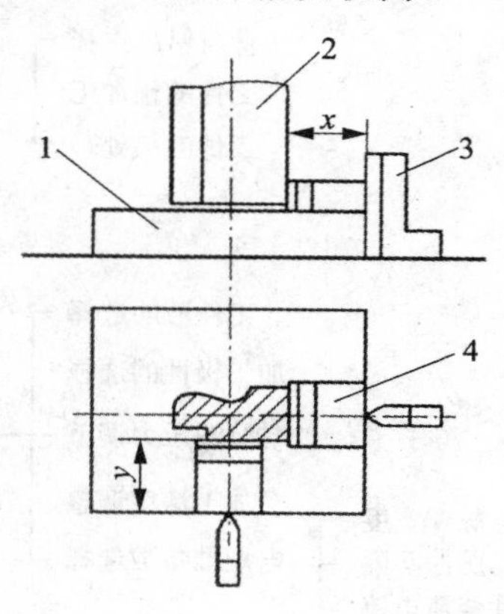

1—工件；2—电极；3—角尺；4—量块组合

图 6－25　用量块和角尺校正定位工件

3）定位板找正法

如图 6－26 所示，在电极固定板的两个相互垂直的侧面上分别安装两块定位基准板，在工件安装定位时，将工件上的定位面分别与两定位板贴紧，达到准确定位安装的目的。此法较十字线定位法的定位精度高，但电极固定板上的两块定位基准板相对于工件的预定位置，需要提前用专用的调整块进行精确地调整并安装。

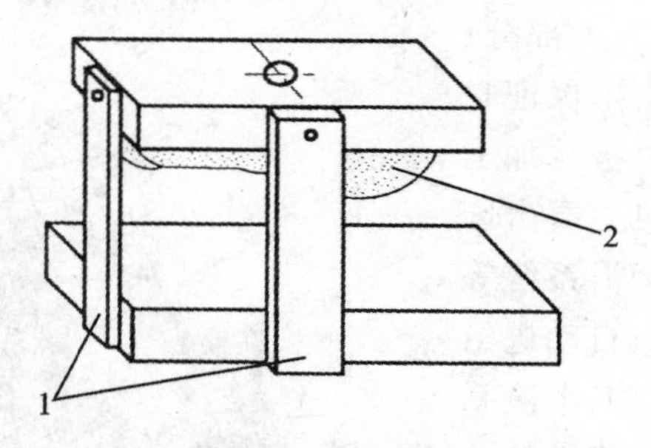

1—定位板；2—电极

图 6－26　用定位板定位工件

6.4　电火花成形机的基本操作

6.4.1　电火花加工操作流程

电火花加工操作流程如图 6－27 所示。

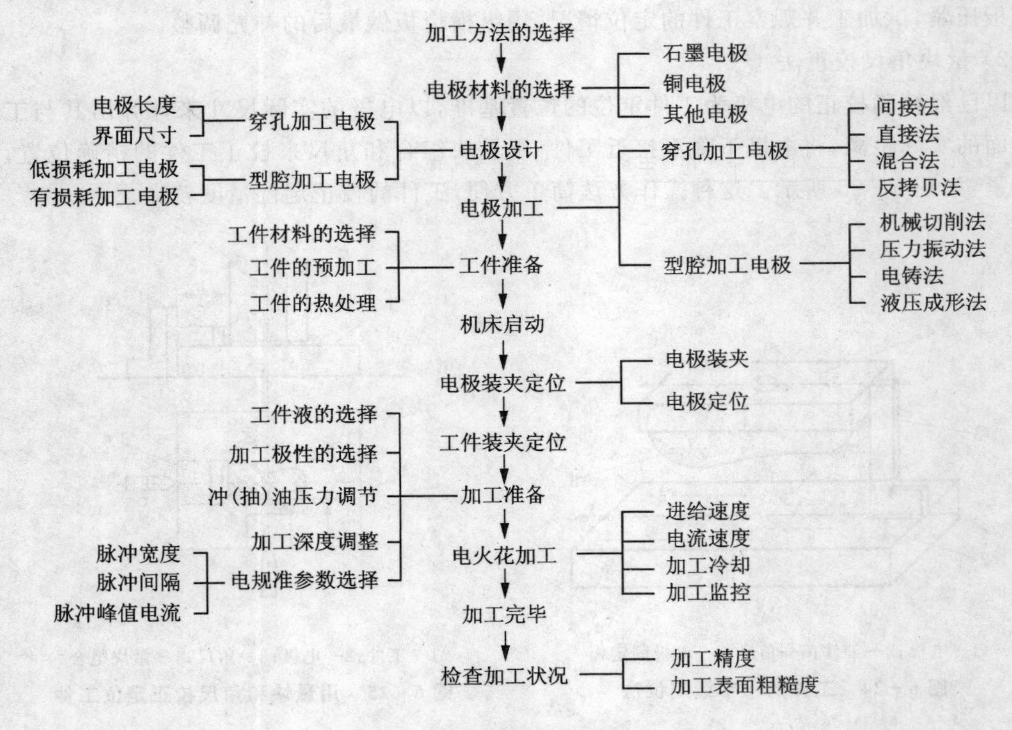

图 6-27　电火花加工操作流程图

6.4.2　典型的电火花成形机及基本操作

1. 电火花成形机的组成及其各部分作用

典型的电火花成形机包括主机、电源箱、工作液循环过滤系统三大部分。主机用于支承工具电极及工件，保证它们之间的相对位置，并实现电极在加工过程中稳定的进给运动，主机主要由床身、立柱、主轴头、工作台及润滑系统等组成。电源箱包括脉冲电源、自动进给控制系统和其他电气系统。工作液系统包括油泵、过滤器、控制阀、管道等。

图 6-28 所示是单轴（Z 轴）数控电火花机床，即 ZNC EDM（Z Numerical Control Electrical Discharge Machining），X 轴及 Y 轴手动。其组成及各部分作用见表 6-2。

1—工作液箱；2—泵；3—工作区；4—灭火器；5—立柱；6—主轴箱；7—手控盒；8—控制柜；9—面板；10—工作台 Y 轴调节手柄

图 6-28　ZNC450 电火花成形加工机床

表 6-2　电火花成形机的组成及各部分作用

组　成		作　用
主机	床身和立柱	床身和立柱是一个基础结构，由它确保电极与工作台、工件之间的相互位置
	工作台	工作台主要用来支承和装夹工件
	主轴头	主轴头是由伺服进给机构、导向和防扭机构、辅助机构三部分组成
主轴头和工作台的主要部件	平动头	平动头是一个使装在其上的电极能产生向外机械补偿动作的工艺附件，主要用于解决修光侧壁和提高尺寸精度
工作液过滤系统		工作液强迫循环冲油是把经过过滤的清洁工作液经强迫冲入电极与工件之间的放电间隙里，将放电蚀除的电蚀产物随同工作液一起从放电间隙中排除，以达到稳定加工。机床的工作液面高度调节范围为 90～260 mm

2. 电火花成形机电柜界面

(1) 按键及警示装置

ZNC EDM-2008 型电火花成型机的常用按键及功能如表 6-3 所列，指示灯及警示装置如表 6-4 所列。

表 6-3　常用按键及功能

按键及开关	图　标	说　明
总电源开关		开启机床总电源
急停键	EMERGENCY STOP RESET	开启机床总电源后，紧接着要使急停键处于弹起位置
计算机电源启动键		开启机床总电源后，使急停键处于弹起位置，再使计算机电源开启，即系统上电
放电启动键		瞬间式(MOMENT)，按键开关 ON 表示放电开始，并且启动放电计时器，若遇液位不足、温度超过、深度定位到达、异常放电等情况，会自动停止放电
油泵键		加工液进油时按开关 ON 键，否则按 OFF 键
校正电极键		平时处于 OFF 状态，遇有电极测垂直时要在 ON 状态
定时定量喷油键		配合机头上下定时定量喷油，有底模使用较多，保护电极喷油口消耗
油位键		OFF 时控制液面，ON 时灯亮表示无液面控制
休眠键		睡眠开关 ON 灯亮，表示设定放电加工深度到达时，伺服控制机头立即回升，到达顶点停止。此时若要机头降心须关闭睡眠开关

表 6-4　指示灯及警示装置

指示灯及警示装置	图　标	说　明
深度到达指示灯		指示灯亮表示进到深度定位，也可打开蜂鸣器警告
碰边指示		指示灯亮表示碰边接触，也可打开蜂鸣警告
防火指示		指示灯亮表示温度上升到设定值，停止放电指示灯会亮
积碳指示		若积碳严重时，停止放电时指示灯会亮
积碳灵敏度指示	OFF	当积碳灵敏度调整旋钮开关打开时，表示进行自动侦测调整理想波型，其灵敏度可以根据情况适当调整
蜂鸣器		警告用蜂鸣器
计时器	0002345	放电计时用

(2) 屏幕显示画面

图 6-29 所示为 ZNC EDM-2008 屏幕显示画面，可分为 5 个视窗，即分别呈现 5 部分内容信息。

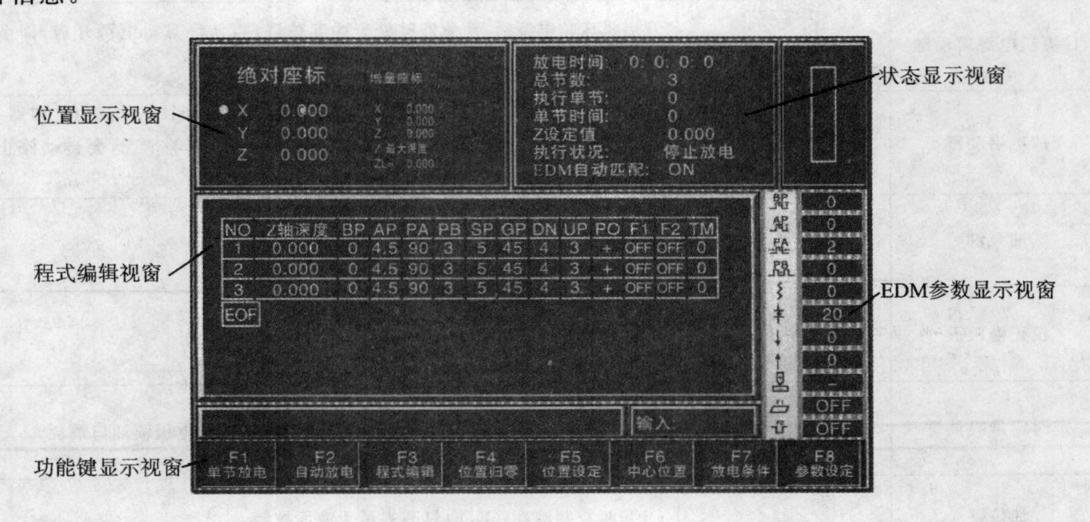

图 6-29　ZNC EDM-2008 屏幕显示

1）位置显示视窗。分别用绝对坐标和增量坐标方式显示各轴坐标位置。增量坐标方式显示的作用是加工复杂模具时，可以建立第二个尺寸基准面。

2）状态显示视窗。显示执行状态，包含计时器、总节数、执行单节及 Z 轴设定值。

3）程式编辑视窗。程序编辑操作，可编入多节程序。

4）EDM 参数显示视窗。EDM 参数设置或更改。

5）功能键显示视窗。键盘上 F1～F8 操作按键，每个按键都有对应的功能。

3. 基本操作

（1）单节放电操作

当使用单节放电功能时，按下单节放电 F1 键进入该功能，如图 6 - 30 所示，并按下列操作步骤完成操作：

图 6 - 30　单节放电操作功能

1）键入手动放电尺寸。

2）使用放电条件 F7 键调整放电参数。

3）按放电启动键。

4）当 Z 轴深度尺寸到达时，即加工结束，系统会自动上升至安全高度。

5）可使用自动匹配及喷油方式加工。

（2）编写放电程序

在执行放电加工之前，操作者需要先规划放电程序，即放电程式，以便系统自动执行之用。为此，操作者可使用程式编辑 F3 键，进入程式编辑画面。在编写程式时，可以使用 F1～F4 键和数字键输入尺寸数据及相关参数，其中 F1～F4 按键功能规定如下：F1：插入单节；F2：删除单节；F3：EDM 参数减少；F4：EDM 参数增加。

ZNC EDM - 2008 系统程序编辑器最多可预编 9 个单节程式，输入程式后系统会自动存档，待下次开机会自动载入。一个完整的放电程序可按照下列步骤编写：

1）使用上下左右光标键移动光标至编辑位置。

2）在 Z 轴深度输入栏用数字键输入深度尺寸。

3）在各 EDM 参数输入栏使用 F3 与 F4 键减少或增加参数数值。

4）按 F1 键可插入一个单节，此时系统将光标所在单节的程式内容复制到下一单节；按下 F2 键可删除一个不需要的单节。

5）编辑完成使用 F8 跳出，系统会自动存档。

注意：在编写各单节程序时，如果设有计时加工条件，当 Z 轴深度位置先到则往下一单节执行，如果计时时间先到则不管位置而继续往下执行。

（3）自动放电操作

自动放电程式编写完成，需要自动放电加工时，则需要按下自动放电 F2 键进入该自动放电加工功能。自动放电功能与单节放电功能的主要区别在于单节放电功能只有一个单节程序，而自动放电功能是由多个单节程式组成，自动放电功能按照事先归划的多单节程式顺序执行。图 6 - 31 所示的自动放电程序就是由 4 个单节程式组成。

自动放电功能可用键盘光标键选择从准备执行的单节往下执行，一般是从单节号码小的单节向大的单节执行，执行状态皆会显示于状态栏。此外，在放电加工过程中也可更改各单节

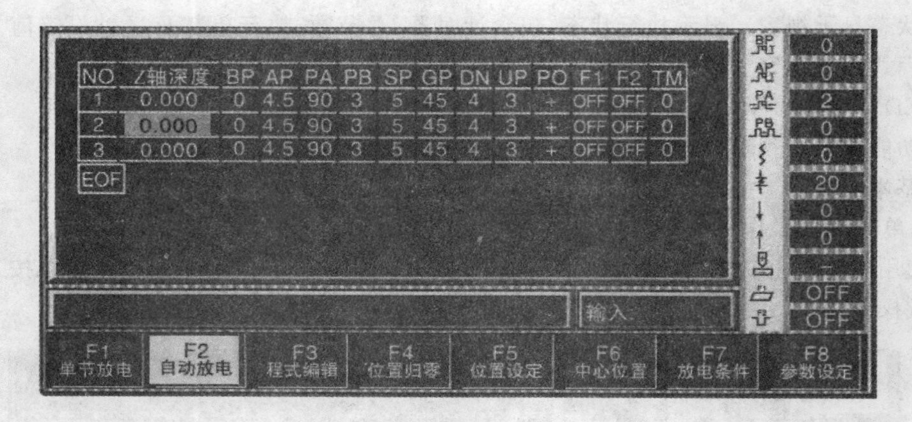

图 6－31　自动放电操作

的放电条件。

按下操作手柄上放电启动键，则执行本功能，当 Z 轴深度尺寸到达时，系统会自动上升至安全高度。

(4) 位置清零

当操作者要确定零位工作面时，可使用低能量放电方式寻找工作面，并用位置归零 F4 键进行位置清零，其操作步骤如下：

1) 可选择绝对坐标或增量坐标，将光标移到要清零的轴。

2) 按位置归零 F4 键，屏幕提示："绝对坐标 Z 归零(Y/N)?"。

3) 按 Y 键清零确定，按 N 键清零取消。

(5) 设定位置

当操作者要建立工作点时，可使用位置设定 F5 键进行位置设定，其操作步骤如下：

1) 可选择绝对坐标或增量坐标，将光标移到要设定坐标位置的轴。

2) 按位置设定 F5 键。

3) 用键盘上数字键输入坐标。

4) 按 ENTER 键确认。

(6) 设定中心位置

当操作者要建立工作点的中心位置坐标时，可使用中心位置 F6 键，此时选定轴的坐标会被除以 2 后写入当前光标处。一般情况下中心位置 F6 键与位置归零 F4 键配合使用时才有意义，即计算中点坐标比较方便。其操作步骤如下：

1) 可选择绝对坐标或增量坐标，将光标移到要设定位置的轴。

2) 按中心位置 F6 键。

3) 按 Y 键，此时所选择坐标会被除以 2，按 Y 键取消。

(7) 修改 EDM 放电条件参数

当放电中要修改 EDM 放电条件时，按下放电条件 F7 键，进入 EDM 放电条件参数修改状态，其参数调整步骤如下：

1) 使用上下光标键移动到需要修改的放电条件参数位置。

2) 使用左右光标键减少或增加参数数值。

3）所修改的条件会随时被送到放电系统。

4）如果自动匹配功能打开，则调整时系统将会以放电时间 PA 值为依据，自动匹配其他参数。

5）自动匹配功能由 F10 键打开或关闭。

6.4.3　零件方孔的电火花加工实例

图 6－32 所示为注射模镶块，材料为 Crl2，热处理硬度为 57～60 HRC，中间的方孔（型腔）为待加工部位，加工部位表面粗糙度 $Ra=1.6\mu m$，方孔的棱角部位圆角半径 $R=0.1mm$。按照上述注射模镶块零件的尺寸精度和表面粗糙度要求制定加工方案。

1. 工艺分析

该任务是典型的简单孔型型腔的加工，工件毛坯制作比较简单，但孔型尺寸要求精确，表面粗糙度要求较高，采用电火花加工比较适合。

本任务的工艺过程大致为：对工件轮廓进行预加工、电极的设计与制造、工件、电极的装夹与校正、电极的定位（将电极对准工件上待加工的部位）、电参数的配置、加工过程的监控、工件的检测。

使用设备为 ZNC450 电火花成形机床和数控加工中心等，另外还有数控铣床、机械划线台、游标卡尺、千分表、磁性表座、扳手、压板、锉刀、砂纸等。最好采用冲油加工。

2. 加工方案的确定

分析加工零件图，注射模镶块的加工部位为方形的盲孔，如果采用铣床加工，方孔棱角部位圆角半径无法达到 0.1 mm，故不能采用铣床加工此方孔。工件材料 Crl2 是应用广泛的冷作模具钢，具有高强度、较好的淬透性和良好的耐磨性，且热处理硬度为 57～60 HRC，要求加工部位表面粗糙度 $Ra=1.6\mu m$，电火花成形加工能够达到上述要求。

单电极直接成形法适用于电极结构简单、棱角要求不高的型腔加工。由于注射模镶块型腔方孔棱角圆角半径 $R=0.1$ mm，采用单电极直接成型法能满足要求，如果加工完成后棱角部位圆角半径大于 0.1 mm，可将电极的加工部位切除，再重复加工便可以满足要求。

3. 电极的设计

（1）电极的材料选择紫铜锻件，保证电极自身的加工质量和表面粗糙度。

（2）电极采用整体式结构，尺寸如图 6－33 所示。电极截面尺寸的确定：截面尺寸根据孔型型腔尺寸及公差、放电间隙的大小而定，再考虑加工方法和放电参数，电极水平尺寸单边缩放量取 0.25 mm。该尺寸缩放量较小，因此加工时用于基本成形的电规准参数不宜过大。电极长度的确定：电极在长度上分两部分，一部分为直接加工部分，长度取 30 mm，该长度主要考虑最大电极损耗长度和零件型腔的深度；另一部分为装夹部分，长度取 30 mm，因此电极总长度为 60 mm。

根据机床加工参数表可知，实际使用的加工参数会产生 1％的电极损耗，型腔深度已知为 25 mm，则加工时电极端面进给深度为 25.25 mm。

4. 电极的制造

电极可以采用铣削加工，也可以采用线切割加工，本项目采用铣削加工，工序如下：备料→铣上表面→画线→加工 M8×12 螺纹孔→铣削下表面及电极四周轮廓→钳工修整。

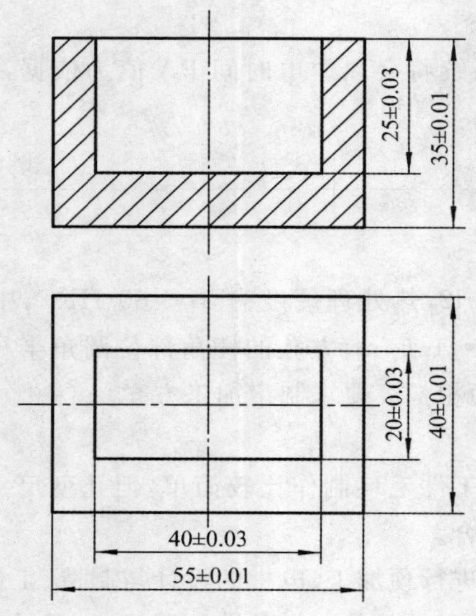

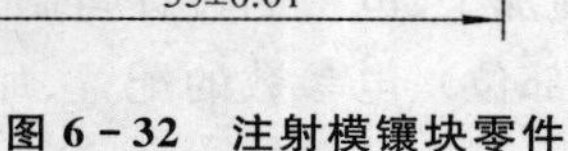
图 6-32 注射模镶块零件

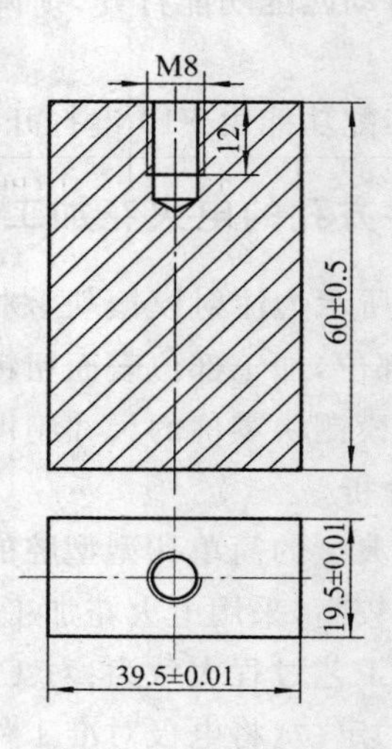

图 6-33 电极

5. 电极与工件的装夹、校正及定位

(1) 电极的装夹、校正

固定电极的夹具安装在主轴头上，用夹具上的 M8 的螺栓固定电极。校正电极时，以电极相邻的两个侧面为基准，校正电极的垂直度，首先将千分表的磁性表座吸附在机床的工作台上，然后让千分表的测头沿 X 轴方向缓缓移到电极的侧面，待测头接触到电极后千分表指针转动 1 至 2 圈即可，接下来在 Z 轴方向上移动主轴头，观察千分表指针的变化情况，若指针在小范围内来回摆动，则表明电极在该方向上垂直度良好。同理，调节电极相邻侧面的垂直度，并使电极的侧面与机床的移动方向一致。

(2) 工件的装夹、校正

工件用压板固定在机床的工作台上，压板上的螺栓只需拧紧即可，不需要太大的预紧力。校正工件时，将千分表的磁性表座吸附在机床的主轴头上，以工件相邻的两个侧面为基准校正工件，使工件的侧面与机床的各个进给轴的移动方向一致，方法与校正电极垂直度相同。

(3) 电极与工件的定位

本任务中，凹模上型腔加工位置为凹模的中心，所以采用柱中心定位，即可以用划线法进行 X 和 Y 坐标定位。缓慢向下移动 Z 坐标轴直到产生火花为止，完成 Z 坐标定位。

6. EDM 放电条件参数设定

根据待加工零件的加工特点，结合 EDM 放电条件参数调整的一般规律确定加工条件，如表 6-5 所列。编写工件放电程序如表 6-6 所列，并输入图 6-29 所示界面。

表 6-5 加工条件

高压电流 BP/A	低压电流 AP/A	放电时间 PA/μs	放电休止时间 PB 设定值/μs	间隙电压 GP/V	表面粗糙度/μm	动摇半径 /mm	端面进给量 /mm
1	30	300	4(PB=90)	35	12.5	0	24.9
1	9	150	3(PB =50)	40	6.3	0.1	0.2

(1) X、Y 的用法

X、Y 为直线或圆弧的相对坐标值,编程时取绝对值,可以以 μm 为单位,也可用公约数将 X、Y 缩小整数倍,X、Y 的用法分为两种情况:

1) 电极丝走直线时,为终点相对起点的坐标,如图 6-48(a)所示。

2) 电极丝走圆弧时,为起点相对圆心的坐标,如图 6-48(b)所示。

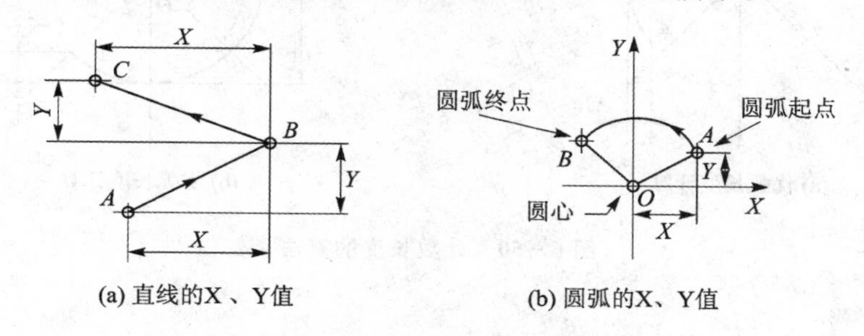

(a) 直线的X、Y值　(b) 圆弧的X、Y值

图 6-48　X、Y 值的表示方法

(2) G 的含义

G 为计数方向,用 G_X 或 G_Y 表示 X 或 Y 方向计数。对于直线和圆表示方法不一样。

1) 直线:直线的 G_X 或 G_Y 表示方法如图 6-49(a)所示,被加工的直线在阴影区域内,计数方向取 G_Y;若在阴影区域外,计数方向取 G_X。

2) 圆弧:圆弧的 G_X 或 G_Y 表示方法如图 6-49(b)所示,若圆弧终点落在阴影里,计数方向取 G_X,若圆弧终点落在阴影外,计数方向取 G_Y。

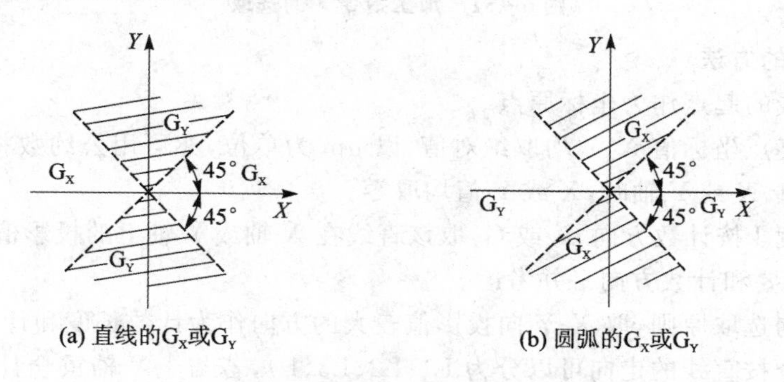

(a) 直线的 G_X 或 G_Y　(b) 圆弧的 G_X 或 G_Y

图 6-49　直线与圆弧计数方向的选取

(3) J 的用法

J 为计数长度,以 μm 为单位,即电极丝在某一计数方向上从起点到终点所经过距离的总和。对直线来说,电极丝运动轨迹为在计数方向上的投影;对圆弧来说,电极丝运动轨迹为各象限轨迹在计数方向上的投影之和。

如图 6-50(a)所示,计数长度 $J=J_{X1}+J_{X2}$;如图 6-50(b)所示,计数长度 $J=J_{Y1}+J_{Y2}+J_{Y3}$。

(4) Z 的用法

Z 为加工指令,分直线和圆弧两大类,如图 6-51 所示。直线分为四个象限,一个象限表示一个方向,有 L1、L2、L3、L4 四种指令。圆弧按第一步进入的象限和顺逆方向分为 SR1、SR2、SR3、SR4 和 NR1、NR2、NR3、NR4 八种指令。

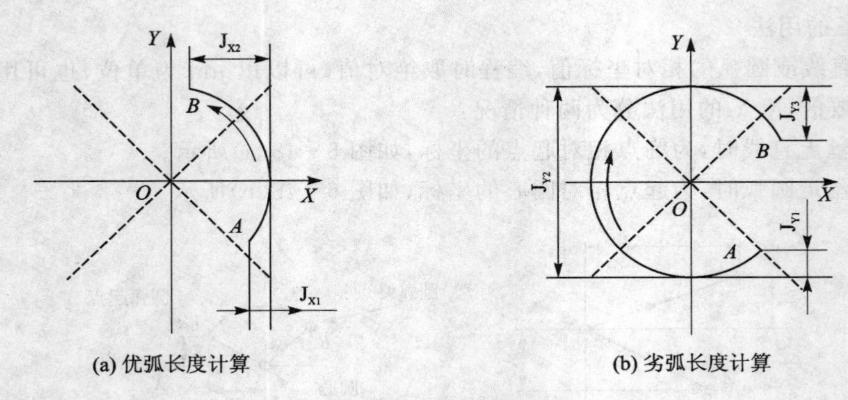

(a) 优弧长度计算　　(b) 劣弧长度计算

图 6-50　计数长度的算法

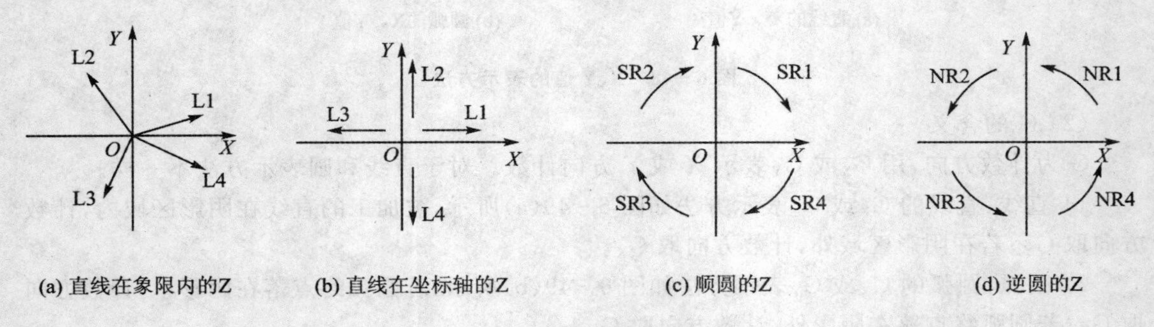

(a) 直线在象限内的Z　(b) 直线在坐标轴的Z　(c) 顺圆的Z　(d) 逆圆的Z

图 6-51　加工指令 Z 的选取

2. 直线编程的方法

(1) 每段直线的起点作为坐标原点。

(2) 直线的终点坐标值 X、Y 均取绝对值，以 μm 为单位，亦可用公约数将 X、Y 缩小整数倍。当直线平行于 X 或 Y 轴时，X 或 Y 值均取零。

(3) 计数长度 J 按计数方向 G_X 或 G_Y 取该直线在 X 轴或 Y 轴上的投影值，以 μm 为单位，决定计数长度时，要和计数方向一并考虑。

(4) 计数方向选取原则，取 X、Y 向投影值较大的方向作为计数长度和计数方向。

(5) 加工指令按直线的走向可以分为 L1、L2、L3、L4，若与 $+X$ 轴重合计 L1，与 $+Y$ 轴重合计 L2，与 $-X$ 轴重和计 L3，与 $-Y$ 轴重和计 L4，如图 6-51(b)所示。

例：如图 6-52 所示，A—B—C—A 的轨迹为

B0 B0 B50000 G_X L1 或 B50000 B0 B50000 G_X L1；　A—B

B1 B2 B60000 G_Y L1 或 B30000 B60000 B60000 G_Y L1；　B—C

B4 B3 B80000 G_X L3 或 B80000 B60000 B80000 G_X L3；　C—A

3. 圆弧编程的方法

(1) 圆弧圆心作为坐标原点。

(2) 圆弧起点相对圆心的坐标值为 X、Y，均取绝对值，以 μm 为单位。

(3) 计数长度 J 按计数方向取圆弧 X、Y 轴上的投影值，以 μm 为单位，如果圆弧较长，跨两个以上象限，则分别取轨迹在各自象限的投影之和。

(4) 计数方向。如图 6-49(b)所示，终点在阴影部分取 G_X，终点在阴影部分外取 G_Y。

(5) 加工指令。按第一步进入的象限分别为 SR1、SR2、SR3、SR4 或 NR1、NR2、NR3、NR4,其中 SR 为顺圆,NR 为逆圆。

如图 6－53 所示,A—B 圆弧程序为

```
B80000 B0 B217190 Gx NR1;  计数长度 J = 80000 + 80000 + 57190 = 217190
```

B—A 圆弧程序为

```
B57190 B57190 B217190 Gy SR3;  计数长度 J = 80000 + 80000 + 57190 = 217190
```

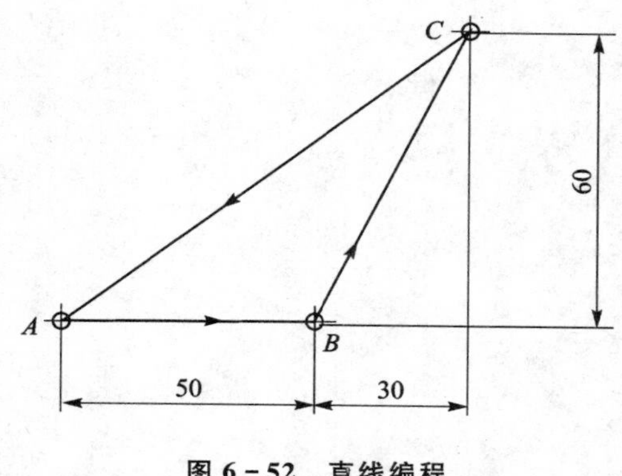

图 6－52　直线编程

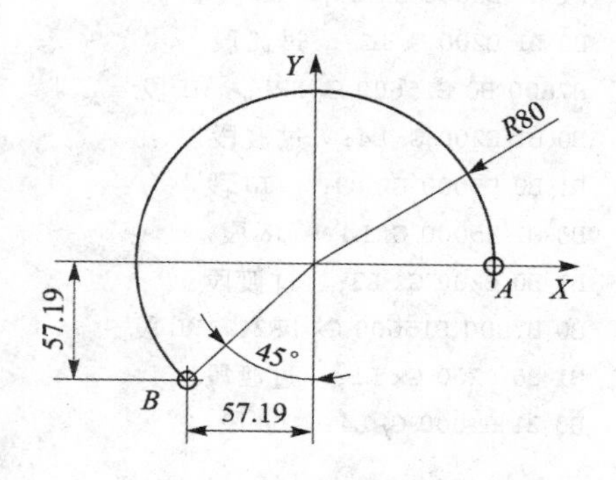

图 6－53　圆弧编程

4. 编程举例

对于直线和圆弧编程来说,3B 格式是要用电极丝中心轨迹编程。如图 6－54 所示零件,已知放电间隙为 0.1 mm,电极丝直径为 0.2 mm,偏移量 $R=0.1+0.2/2=0.2$ mm,试编制加工程序。

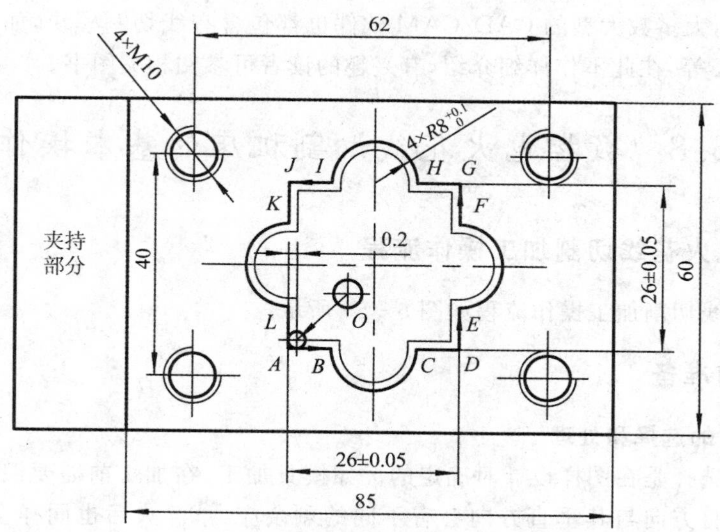

图 6－54　零件电极丝中心轨迹图

加工程序如下:

```
B1 B1 B4800 GY L3;  OA
B1 B0 B5000 Gx L1;  AB
B0 B1 B200  GY L4;  过渡段
```

```
B7800 B0 B15600 GY NR3;  BC
B0 B1 B200 GY L2;  过渡段
B1 B0 B5000 Gx L1;  CD段
B0 B1 B5000 GY L2;  DE段
B1 B0 B200 Gx L1;  过渡段
B0 B7800 B15600 Gx NR4;  EF段
B1 B0 B200 Gx L3;  过渡段
B0 B1 B5000 GY L2;  FG段
B1 B0 B5000 Gx L3;  GH段
B0 B1 B200 GY L2;  过渡段
B7800 B0 B15600 GY NR1;  HI段
B0 B1 B200 GY L4;  过渡段
B1 B0 B5000 Gx L3;  IJ段
B0 B1 B5000 GY L4;  JK段
B1 B0 B200 Gx L3;  过渡段
B0 B7800 B15600 Gx NR2;  KL段
B1 B0 B200 Gx L1;  过渡段
B0 B1 B5000 GY L4;  LA段
```

6.7.2 数控线切割机床自动编程

线切割CAD/CAM集成软件是最有效的线切割编程方法，它融绘图和编程于一体，可以按加工图样上标注的尺寸在计算机屏幕上做图输入，即可完成线切割代码的生成，输出3B或者ISO格式的线切割程序。目前常用的线切割CAD/CAM软件有YH、AUTOP、YCUT、CAXA等。另外，大多数大型的CAD/CAM软件也都包含有线切割模块，如Master－CAM、Cimatron、UGNX等，在此不作详细介绍，有兴趣的读者可参阅相关图书。

6.8 数控电火花线切割机床的基本操作

6.8.1 数控电火花线切割加工操作流程

数控电火花线切割加工操作流程如图6－55所示。

6.8.2 加工前准备

1. 工件材料的选择和处理

工件材料的选择是在图样设计时确定的。如模具加工，在加工前需要锻打和热处理。锻打后的材料在锻打方向与其垂直方向会有不同的剩余应力；淬火后也同样会出现剩余应力。对于这种加工，在加工中剩余应力的释放，会使工件变形，而达不到加工尺寸精度，淬火不当的材料还会在加工中出现裂纹。因此，工件应在回火后才能使用，而且回火要两次以上或者采用高温回火。另外，加工前要进行消磁处理及去除表面氧化皮和锈斑等。

2. 电极丝的选择

应根据工件加工的切缝宽窄、工件厚度和拐角尺寸大小等的要求选择电极丝的直径。

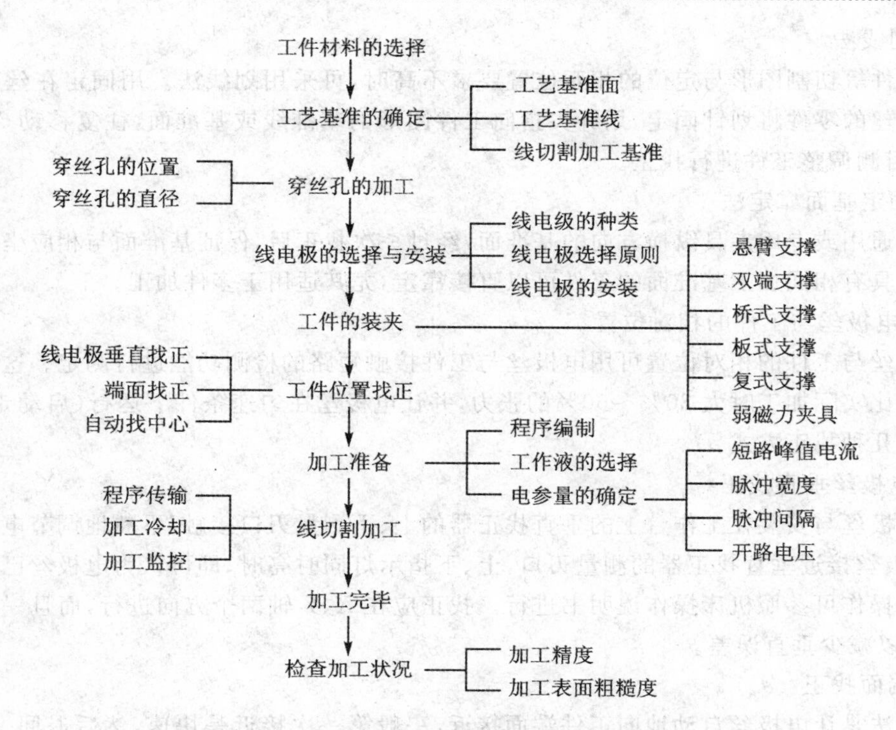

图 6-55 数控电火花线切割加工操作流程

目前电极丝的种类很多，有纯铜丝、钼丝、钨丝、黄铜丝和各种专用铜丝。电火花线切割使用的电极丝特点如表 6-7 所列。

表 6-7 各种电极丝的特点

材 质	线径/mm	特 点
纯铜	0.1～0.25	适合于切割速度要求不高的精加工。丝不易卷曲，抗拉强度低，容易断丝
黄铜	0.1～0.30	适合于高速加工，加工面的蚀屑附着少，表面粗糙度和加工面的平直度也较好
专用黄铜	0.05～0.35	适合于高速、高精度和理想的表面粗糙度加工以及自动穿丝，但价格高
钼	0.06～0.25	由于它的抗拉强度高，所以一般用于高速走丝，在进行细微、窄缝加工时，也可用于低速走丝
钨	0.03～0.1	由于抗拉强度高，所以可用于各种窄缝的细微加工，但价格昂贵

3. 工件与电极丝位置的找正

(1) 工件位置的找正

工件安装到机床工作台上后，在进行夹紧前，应先进行工件的平行度找正，即将工件的水平方向调整到指定角度，一般为工件的侧面与机床运动的坐标轴平行。工件位置找正的方法有以下几种。

1) 拉表法

拉表法是利用磁力表座，将百分表固定在丝架或者其他固定位置上，百分表表头与工件基准面进行接触，往复移动 X、Y 坐标轴，按百分表指示数值调整工件。必要时找正可在三个方向进行。

2）划线法

当工件等切割图形与定位的相互位置要求不高时，可采用划线法。用固定在丝架上的一个带有顶丝的零件将划针固定，划针尖指向工件图形的基准线或基准面，往复移动 X、Y 坐标轴，根据目测调整工件进行找正。

3）固定基面靠定法

利用通用或专用夹具纵横方向的基准面，经过一次找正后，保证基准面与相应坐标方向一致。于是具有相同加工基准面的工件可以直接靠定，尤其适用于多件加工。

（2）电极丝与工件的相对位置

电极丝与工件的相对位置可用电极丝与工件接触短路的检测功能进行测定。这时应给电极丝加上比实际加工时大 30%～50%的张力，并让电极丝在匀速条件下运行（启动走丝）。通常有以下几种找正方式。

1）电极丝垂直找正

让电极丝与安装在工作台上的垂直找正器的上、下测量刃口接触，不断地调节电极丝的位置，当电极丝接近垂直找正器的测量刃口，上、下指示灯同时亮时，即可认为电极丝已在垂直位置。具体操作可参照机床操作说明书进行。找正应在 X、Y 轴两个方向进行，而且一般应重复 2～3 次，以减少垂直误差。

2）端面找正

其方法是让电极丝自动地向工件端面接近，一般第一次接近是快速，然后退回一个距离，减速之后第二次再向工件接近，根据事先设定的次数，反复进行，最后一次完成之后定位灯亮，定位结束。从该位置开始，再考虑对电极丝的丝半径进行补偿，就是工件端面的位置。

这种找正方法总会有一定的误差，因此要重复几次取平均值。找正时要几次减速是为了减少工作台进给时的惯性，防止压弯电极丝带来误差。端面找正也要在 X、Y 轴两个方向进行。

3）自动找中心

自动找中心是让电极丝在工件孔的中心定位。与找正端面方法一样，根据电极丝与工件的短路信号来确定孔的中心位置。首先让电极丝在 X 轴或 Y 轴方向与孔壁接触，然后返回，向相反的对面壁部靠近，再返回到两壁距离的 1/2 处，接着在另一轴的方向进行上述过程。这样经过几次重复，就可以找到孔的中心位置。当误差达到所要求的设定值之后，找中心就算结束。

在找端面、找中心和电极丝找垂直时，都应关掉电源，否则会损伤工件表面的测量刃口。另外，在找正前要擦掉工件端面、孔壁和测量刃口上的油、水、锈、灰尘和毛刺，以免产生误差。

6.8.3 电火花线切割机床的操作

线切割机床的操作和控制大多是在电源控制柜上进行的。这里以 Towedn 线切割编程系统为例，介绍电火花线切割机床的基本操作。

1. 系统屏幕结构和操作面板简介

（1）屏幕结构

图 6－56 所示为 Towedn 线切割编程系统屏幕结构。屏幕分四个窗口区间，即图形显示区、可变菜单区、固定菜单区和会话区，移动箭头键或鼠标，在所需的菜单位置上按 ENTER 键

(或鼠标左键),则选择了某一菜单功能的操作。

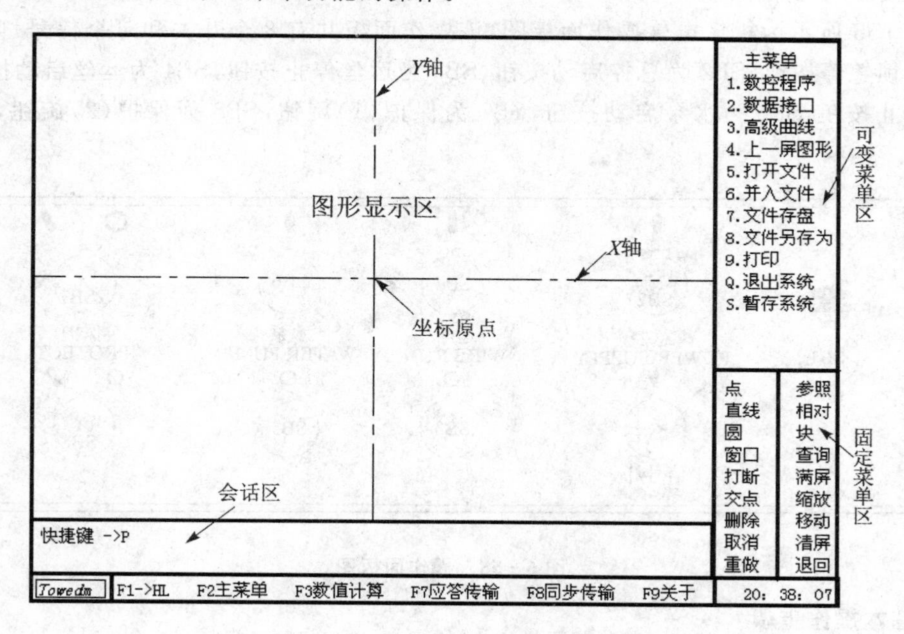

图 6-56　Towedn 线切割编程系统屏幕结构

(2) 控制柜操作面板

控制柜操作面板示意图如图 6-57 所示,该操作面板共有 7 种开关和两表。其中,SB1 为急停按钮,SB2 为启动按钮,SA7 为高低压切换按钮(L 为低压,H 为高压),SA9 为加工结束停机转换按钮(OFF 为仅停止机床电气按钮,ON 为机床电气和控制台电气全停按钮),SA1～SA4 为高频功放电流选择开关,SA5 为高频脉冲宽度选择琴键开关,SA6 为高频脉冲间隔选择琴键开关,PA 为加工电流表,PV 为高频取样电压表。

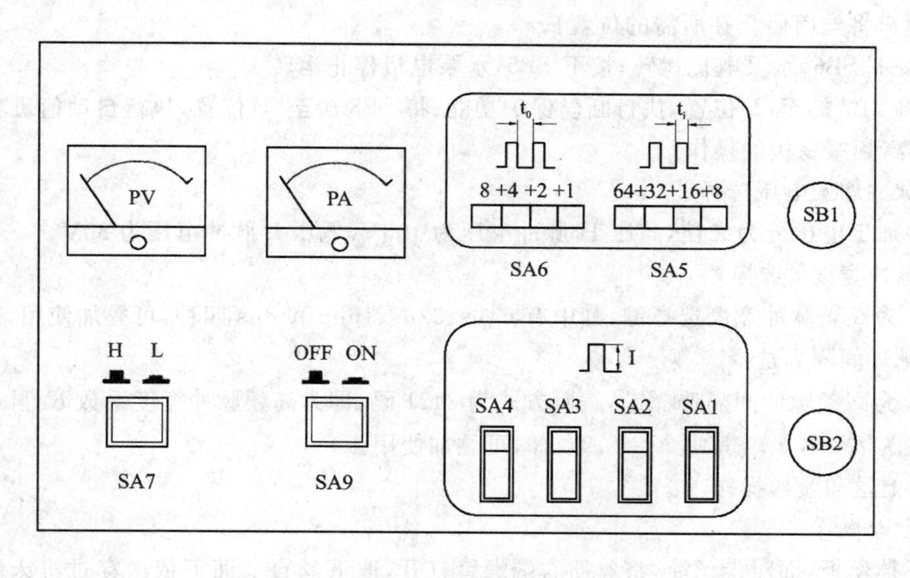

图 6-57　控制柜操作面板示意图

(3) 机床电气操作面板

图 6-58 所示为机床电气操作面板图，该操作面板共有 8 个开关和 1 个信号灯组成，即 SB1 为自锁急停按钮，SB2 为总控启动按钮，SB3 为运丝停止按钮，SB4 为运丝启动按钮，SB5 为水泵停止按钮，SB6 为水泵启动按钮，SB7 为保护(1)旋钮，SB8 为保护(2)旋钮，F1 为信号灯。

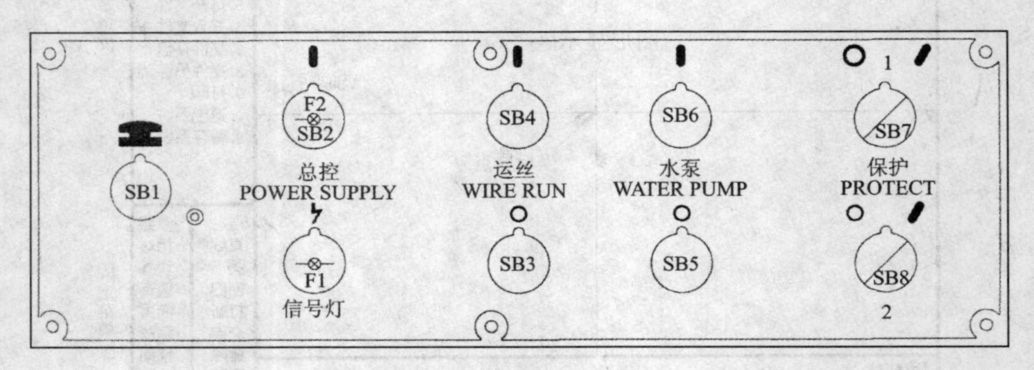

图 6-58　操作面板图

2. 基本操作步骤

(1) 机床电气操作

1) 将断路器 QF 合上，机床工作灯亮。拔出红色急停按钮，再按下控制柜启动按钮 SB2，进入控制系统。

2) 将旋钮 SB7(断丝保护功能)和 SB8(自动值班功能)选至关闭位置“0”。

3) 按下总控按钮 SB2，机床处于待命状态，运丝电机、水泵电机可根据需要启动。

4) 按下运丝启动按钮 SB4，运丝电机逆时针运转，此时走丝拖板从右向左移动。当按动一下 SB3，运丝电机慢慢停止运转；当按住 SB3 不放，运丝电机将立刻停止运转(缓冲刹车功能可帮助用户将丝筒停止在所需的位置)。

5) 按下 SB6，水泵电机运转；按下 SB5，水泵电机停止运转。

6) 将 SB7 旋至“I”位置，执行断丝保护功能；将 SB8 旋至“I”位置，执行自动值班功能。

(2) 高频振荡板的操作

1) 脉冲加工电压选择

脉冲加工电压分为二挡，高压 H 脉冲电压为 100V，低压 L 脉冲电压为 80V。

2) 脉冲宽度 t_i 选择

SA5 为高频脉冲宽度选择键，其中有 64μs、32μs、16μs 和 8μs 四种，可叠加使用。

3) 脉冲间隔 t_0 选择

SA6 为高频脉冲间隔选择键，编码方式为 8421 码，即为高频脉冲宽度系数 K，脉冲间隔 t_0 计算公式为 $t_0 = K \cdot t_i$，其中 $K=1,2,4,8$，可叠加使用。

(3) 上丝和紧丝操作

1) 上丝操作

取下挡丝板，面对走丝筒，将丝筒右端螺钉打开，取下丝自上而下依次穿过机床侧各个导丝轮，将丝从丝筒自下而上缠绕一周后，拧开右侧螺钉将丝头压住并拧紧螺钉，用手柄摇动丝筒缠丝几周后，调整右行程挡块压下行程开关；按一下急停按钮后打开（目的是为了复位使丝筒正转），取下手动缠丝手柄，顺序按下总控 SB2→运丝 SB4，当缠丝到接近左侧时按住 SB3 不放，立刻停止运丝，将丝头压在左螺钉下，换上手动缠丝手柄反转几圈后，调整行程左挡块压下行程开关，再按下运丝 SB4，观察运丝情况，将自动换向。

2）紧丝操作

取下挡丝板，将丝运行到走丝筒的左侧，站在机床操作侧，左手持紧丝轮张紧丝，右手准备按运丝 SB4。按下运丝 SB4，左手用力均匀拉紧钼丝，当丝运行到接近丝筒的右侧时，按住 SB3 不放，立刻停止运丝，手摇至端头，拧开右侧螺钉，紧丝后并压紧，反复操作直到丝拉紧时止。

(4）编程操作及加工

1）编程操作

进入控制系统后，选择绘图编程（Autop）按 1→提示"输入文件名＝　"，输入名称后将进入 Autop 绘图状态，按照说明书图形输入操作进行零件图绘制，但要注意起刀线和零件图形要分开画。绘制完成零件图形并删除所有辅助线后，按右键→满屏→退出→数据存盘。

用鼠标再点击数控程序→加工路线→起始点（鼠标左键点击起始点或输入坐标）→Y→尖点圆弧半径＝0→1：3B→间隙＜左正，右负＞＝－0.1（即为右刀补，补偿值＝[丝直径 0.18＋放电间隙 0.01×2]/2）→回车→程序存盘→退出→退出系统→Y(是)→Y(是)，则退出系统。

2）加　工

程序在硬盘，而不在 F：虚拟盘时，按下 File 调入文件→选文件（*.3B）→F3（保存），即保存到虚拟盘。

程序在 F：虚拟盘时，按加工＃1(work)→切割→选程序（*.3B）→回车，选完程序后，手动调整工件与电极丝位置，旋开机床侧急停 SB1→按下总控 SB2→按下运丝 SB4→按下水泵 SB6→F11（高频）→手摇移动工作台，靠近电极丝并放电，则对刀完成，再按 F12（进给）→F1（开始）→回车→回车，则开始自动放电加工。

思考与练习题

1. 电加工技术的机理、特点和应用范围是什么？
2. 异常放电产生的原因和异常放电的形式？
3. 表面变质层的产生以及对加工的影响？
4. 电极的制作方法有哪些？
5. 电极与工件的装夹校正方法有哪些？
6. 简述 ZNC EDM－2008 型号电火花成型机的常用按键、功能以及基本操作？
7. 什么是数控电火花线切割机床，简述其加工特点及应用场合？
8. 简述数控电火花线切割机床的组成及各部分作用？
9. 数控电火花线切割机床分为哪几类，各有什么特点？
10. 线切割加工的程序编制都有哪些方法？什么是 3B 程序，各参数的含义是什么？
11. 数控电火花线切割机床的基本操作有哪些？

附录　常用切削用量表

表 1　用高速钢钻头加工铸铁的切削用量

项　目	材料硬度	σ_b＝520～700 MPa（钢 35、45）		σ_b＝700～900 MPa（钢 15Cr、20Cr）		σ_b＝1 000～1 100 MPa（合金钢）	
	切削用量	v/(m·min^{-1})	S_o/(mm·r^{-1})	v/(m·min^{-1})	S_o/(mm·r^{-1})	v/(m·min^{-1})	S_o/(mm·r^{-1})
钻头直径/mm	1～6	8～25	0.05～0.1	12～30	0.05～0.1	8～15	0.03～0.08
	6～12		0.1～0.2		0.1～0.2		0.08～0.15
	12～22		0.2～0.3		0.2～0.3		0.15～0.25
	22～50		0.3～0.45		0.3～0.45		0.25～0.35

表 2　用调整刚扩孔、钻孔的切削用量

项　目	工件材料	铸　铁		钢、铸铁		铝、铜	
	切削用量	扩通孔 S_o/(mm·r^{-1})（v＝10～18m/min）	沉孔 S_o/(mm·r^{-1})（v＝8～12m/min）	扩通孔 S_o/(mm·r^{-1})（v＝10～20m/min）	沉孔 S_o/(mm·r^{-1})（v＝8～14m/min）	扩通孔 S_o/(mm·r^{-1})（v＝30～40m/min）	沉孔 S_o/(mm·r^{-1})（v＝20～30m/min）
扩孔钻直径/mm	10～15	0.15～0.2	0.15～0.2	0.12～0.2	0.08～0.1	0.15～0.2	0.15～0.2
	15～25	0.2～0.25	0.15～0.3	0.2～0.3	0.1～0.15	0.2～0.25	0.15～0.2
	25～40	0.25～0.3	0.15～0.3	0.3～0.4	0.15～0.2	0.25～0.3	0.15～0.2
	40～60	0.30～0.4	0.15～0.3	0.4～0.5	0.15～0.2	0.3～0.4	0.15～0.2
	60～100	0.40～0.6	0.15～0.3	0.5～0.6	0.15～0.2	0.4～0.6	0.15～0.2

表 3　用高速钢铰刀铰孔的切削用量

项　目	工件材料	铸　铁		钢及合金钢		铝铜及合金	
	切削用量	v/(m·min^{-1})	S_o/(mm·r^{-1})	v/(m·min^{-1})	S_o/(mm·r^{-1})	v/(m·min^{-1})	S_o/(mm·r^{-1})
铰刀直径/mm	6～10	2～6	0.3～0.5	1.2～5	0.3～0.4	8～12	0.3～0.5
	10～15	2～6	0.5～1	1.2～5	0.4～0.5	8～12	0.5～1
	15～25	2～6	0.8～1.5	1.2～5	0.5～0.6	8～12	0.8～1.5
	25～40	2～6	0.8～1.5	1.2～5	0.4～0.6	8～12	0.8～1.5
	40～60	2～6	1.2～1.8	1.2～5	0.5～0.6	8～12	1.5～2

表 4　镗孔切削用量

项　目	工件材料	铸　铁		钢、铸铁		铝、铜	
	切削用量	$v/(\mathrm{m \cdot min^{-1}})$	$S_o/(\mathrm{mm \cdot r^{-1}})$	$v/(\mathrm{m \cdot min^{-1}})$	$S_o/(\mathrm{mm \cdot r^{-1}})$	$v/(\mathrm{m \cdot min^{-1}})$	$S_o/(\mathrm{mm \cdot r^{-1}})$
工　序	刀具材料						
粗镗	高速钢 硬质合金	20～25 35～50	0.4～1.5	15～30 50～70	0.35～0.7	100～150 100～250	0.5～1.5
半精镗	高速钢 硬质合金	20～35 50～70	0.15～0.45	15～50 95～135	0.15～0.45	100～200	0.2～0.2
精镗	高速钢 硬质合金	70～90	D1 级<0.08 D2 级 0.12～0.15	100～135	0.12～0.15	150～400	0.06～0.1

注：当采用高精度的镗头镗孔时，切削余量较小，直径上不大于 0.2 mm，切削速度可提高一些，铸铁件为 100～150 m/min，钢件为 150～250 m/min，铝合金为 200～400 m/min，巴氏合金为 250～500 m/min。每转走刀量 $S=0.03\sim0.1$ mm。

表 5　攻丝切削用量

加工材料	铸铁	铜、钢	铝及其合金
切削速度 $v/(\mathrm{m \cdot min^{-1}})$	2.5～5	1.5～5	5～15

表 6　用硬质合金端面铣刀的铣削用量

加工材料	工　序	铣削深度/mm	铣削速度 $v/(\mathrm{m \cdot min^{-1}})$	每齿走刀量 $S_z/(\mathrm{mm \cdot 齿^{-1}})$
钢 $\sigma_b=520\sim700$ MPa	粗	2～4	80～120	0.2～0.4
	精	0.5～1	100～180	0.05～0.2
钢 $\sigma_b=700\sim900$ MPa	粗	2～4	30～100	0.2～0.4
	精	0.5～1	90～150	0.05～0.2
钢 $\sigma_b=1\,000\sim1\,100$ MPa	粗	2～4	40～70	0.1～0.3
	精	0.5～1	60～1 000	0.05～0.1
铸　铁	粗	2～5	50～80	0.2～0.4
	精	0.5～1	80～130	0.05～0.1
铝及其合金	粗	2～5	300～700	0.1～0.4
	精	0.5～1	500～1 500	0.05～0.03

表 7　车削碳钢、合金钢的切削速度

加工材料	硬度/HB	切削速度 $v/(\mathrm{m \cdot min^{-1}})$	
		高速钢车刀	硬质合金车刀
碳钢	125～175	36	120
	175～225	30	107

续表 7

加工材料	硬度/HB	切削速度 v/(m・min^{-1})	
		高速钢车刀	硬质合金车刀
碳钢	225～275	21	90
	275～325	18	75
	325～375	15	60
	375～425	12	53
合金钢	175～225	27	100
	225～275	21	83
	275～325	18	70
	325～375	15	60
	375～425	12	45

表 8　车削铸铁、铸钢件的切削速度

工件硬度/HBS	硬质合金车刀的切削速度 v/(m・min^{-1})			
	灰铸铁	可锻铸铁	球墨铸铁	铸钢
100～140	110	150	—	78
150～190	75	110	110	68
190～220	66	85	75	60
220～260	48	50	57	54
260～320	27	—	马氏体 26	42
300～400	—	—	马氏体 8	—

表 9　车削不锈钢的切削速度

加工材料	硬度/HB	切削速度 v/(m・min^{-1})	
		高速钢车刀	硬质合金车刀
铁素体不锈钢	135～185	30	90
奥多体不锈钢	135～185	24	75
	225～275	18	60
马氏体不锈钢	137～175	30	100
	175～225	27	90
	275～325	15	60
	375～425	9	45

表 10　铣削时的切削速度

加工材料	硬度/HB	切削速度 $v/(m \cdot min^{-1})$	
		高速钢铣刀	硬质合金铣刀
低碳钢 中碳钢	125～175	24～42	75～15
	175～225	214～40	70～125
	225～275	18～36	60～115
	275～325	15～27	54～90
	325～375	9～21	45～75
	375～425	7.5～15	36～60
高碳钢	—	21～36	75～135
		18～33	68～120
		15～27	60～105
		12～21	53～90
		9～15	45～68
		6～12	36～54
合金钢	175～225	21～36	75～130
	225～275	15～30	60～120
	275～325	12～27	55～100
	325～375	7.5～18	37～80
	375～425	515	30～60
高速钢	200～250	12～23	45～83
灰铸铁	100～140	24～36	110～150
	150～190	21～30	68～120
	190～220	15～24	60～105
	220～260	9～18	45～90
	260～320	4.5～10	21～30
可锻铸铁	110～160	42～60	105～210
	160～200	24～36	83～120
	200～240	15～24	72～120
	240～280	9～21	42～60
低碳铸钢	100～150	18～27	63～105
中碳铸钢	100～160	18～27	68～105
	160～200	15～24	60～90
	200～225	12～21	53～75
高碳铸钢	180～240	9～18	53～80
铝合金	—	180～300	360～600
钼合金		45～100	120～190
镁合金		180～270	150～600

表 11　钻孔的走刀量 S_o

钻头直径 D/mm	走刀量 S_o/(mm·r^{-1})
<3	0.025～0.05
3～6	0.05～0.1
6～12	0.10～0.18
12～25	0.15～0.38
>25	0.38～0.62

表 12　钻孔与铰孔的切削速度 v

加工材料	硬度 HB	切削速度 v		
		高速钢钻头	高速钢铰刀	硬质合金铰刀
低碳钢	100～125	27	18	75
	125～175	24	15	53
	175～225	21	12	20
中、高碳钢	125～175	22	15	72
	175～225	20	12	60
	225～275	15	9	53
	275～325	12	7	36
合金钢	175～225	18	12	54
	225～275	15	9	48
	275～325	12	7	30
	325～375	10	6	22
高速钢	200～250	13	9	30
灰铸铁	100～140	33	21	80
	140～190	27	18	54
	190～220	21	13	45
	220～260	15	9	36
	260～320	9	6	27
可锻铸铁	110～160	42	27	72
	160～200	25	16	51
	200～240	20	13	42
	240～270	12	7	33
球墨铸铁	140～190	30	18	60
	190～25	21	15	50
	225～260	17	10	33
	260～300	12	7	25
铸钢	低碳	24	24	60
	中碳	18～24	12～15	48～60
	高碳	15	10	48
铝合金、镁合金	—	75～90	75～90	210～250
铜合金	20～48	18～48	60～108	—

表 13　硬质合金车刀粗车进给量

工件材料	工件直径/mm	切削深度/mm		
		T≤3	3≤t≤5	5≤t≤8
		进给量 S/(mm·r^{-1})		
碳素钢 合金钢	10	0.2～0.3	—	—
	20	0.3～0.4	—	—
	40	0.4～0.5	0.3～0.4	—
	60	0.5～0.7	0.4～0.6	0.3～0.5
	100	0.6～0.9	0.5～0.7	0.5～0.6
铸铁及 铜合金	40	0.4～0.5	—	—
	60	0.6～0.8	0.5～0.8	0.4～0.6
	100	0.8～1.2	0.7～1.0	0.6～0.8

表 14　硬质合金车刀粗车进给量

工件材料	表面粗糙度 Ra/μm	切削速度/(m·min^{-1})	刀尖圆弧半径/mm		
			0.5	1.0	2.0
			进给量 S/(mm·r^{-1})		
铸铁、青铜、 铝合金	6.3	不限	0.25～0.40	0.40～0.50	0.50～0.60
	3.2	不限	0.15～0.25	0.25～0.40	0.40～0.60
	1.6	不限	0.10～0.15	0.15～0.20	0.20～0.35
碳钢、合金钢	6.3	<50	0.30～0.50	0.45～0.60	0.55～0.70
	6.3	>50	0.40～0.55	0.55～0.65	0.65～0.70
	3.2	<50	0.18～0.25	0.25～0.30	0.30～0.40
	3.2	>50	0.25～0.30	0.30～0.35	0.35～0.50
	1.6	<50	0.10	0.11～0.15	0.15～0.22
	1.6	50～100	0.11～0.16	0.16～0.25	0.25～0.35
	1.6	>100	0.16～0.20	0.20～0.25	0.25～0.35

表 15　高速钢车刀切削用量

工件材料	抗拉强度/MPa	进给量/(mm·r^{-1})	切削速度/(m·min^{-1})
碳素钢	600	0.2	35～60
		0.4	25～45
		0.8	20～30
	700	0.2	25～45
		0.4	20～35
		0.8	10～25
合金钢	850	0.2	20～30
		0.4	15～25
		0.8	10～15
	1000	0.2	15～25
		0.4	10～15
		0.8	5～10
铸钢	500	0.2	30～50
		0.4	20～40
		0.8	15～25
灰铸铁	700	0.2	20～30
		0.4	15～25
		0.8	10～15
铝合金	180～280	0.2	15～30
		0.4	10～15
		0.8	8～10
	100～300	0.2	55～130
		0.4	35～80
		0.8	25～55

表 16　金刚石车刀切削用量

项　目	切深 t/mm	S_o/(mm·r^{-1})	v/(m·min^{-1})
铝合金	0.05	0.05	200～750
紫铜	0.5	0.1	150～200
黄铜	0.5	0.03～0.08	400～500
	1.4	0.03～0.08	70～100

参考文献

[1] 彭永忠,张永春.数控技术.北京:北京航空航天大学出版社,2009.
[2] 黄应勇.数控机床.北京:北京大学出版社,中国林业出版社,2007.
[3] 苏宏志.数控机床及应用.青岛:中国海洋大学出版社,2010.
[4] 胡如祥.数控加工编程与操作.大连:大连理工大学出版社,2008.
[5] 杨伟群.数控工艺培训教程.北京:清华大学出版社,2006.
[6] 申晓龙.数控加工技术.北京:冶金工业出版社,2008.
[7] 钱东东.实用数控编程与操作.北京:北京大学出版社,2007.
[8] 杜国臣,王士军.机床数控技术.北京:北京大学出版社,2007.
[9] 李东君.数控加工技术项目教程.北京:北京大学出版社,2010.
[10] 卢万强.数控加工技术.2 版.北京:北京理工大学出版社,2011.
[11] 关雄飞.数控机床与编程技术.北京:清华大学出版社,2005.
[12] 吕雪松.数控电火花加工技术.武汉:华中科技大学出版社,2012.
[13] 张思弟,贺曙新.数控编程加工技术.北京:化工出版社,2010.
[14] 张洪江,侯书林.数控机床与编程.北京:北京大学出版社,2005.
[15] 顾拥军,顾海.数控加工与编程.北京:国防工业出版社,2010.
[16] 嵇宁.数控加工编程与操作.北京:高等教育出版社,2008.